utb 8384

Carsten Homburg, Stefanie Liesenfeld,
Julia Kübel

Übungsbuch Kosten- und Leistungsrechnung

4., vollst. überarb. Auflage

UVK Verlag · München

WISU-Texte sind die Lehrbuchreihe
der Zeitschrift WISU – DAS WIRTSCHAFTSSTUDIUM
(www.wisu.de)

Professor Dr. **Carsten Homburg** ist Inhaber des Lehrstuhls für Allgemeine Betriebswirtschaftslehre und Controlling an der Universität zu Köln. Seine Lehr- und Forschungsschwerpunkte liegen im Bereich des Kostenmanagements und des Controllings. Zu diesen Themen publiziert Homburg regelmäßig in angesehenen Fachzeitschriften. Dr. **Stefanie Liesenfeld** und **Julia Kübel** sind wissenschaftliche Mitarbeiterinnen an diesem Lehrstuhl.

Bibliografische Information der Deutschen Nationalbibliothek
Die Deutsche Nationalbibliothek verzeichnet diese Publikation in der Deutschen Nationalbibliografie; detaillierte bibliografische Daten sind im Internet über http://dnb.ddb.de abrufbar.

Einbandgestaltung: Atelier Reichert, Stuttgart
Cover-Illustration: © iStockphoto, coldsnowstorm
Druck und Bindung: CPI books GmbH, Leck

UVK Verlag
Nymphenburger Straße 48 · 80335 München
Tel. 089/452174-65
www.uvk.de

Narr Francke Attempto Verlag GmbH & Co. KG
Dischingerweg 5 · 72070 Tübingen
Tel. 07071/9797-0
www.narr.de

UTB-Nr. 8384
ISBN 978-3-8252-8751-1

Vorwort zur 4. Auflage

Das vorliegende Übungsbuch enthält zahlreiche Aufgaben mit ausführlichen Lösungen zur Kosten- und Leistungsrechnung. Der Aufbau des Buches folgt dem klassischen Aufbau der Kosten- und Leistungsrechnung – von der Kostenartenrechnung über die Kostenstellenrechnung zur Kostenträgerrechnung. Somit stellt dieses Übungsbuch eine optimale Ergänzung zu Lehrveranstaltungen dar, um die Inhalte aus Vorlesung und Übung eigenständig zu üben, wiederholen und vertiefen. Zu jedem Teilgebiet gibt es eine Vielzahl an Aufgaben mit unterschiedlichen Schwerpunkten und Schwierigkeitsgraden. Das Übungsbuch bietet somit einen umfassenden Überblick über die verschiedenen Aufgabentypen der Kosten- und Leistungsrechnung. Jeder Studierende sollte dadurch in der Lage sein, selbst eine Erfolgskontrolle vornehmen zu können.

Wir freuen uns, mittlerweile die vierte Auflage präsentieren zu können. Neben altbewährten Übungsaufgaben wurden auch alte Klausuraufgaben mit ausführlichen Lösungen inklusive Nebenrechnungen mit aufgenommen.

Das aktuelle Übungsbuch folgt dem Aufbau des Lehrbuchs von Schildbach/Homburg (10. Auflage 2009) und sämtliche Literaturhinweise beziehen sich auf jenes Buch. Wie bereits in den vorherigen Auflagen weisen die Aufgaben geringen (*), mittleren (**) und hohen (***) Schwierigkeitsgrad auf und sind entsprechend gekennzeichnet. Wir danken Dr. rer. pol. Kristina Reimer, Dr. rer. pol. Max Berens, Dr. rer. pol. Ute Bonenkamp sowie Dr. rer. pol. Michael Lorenz, die als Co-Autoren der ersten Auflagen für die Konzeption und Erstellung mitverantwortlich waren. Weiterer Dank gilt Amelie Braul und Joop Multhaupt für die Durchsicht des Manuskripts sowie Dr. Christoph Scheicher und Professor Dr. Rainer Dyckerhoff für die Unterstützung bei Latexfragen.

Köln, im Sommer 2019

Prof. Dr. Carsten Homburg

Dr. Stefanie Liesenfeld

Julia Kübel, M.Sc.

Vorwort zur 3. Auflage

Auch die zweite Auflage des Übungsbuches zur Kosten- und Leistungsrechnung wurde stark nachgefragt. Daher können wir nun eine neue Auflage präsentieren. Abermals wurden neue Aufgaben hinzugefügt und kleine Fehler korrigiert. Allen Lesern, die uns auf Ungenauigkeiten hingewiesen haben, danken wir herzlich. Das Übungsbuch folgt weiterhin dem Aufbau des Lehrbuchs von Schildbach/Homburg (10. Auflage 2009) und sämtliche Literaturhinweise beziehen sich auf dieses Buch. Wie bereits in den vorherigen Auflagen weisen die Aufgaben geringen (*), mittleren (**) und hohen (***) Schwierigkeitsgrad auf und sind entsprechend gekennzeichnet.

Wir danken Dr. rer. pol. Ute Bonenkamp und Dr. rer. pol. Michael Lorenz, die als Co-Autoren der ersten beiden Auflagen maßgeblich an der Konzeption und Erstellung dieses Buches beteiligt waren.

Köln, im Frühjahr 2012

Prof. Dr. Carsten Homburg

Dipl.-Kfm. Max Berens

Dipl.-Kff. Kristina Reimer

Vorwort zur 2. Auflage

Die erste Auflage unseres Übungsbuches zur Kosten- und Leistungsrechnung wurde sehr positiv aufgenommen. Dies hat es uns ermöglicht, bereits nach einem Jahr eine neue Auflage zu präsentieren. Wir haben neue Aufgaben hinzugefügt und kleinere Fehler korrigiert, die sich bei der 1. Auflage eingeschlichen hatten. Den Lesern, die uns auf Ungenauigkeiten hingewiesen haben, möchten wir an dieser Stelle danken. Das Übungsbuch folgt dem Aufbau des Lehrbuchs von Schildbach/Homburg (10. Auflage 2009) und sämtliche Literaturhinweise beziehen sich ebenfalls auf dieses Buch. Wie bereits in der 1. Auflage weisen die Aufgaben geringen (*), mittleren (**) und hohen (***) Schwierigkeitsgrad auf und sind entsprechend gekennzeichnet.

Wir danken Lena Neugebauer und Dipl.-Wirt.-Inf. Philipp Plank für ihre Unterstützung bei der Gestaltung des Layouts. Außerdem bedanken wir uns bei den Tutoren des Seminars für Allgemeine BWL und Controlling an der Universität zu Köln, die ebenfalls an diesem Übungsbuch mitgewirkt haben.

Köln, im Frühjahr 2009

Prof. Dr. Carsten Homburg

Dipl.-Kff. Ute Bonenkamp

Dipl.-Kfm. Michael Lorenz

Vorwort zur 1. Auflage

Das Übungsbuch enthält zahlreiche Aufgaben mit ausführlichen Lösungen zur Kosten- und Leistungsrechnung. Es bietet insbesondere die Möglichkeit, diejenigen Teile zu vertiefen und anzuwenden, die im Bachelor-Studium von Bedeutung sind.

Inhalt und Aufbau des Übungsbuches orientieren sich am Lehrbuch Kloock/Sieben/Schildbach/Homburg, Kosten- und Leistungsrechnung (9. Auflage 2005). Teil 1 beschäftigt sich mit den Grundlagen der Kosten- und Leistungsrechnung und verdeutlicht zentrale Begriffe. Teil 2 behandelt die primär für Dokumentations- und Kontrollaufgaben geeignete Istkosten- und Istleistungsrechnung. Teil 3 führt in die Plankosten- und Planleistungs-rechnung ein.

Sämtliche Literaturhinweise beziehen sich auf dieses Lehrbuch. Es sollte neben dem Übungsbuch herangezogen werden.

Die Aufgaben weisen geringen (*), mittleren (**) und hohen (***) Schwierigkeitsgrad auf und sind entsprechend gekennzeichnet. Da innerhalb der Multiple-Choice-Aufgaben alle Schwierigkeitsgrade anzutreffen sind, finden sich hier keine Kennzeichnungen.

Dr. Cordula Ebeling hat wesentlich zur Konzeption der Aufgaben beigetragen, wofür ihr unser Dank gebührt. Weiterer Dank gilt Lena Neugebauer, Max Berens, Philipp Kruczynski und Philipp Plank für ihre Unterstützung bei der Gestaltung des Layouts. Außerdem bedanken wir uns bei den studentischen Mitarbeitern und den Tutoren des Seminars für Allgemeine BWL und Controlling an der Universität zu Köln, die ebenfalls an diesem Übungsbuch mitgewirkt haben.

Köln, im Winter 2007

Prof. Dr. Carsten Homburg
Dipl.-Kff. Ute Bonenkamp
Dipl.-Kfm. Michael Lorenz

Inhaltsverzeichnis

Abkürzungsverzeichnis

AA	Andersaufwand
Abb.	Abbildung
AE	Andersertrag
AG	Aktiengesellschaft
AK	Anderskosten
AL	Andersleistung
BAB	Betriebsabrechnungsbogen
DB	Deckungsbeitrag
EDV	Elektronische Datenverarbeitung
Ek	Eigenkapital
F&E	Forschung und Entwicklung
FE	Fertige Erzeugnisse
FEK	Fertigungseinzelkosten
FGK	Fertigungsgemeinkosten
FiBu	Finanzbuchhaltung
FIFA	Fédération Internationale de Football Association
FIFO	First-In-First-Out
FKS	Fertigungskostenstelle
FL	Fertigungslohn
FM	Fertigungsmaterial
g	Gramm
GbR	Gesellschaft bürgerlichen Rechts
GE	Geldeinheiten
GKV	Gesamtkostenverfahren
GmbH	Gesellschaft mit beschränkter Haftung
GuV	Gewinn- und Verlustrechnung
h	hora (Stunde)
Hako	Hauptkostenstelle
Hiko	Hilfskostenstelle

HK	Herstellkosten
ibL	innerbetriebliche Leistungsverrechnung
k.A.	keine Angabe
kalk.	kalkulatorisch
KG	Kommanditgesellschaft
KGaA	Kommanditgesellschaft auf Aktien
kg	Kilogramm
KuL	Kosten- und Leistungsrechnung
kWh	Kilowattstunde
LE	Leistungseinheiten
LIFO	Last-In-First-Out
LuL	Lieferungen und Leistungen
m/m^2	Meter/Quadratmeter
ME	Mengeneinheiten
MEK	Materialeinzelkosten
MGK	Materialgemeinkosten
Min.	Minuten
Mio.	Millionen
MK	Materialkosten
OHG	Offene Handelsgesellschaft
P	Produkt
p.a.	per annum (pro Jahr)
q.e.d.	quod erat demonstrandum („was zu beweisen war“)
RE	Recheneinheit
RHB	Roh-, Hilfs- und Betriebsstoffe
SA	Sachanlagen
SEK	Sondereinzelkosten
SK	Selbstkosten
T	Tonne
T €	Tausend Euro
UFE	Unfertige Erzeugnisse

UKV	Umsatzkostenverfahren
V	Variante (Äquivalenzziffernkalkulation)
V&V	Verwaltung und Vertrieb
WM	Weltmeisterschaft
ZA	Zusatzaufwand
ZE	Zusatzertrag
ZK	Zusatzkosten
ZL	Zusatzleistung

Symbolverzeichnis

a	Abschreibungsbetrag
a_t	Abschreibungsbetrag der t-ten Nutzungsperiode
a_T	Abschreibungsbetrag der letzten Nutzungsperiode
A	Anschaffungspreis (gegebenenfalls erweitert um primäre Anschaffungsnebenkosten)
ABU	Auftragsbruttoumsatz
ANU	Auftragsnettoumsatz
b_i	gesamte Bezugsgrößenmenge des i-ten Kalkulationsobjekt (Durchschnittsprinzip)
B	kalkulatorisches Betriebsergebnis
d	Degressionsbetrag (arithmetisch-degressives Abschreibungsverfahren)
DAK	durchschnittliches Abzugskapital
DSK	durchschnittliches sachzielnotwendiges Kapital
DSV	durchschnittliches sachzielnotwendiges Vermögen
E_i^*	primäre Kosten der i-ten Produktionsstufe (mehrstufige Divisionskalkulation)
EK_i	Endkosten der i-ten Kostenstelle
G	Erfolg nach Gewinn- und Verlustrechnung
GK_i	Gesamtkosten einer Kostenstelle
GK	Grundkosten
GL	Grundleistung
i, j	Indizes für Kalkulationsobjekt, Kostenstelle bzw. Produktionsstufe
k	Stückkosten (bezüglich aller Kostenarten oder einer Kostenart)
k_f	fixe Stückkosten
k, k_i, k_n	Stückkosten der i-ten Kostenstelle oder der n-ten Produktart
kK	kalkulatorische Kosten
kL	kalkulatorische Leistungen
k_v	variable Stückkosten
K'	Grenzkosten

K''	Steigung der Grenzkosten
K_f	fixe Kosten
K_i	Gesamtkosten der i-ten Kostenstelle
K_v	variable Kosten
K'_v	variable Grenzkosten
KS_i	i-te Kostenstelle
LM	liquide Mittel
PK_i	primäre Gemeinkosten der i-ten Kostenstelle
q	$1/\alpha$ (geometrisch-degressives Abschreibungsverfahren)
q_i	Verrechnungssatz für eine Mengeneinheit der Güterart der i-ten Hilfskostenstelle (Kostenausgleichsverfahren)
$\bar{q}_i$	normalisierter Verrechnungssatz für eine Mengeneinheit der Güterart der i-ten Hilfskostenstelle
$\bar{q}_i^{fix}$	Verrechnungssatz für die fixen Kosten einer Mengeneinheit der Güterart der i-ten Hilfskostenstelle
$\bar{q}_i^{var}$	Verrechnungssatz für die variablen Kosten einer Mengeneinheit der Güterart der i-ten Hilfskostenstelle
R	Restwert von Betriebsmitteln am Ende der Nutzungszeit
R_t	Restwert von Betriebsmitteln am Ende der t-ten Nutzungsperiode mit $R_0 = A$ und $R_T = R$
SK_i	sekundäre Gemeinkosten der i-ten
SV	sachzielnotwendiges Vermögen
t	Periodenindex
T	Anzahl aller Nutzungsperioden (Nutzungsdauer)
w_{i-1}	Wertansatz für die in die i-te Produktionsstufe eingehenden unfertigen Erzeugnisse (mehrstufige Divisionskalkulation)
x	produzierte Menge
x^*	Ausbringungsmenge mit minimalen Stückkosten; optimale Ausbringungsmenge
x^{**}	Ausbringungsmenge mit minimalen variablen Stückkosten
$\bar{x}$	gesamtes Nutzungspotenzial (mengenorientierte Abschreibung)
$\bar{x}$	konstante Ausbringungsmenge

x_i, x_n, x_t	Ausbringungsmenge der i-ten Kostenstelle, der n-ten Erzeugnisart oder t-ten Periode
x_j	gesamte Güter- bzw. Leistungsmenge der j-ten Hilfskostenstelle (Kostenstellenausgleichsverfahren)
x_{ji}	von der j-ten Hilfskostenstelle an die i-te Kostenstelle abgegebene Güter- bzw. Leistungsmenge (Kostenstellenausgleichsverfahren)
z_n	Äquivalenzziffer einer Produktart n
z_M, z_F	Zuschlagssatz der Materialstelle/der Fertigungsstelle
α	vorgegebener Bruchteil des aktuellen Güterverzehrs verglichen mit dem der Vorperiode (geometrisch-degressives Abschreibungsverfahren)
Δ	Differenzgröße, Abweichung
$\in$	Element
lim	Grenzwert
∞	unendlich

Kapitel 1

Grundlagen der Kosten- und Leistungsrechnung

Die in diesem Kapitel angesprochenen Inhalte werden in dem Lehrbuch Schildbach/Homburg, Kosten- und Leistungsrechnung, insbesondere in den Abschnitten I.A bis I.D, behandelt.

Aufgabe 1.1

Die Lösung zu Aufgabe 1.1 finden Sie ab Seite 157.

Geben Sie an, ob folgende Aussagen richtig oder falsch sind.

Aussage		Richtig/Falsch
a)	Die Kosten- und Leistungsrechnung richtet sich ausschließlich an interne Adressaten.	Falsch
b)	Zahlungsrechnungen reichen zur Gewinnermittlung aus.	Falsch
c)	Die Gewinn- und Verlustrechnung würde zur Unterstützung innerbetrieblicher Entscheidungen ausreichen, falls sie häufiger als einmal im Jahr, beispielsweise quartalsweise oder monatlich, ermittelt würde.	Falsch
d)	Kostenrechnungsinformationen dienen z.B. der Unterstützung von Produktionsprogrammentscheidungen.	Richtig
e)	Kosten lassen sich nach der Übereinstimmung der Kosten mit dem Aufwand, nach der Veränderung der Kosten bei Beschäftigungsänderungen, nach der Zurechnung der Kosten zu Kostenträgern und nach den den Kosten zugrunde liegenden Güterverzehrsarten gliedern.	Richtig ?

f)	Die Kosten- und Leistungsrechnung stellt hauptsächlich unternehmensexternen Adressaten Informationen zur Verfügung.	Falsch

1.1 Kosten- und Leistungsrechnung und weitere grundlegende Begriffe

Die in diesem Kapitel angesprochenen Inhalte werden in dem Lehrbuch Schildbach/Homburg, Kosten- und Leistungsrechnung, im Abschnitt I.E behandelt.

Aufgabe 1.2 (**)

Die Lösung zu Aufgabe 1.2 finden Sie ab Seite 158.

Geben Sie an, ob folgende Aussagen richtig oder falsch sind.

	Aussage	Richtig/Falsch
a)	Die Inanspruchnahme einer Dienstleistung im Rahmen der Produktion führt zu Kosten.	
b)	Der Kauf von Rohstoffen auf Ziel und der anschließende sofortige Verbrauch in der Produktion führen zu einer Ausgabe, zu einem Aufwand und zu Kosten.	
c)	Ein Verkauf von Waren im Wert von 50.000 Euro, wovon 20.000 Euro sofort angezahlt werden und der Restbetrag im nächsten Jahr überwiesen wird, führt zu einer Einnahme von 50.000 Euro.	
d)	Kosten sind definiert als bewertete, leistungsbezogene Gütererstellung einer Periode.	
e)	Die Barbegleichung einer Lieferantenverbindlichkeit stellt eine Auszahlung und eine Ausgabe dar.	
f)	Die liquiden Mittel am Ende einer Periode ergeben sich als Summe aus Cash Flow der Periode und Bestand der liquiden Mittel zu Periodenbeginn.	
g)	Eine Kapitalerhöhung führt zu einer Einzahlung, einer Einnahme und einem Ertrag.	
h)	Der Beschluß einer Dividendenzahlung und deren Ausschüttung führen nicht zu einer Ausgabe.	
i)	Die Differenz aus Ein- und Auszahlungen eines Unternehmens einer Periode entspricht stets dem Bestand an liquiden Mitteln am Periodenende.	
j)	Werden Rohstoffe in derselben Periode gekauft und verbraucht, liegen eine Ausgabe und ein Aufwand vor.	
k)	Bezahlt ein Kunde eine bestehende Forderung in bar, so stellt dieser Geschäftsvorfall eine Einzahlung, eine Einnahme und einen Ertrag dar.	

l)	Eine Dividendenzahlung an die Anteilseigner stellt eine Einzahlung dar.	
m)	Eine Spende über 1.000 Euro eines Unternehmens an einen wohltätigen Verein stellt zugleich eine Auszahlung, eine Ausgabe und einen Aufwand dar.	
n)	Leistet ein Kunde eine Anzahlung (Vorauszahlung) für eine noch nicht erbrachte Leistung an ein Unternehmen in bar, so stellt dieser Geschäftsvorfall für das Unternehmen eine Einzahlung und eine Einnahme dar.	
o)	Der wertmäßige Kostenbegriff ist umfassender als der pagatorische Kostenbegriff.	
p)	Die wertmäßigen Kosten unterscheiden sich immer dann von den pagatorischen Kosten, wenn kein Engpass vorliegt.	
q)	Eine Gewerbesteuernachzahlung für die letzte Periode stellt keine Kosten dar, da sie sachzielfremd ist.	

Aufgabe 1.3 (**)

Die Lösung zu Aufgabe 1.3 finden Sie ab Seite 162.

Ermitteln Sie für die nachfolgenden Geschäftsvorfälle die Höhe der Auszahlungen, Ausgaben, Aufwendungen und Kosten sowie Einzahlungen, Einnahmen, Erträge und Leistungen.

a) Zielkauf von 3.000 kg eines Rohstoffs zu 8 Euro/kg.

b) Barverkauf vom Lager von in der Vorperiode produzierten Waren i.H. von 14.000 Euro. Die Herstellkosten der Vorräte betragen 12.000 Euro. Der kalkulatorische Wertansatz entspricht dem bilanziellen Wertansatz.

c) Überweisung von 16.700 Euro für Löhne und Gehälter. Beim Betrag von 3.300 Euro handelt es sich um eine Nachzahlung, für welche eine Verbindlichkeit in der Bilanz erfasst wurde.

d) Rohstoffe zum Einkaufspreis von 15.000 Euro werden dem Lager entnommen und verbraucht.

e) Bei dem Unternehmen geht ein Wechsel über 30.000 Euro für eine längst verkaufte Maschine ein. Nach dem Verkauf der Maschine wurde eine Forderung in der Bilanz aktiviert.

f) Ein Unternehmenseigner überweist 70.000 Euro von seinem Privatvermögen auf das Firmenkonto.

g) Eine Spezialmaschine wird erstellt und in der Bilanz zu 100.000 Euro aktiviert. Die handelsrechtliche und kalkulatorische Bewertung stimmen überein.

h) Die Spezialmaschine aus g) wird linear restlos abgeschrieben, man rechnet mit einer Nutzungsdauer von 5 Jahren. Die kalkulatorische Abschreibung entspricht der bilanziellen Abschreibung.

i) Die von dem Unternehmen gehaltenen Anleihen führen zu Couponeinzahlungen i.H. von 50.000 Euro.

j) Das Unternehmen gewinnt einen Innovationspreis und erhält einen Scheck über 70.000 Euro.

k) Durch einen Einbruch werden dem Unternehmen mehrere Firmenfahrzeuge und zahlreiche Computer im Wert von insgesamt 500.000 Euro gestohlen.

l) Eine jährliche Diebstahlversicherung wird abgeschlossen. Die Versicherungsprämie beträgt 10.000 Euro und wird überwiesen.

Fall	Ein-zahlung	Ein-nahme	Ertrag	Lei-stung	Aus-zahlung	Aus-gabe	Auf-wand	Kosten
a)						24000		
b)	14000	14000	2000	2000				
c)					16700	13400	13400	13400
d)							15000	15000
e)	30000							
f)	70000	70000						
g)			100000	100000				
h)							26000	20000
i)	50000	50000	50000					
j)	70000	70000	70000					
k)							500000	
l)					10000	10000	10000	10000

Aufgabe 1.4 (*)

Die Lösung zu Aufgabe 1.4 finden Sie ab Seite 163.

Nehmen Sie Stellung zu folgenden Aussagen. Korrigieren Sie ggf. unzutreffende Begriffsverwendungen.

a) Wird eine Lieferantenverbindlichkeit bar beglichen, so liegt eine Ausgabe vor und keine Auszahlung.

b) Beschaffungsvorgänge sind in der Regel erfolgswirksam.

c) Wenn Kauf und Verbrauch von Hilfsstoffen zusammenfallen, liegt ein Aufwand und eine Ausgabe vor.

d) Werden private Räume betrieblich genutzt, so handelt es sich um Zweckaufwand.

e) Durch kalkulatorische Zinsen auf das Eigenkapital entstehen Anderskosten.

f) Der kalkulatorische Unternehmerlohn stellt Zusatzkosten bei Kapitalgesellschaften dar.

g) Bei der Rückzahlung eines Darlehens liegen eine Ausgabe und eine Auszahlung vor.

h) Ein Aufwand ist immer auch eine Ausgabe.

i) Kalkulatorische Kosten sind immer zugleich auch Aufwand.

j) Der Barverkauf von Waren ist eine Einzahlung, eine Einnahme und zugleich auch ein Ertrag.

k) Wird auf Lager produziert, entsteht dadurch sowohl eine Einnahme, als auch ein Ertrag.

l) Bei dem Verkauf von Waren auf Ziel entsteht eine Einzahlung, nicht aber eine Einnahme.

m) Die Aufnahme eines Kredits stellt eine Einzahlung, aber keine Einnahme dar.

n) Eine Kapitalerhöhung führt zu einer Einzahlung, einer Einnahme und einem Ertrag.

o) Leistungen sind die bewertete, leistungsbezogene Gütererstellung einer Periode.

Aufgabe 1.5 (*)

Die Lösung zu Aufgabe 1.5 finden Sie ab Seite 164.

Geben Sie an, ob es sich um Zweckaufwand, Grundkosten, Zusatzaufwand, Andersaufwand, Anderskosten oder Zusatzkosten bzw. um Zweckertrag, Grundleistung, Zusatzertrag, Andersertrag, Andersleistung, Zusatzleistung oder nichts dergleichen handelt.

a) Gehalt eines Vorstandsvorsitzenden einer AG

b) Kalkulatorische Zinsen auf das Eigenkapital

c) Unternehmerlohn eines OHG-Gesellschafters

d) Verkauf einer Maschine zum Buchwert

e) Unterschiedliche Bewertung noch nicht abgesetzter Güter

f) Spekulationsgewinne aus Wertpapiergeschäften

g) Die bilanzielle und kalkulatorische Bewertung von Ressourcenverbräuchen stimmen nicht überein.

Aufgabe 1.6 (**)

Die Lösung zu Aufgabe 1.6 finden Sie ab Seite 165.

Ermitteln Sie für die nachfolgenden Geschäftsvorfälle die Höhe der Auszahlungen, Ausgaben, Aufwendungen und Kosten sowie Einzahlungen, Einnahmen, Erträge und Leistungen.

a) Eine neue Maschine wird zum Preis von 100.000 Euro auf Ziel gekauft.

b) Ein Bankkredit i.H. von 200.000 Euro wird aufgenommen.

c) Für den Firmeninhaber wird ein kalkulatorischer Unternehmerlohn i.H. von 40.000 Euro verrechnet.

d) Die Gewinnausschüttung für das Vorjahr wird auf 100.000 Euro festgesetzt und an die Eigner überwiesen.

e) Eine Spende i.H. von 500 Euro wird an den örtlichen Sportverein überwiesen.

f) Aktivierte Produkte werden zu einem Preis von 300.000 Euro verkauft. Zuvor hatten sie einen bilanziellen und kalkulatorischen Wert von 250.000 Euro. Es erfolgt eine Anzahlung i.H. von 100.000 Euro, die überweisung des restlichen Kaufpreises erfolgt erst im nächsten Jahr.

g) Ein Mieter eines dem Unternehmen gehörenden Gebäudes überweist die Jahresmiete i.H. von 20.000 Euro. Bei dem Unternehmen handelt es sich um ein Produktionsunternehmen.

h) Im Rahmen einer Kapitalerhöhung fließen dem Unternehmen 200.000 Euro zu.

i) Der Wert eines von einem Produktionsunternehmen im Umlaufvermögen gehaltenen Aktienpaketes sinkt um 10.000 Euro.

j) Die Zinsen für Verbindlichkeiten des Unternehmens werden überwiesen. Es handelt sich um 50.000 Euro.

Fall	Ein-zahlung	Ein-nahme	Ertrag	Lei-stung	Aus-zahlung	Aus-gabe	Auf-wand	Kosten
a)								
b)								
c)								
d)								
e)								
f)								
g)								
h)								
i)								
j)								

Aufgabe 1.7 (**)

Die Lösung zu Aufgabe 1.7 finden Sie ab Seite 166.

Ermitteln Sie für die nachfolgenden Geschäftsvorfälle die Höhe der Auszahlungen, Ausgaben, Aufwendungen und Kosten sowie Einzahlungen, Einnahmen, Erträge und Leistungen.

a) Eine neue Produktionsstraße wird zum Preis von 130.000 Euro gekauft. Die Zahlung erfolgt mittels Banküberweisung.

b) Hilfsstoffe werden zum Preis von 75.000 Euro auf Ziel gekauft. Ein Verbrauch findet jedoch erst zu einem späteren Zeitpunkt statt.

c) Ein Darlehen in Höhe von 125.000 Euro wird bei einem Kreditinstitut aufgenommen.

d) Ein Teil der in b) gekauften Hilfsstoffe in Höhe von 50.000 Euro wird dem Lager entnommen und verbraucht

e) In die Produktpreiskalkulation eines Unternehmens fließen kalkulatorische Zinsen auf das Eigenkapital in Höhe von 36.000 Euro ein.

f) Der anteilige Gewinn der Unternehmensgesellschafter für das Vorjahr wird mit insgesamt 75.000 Euro festgeschrieben. Die Überweisung des Geldes erfolgt in der nächsten Periode.

g) Ein Unternehmen lässt einer Stiftung zur Förderung des Breitensports per Bankscheck 2.500 Euro in Form einer Spende zukommen. Der Scheck wird sofort eingelöst.

h) Die im Vorjahr mit 425.000 Euro bilanziell und kalkulatorisch verbuchten eigenen Erzeugnisse werden zu einem Preis von 450.000 Euro verkauft. Der Kunde zahlt 75.000 Euro sofort an. Die Überweisung des restlichen Kaufpreises erfolgt in der nächsten Periode.

i) Die Bank zieht per Lastschrift 500 Euro Jahresgebühr für das Wertpapierdepot vom Bankkonto eines Produktionsunternehmens ein. Die Jahresgebühr wurde zuvor nicht als Verbindlichkeit aktiviert. Das Depot wird zu Spekulationszwecken gehalten.

j) Aus der bei der letzten Gesellschafterversammlung beschlossenen Kapitalerhöhung (Eignereinzahlung) fließen dem Unternehmen 75.000 Euro zu. Das Geld geht auf dem Bankkonto ein.

GV	Einzahlung (+) Auszahlung (−)	Einnahme (+) Ausgabe (−)	Ertrag (+) Aufwand (−)	Leistung (+) Kosten (−)
a)				
b)				
c)				
d)				
e)				
f)				
g)				
h)				
i)				
j)				

Aufgabe 1.8 (*)

Die Lösung zu Aufgabe 1.8 finden Sie ab Seite 167.

Nehmen Sie Stellung zu folgenden Aussagen. Korrigieren Sie ggf. unzutreffende Begriffsverwendungen.

a) Eine Einnahme stellt eine Verringerung liquider Mittel dar.

b) Einzahlungen und Erträge einer Periode unterscheiden sich immer dann, wenn sich die Differenz aus Forderungen und Verbindlichkeiten der Periode verändert hat.

c) Die Kosten unterscheiden sich vom Aufwand ausschließlich durch die kalkulatorischen Kosten.

d) Die Kosten- und Leistungsrechnung dient nur internen Zwecken.

e) Werden von den Einzahlungen die Auszahlungen des Unternehmens einer Periode abgezogen, so erhält man die liquiden Mittel am Ende der Periode.

f) Kosten werden immer mit den Preisen des Beschaffungsmarktes bewertet.

g) Leistungen minus Kosten einer Periode ergeben den Gewinn des Unternehmens.

1.2 Abgrenzungsrechnung

Die in diesem Kapitel angesprochenen Inhalte werden in dem Lehrbuch Schildbach/Homburg, Kosten- und Leistungsrechnung, im Abschnitt I.E.5 behandelt.

Aufgabe 1.9

Die Lösung zu Aufgabe 1.9 finden Sie ab Seite 168.

Geben Sie an, ob folgende Aussagen richtig oder falsch sind.

Aussage		Richtig/Falsch
a)	Als Andersaufwand werden jene Aufwendungen bezeichnet, denen keine Kosten gegenüberstehen.	Falsch
b)	Der Unternehmerlohn stellt für Unternehmen ohne eigene Rechtspersönlichkeit Grundkosten dar.	Falsch
c)	Abschreibungen für eine Maschine stellen Anderskosten dar, sofern bilanzieller und kalkulatorischer Wertansatz übereinstimmen.	Falsch
d)	Miet- und Pachtkosten sind immer von den periodisch anfallenden Miet- und Pachtaufwendungen verschieden.	Falsch
e)	Der handelsrechtliche Periodenerfolg laut GuV ist in den kalkulatorischen Periodenerfolg laut Kostenrechnung überführbar.	Richtig
f)	Der Begriff der Andersleistung umfaßt sowohl Leistungen, denen Erträge in anderer Höhe gegenüberstehen als auch Leistungen, denen keine Erträge gegenüberstehen.	Falsch
g)	Sind das bewertungsbedingte und das ansatzbedingte Abgrenzungsergebnis null, so stimmen das kalkulatorische Betriebsergebnis und das Ergebnis aus der Gewinn- und Verlustrechnung überein.	Richtig
h)	Die Berücksichtigung eines kalkulatorischen Unternehmerlohns für den Inhaber einer Personengesellschaft führt zu Kosten.	Richtig
i)	Ein Abgrenzungsergebnis von Null bedeutet stets, daß der Erfolg nach GuV und das kalkulatorische Betriebsergebnis identisch sind.	Richtig
j)	Ein Abgrenzungsergebnis von Null bedeutet stets, daß jedem einzelnen Aufwand und jedem einzelnen Ertrag eine Kostenposition bzw. eine Leistung in derselben Höhe gegenübersteht.	Falsch
k)	Versicherte Einzelwagnisse führen zu Anderskosten.	Falsch
l)	Die Zusatzkosten setzen sich aus den Anderskosten und den kalkulatorischen Kosten zusammen.	Falsch

m)	Unterscheidet sich die Höhe der Abschreibungen in der Kostenrech-nung von der Höhe in der Finanzbuchhaltung, so führt dies zwangsläufig zu einer bewertungsbedingten Abgrenzung.	Falsch
n)	Fallen die tatsächlich eingetretenen Wagnisverluste in anderer Höhe an als im Rahmen der kalkulatorischen Wagnisse kalkuliert, so handelt es sich um einen Zweckaufwand.	Falsch
o)	Die Differenz aus Zweckertrag und Grundleistung beträgt null.	Richtig
p)	Das Ergebnis aus bewertungsbedingter Abgrenzung wird anhand der Formel: Andersleistungen + Anderserträge + Andersaufwendungen − Anderskosten ermittelt.	Falsch
q)	Abschreibungen für ein vermietetes Gebäude stellen bei einem Produktionsunternehmen einen Zusatzaufwand dar.	Richtig

Aufgabe 1.10 (*)

Die Lösung zu Aufgabe 1.10 finden Sie ab Seite 170.

Geben Sie an, ob es sich um Zusatzaufwand, Andersaufwand, Zweckaufwand, Grundkosten, Anderskosten oder Zusatzkosten bzw. um Zusatzertrag, Andersertrag, Zweckertrag, Grundleistung, Andersleistung oder Zusatzleistung handelt.

a) Abschreibung für eine Maschine, wobei die handelsrechtliche und die kalkulatorische Bewertung voneinander abweichen.

b) Produktion und Einlagerung von Gütern, wobei handelsrechtliche und kalkulatorische Bewertung übereinstimmen.

c) Erstellung einer Maschine, die für eigene betriebliche Zwecke genutzt werden soll. Die handelsrechtliche und kalkulatorische Bewertung stimmen überein.

d) Lotteriegewinn des Unternehmens.

e) Gewerbesteuernachzahlung für die letzte Periode.

f) Außergewöhnlicher Verkauf einer Maschine über ihrem Buchwert.

g) Der kalkulatorische Ansatz der Wagnisse fällt höher aus als die tatsächlich eingetretenen Wagnisverluste.

h) Kalkulatorische Miete für die Büroräume.

i) Produktion und Einlagerung von Gütern, wobei handelsrechtliche und kalkulatorische Bewertung nicht übereinstimmen.

j) Kauf von Rohstoffen und sofortige Verarbeitung in der Produktion.

k) Steuerrückerstattung vom Finanzamt für das abgelaufene Geschäftsjahr.

l) Abschreibung für eine Maschine, wobei die handelsrechtliche und die kalkulatorische Bewertung voneinander abweichen.

m) Reparaturkosten für ein vermietetes Gebäude bei einem Produktionsunternehmen.

n) Gehalt eines Vorstandsvorsitzenden einer Aktiengesellschaft.

o) Bareinnahmen eines Schlüsseldienstleisters aus Wochenendnoteinsätzen.

Aufgabe 1.11 (*)

Die Lösung zu Aufgabe 1.11 finden Sie ab Seite 171.

a) Definieren Sie die beiden Begriffe Kosten und Grundkosten.

b) Was sind kalkulatorische Kosten? Erklären Sie auch deren Zusammensetzung.

c) Geben Sie für folgende Beispiele an, ob es sich um Zusatzaufwand, Andersaufwand, Zweckaufwand, Grundkosten, Anderskosten oder Zusatzkosten bzw. Zusatzertrag, Andersertrag, Zweckertrag, Grundleistung, Andersleistung, Zusatzleistung oder nichts dergleichen handelt.

   1) Kalkulatorische Miete für die Büroräume.
   2) Gehalt eines Vorstandsvorsitzenden einer AG.
   3) Unternehmerlohn eines OHG-Gesellschafters.
   4) Abschreibung einer Maschine, wobei handelsrechtliche und kalkulatorische Bewertung voneinander abweichen.
   5) Lotteriegewinn des Unternehmens.
   6) Verkauf einer Maschine zum Buchwert

Aufgabe 1.12 (***)

Die Lösung zu Aufgabe 1.12 finden Sie ab Seite 172.

Aus dem internen und externen Rechnungswesen des Produktionsunternehmens Alpha KG liegen Ihnen folgende Informationen vor: Für vermietete, nicht betriebsnotwendige Gebäude wurde ein Ertrag i.H. von 4.000 Euro erzielt. Außerdem wurde in der KuL ein kalkulatorischer Unternehmerlohn von 80.000 Euro verrechnet. Das handelsrechtliche Jahresergebnis für 2018 beträgt 554.000 Euro, der kostenrechnerische Betriebsgewinn beläuft sich auf 359.000 Euro.

a) Bestimmen Sie das Abgrenzungsergebnis.

b) Spalten Sie das Abgrenzungsergebnis in das Ergebnis aus bewertungsbedingter Abgrenzung und das Ergebnis aus ansatzbedingter Abgrenzung auf.

Zusätzlich sind Ihnen weitere Informationen bekannt: Zwischen handelsrechtlicher und kalkulatorischer Rechnung bestehen bei einzelnen Größen Unterschiede, die ausschließlich auf eine unterschiedliche Bewertung in FiBu und Kostenrechnung zurückzuführen sind und keine betriebsfremden Komponenten enthalten:

Wertansatz in	**FiBu**	**KuL**
Verbrauch von Roh-, Hilfs- und Betriebsstoffen	1.200.000 €	1.300.000 €
Abschreibungen	150.000 €	125.000 €

Ferner wissen Sie, daß die in der Kostenrechnung angesetzten kalkulatorischen Zinsen um 30% höher sind als die handelsrechtlichen Zinsaufwendungen. Bei allen anderen Kosten und Aufwendungen bzw. Leistungen und Erträgen kann von identischen Wertansätzen in beiden Rechnungen ausgegangen werden.

c) Berechnen Sie unter Verwendung des Ergebnisses aus bewertungsbedingter Abgrenzung die kalkulatorischen Zinskosten und die handelsrechtlich angesetzten Zinsaufwendungen.

Aufgabe 1.13 (**)

Die Lösung zu Aufgabe 1.13 finden Sie ab Seite 172.

a) Stellen Sie das Abgrenzungsergebnis allgemein in Abhängigkeit von folgenden Größen dar:

- GL = Grundleistung
- kL = Kalkulatorische Leistung
- GK = Grundkosten
- kK = kalkulatorische Kosten
- G = handelsrechtlicher Periodenerfolg

Aus der Finanzbuchhaltung des Automobilzulieferers XYZ KG gehen u.a. folgende Aufwendungen für die letzte Abrechnungsperiode hervor:

Aufwendungen für Rohstoffe	410.000 €
Abschreibungen auf Sachanlagen	56.210 €
Zinsaufwendungen	4.500 €

In den Abschreibungen auf Sachanlagen sind 6.210 Euro für vermietete Gebäude enthalten. Der Rohstoffverbrauch wurde in der Kostenrechnung mit 436.000 Euro bewertet. Das durchschnittliche zu verzinsende Kapital der letzten Abrechnungsperiode belief sich auf 65.000

Euro und wurde mit einem kalkulatorischen Zinssatz von 8% verzinst. Es wird ein kalkulatorischer Unternehmerlohn i.H. von 15.000 Euro angesetzt. Die kalkulatorischen Abschreibungen belaufen sich auf 55.000 Euro. Der im betrachteten Zeitraum erzielte Gewinn (laut FiBu) beträgt 290.490 Euro. Alle anderen Aufwendungen und Erträge sind identisch mit den jeweils korrespondierenden Kosten und Leistungen, weitere betriebsfremde Aufwendungen oder Erträge sind nicht entstanden.

b) Bestimmen Sie das Betriebsergebnis unter Nutzung der folgenden Ergebnistabelle und des in a) hergeleiteten Zusammenhangs.

Ergebnistabelle								
	Gesamtergebnisrechnung der FiBu		Abgrenzungsrechnung				Kosten- und Leistungsrechnung	
			Ansatzbedingte Abgrenzung		Bewertungsbedingte Abgrenzung			
Konto	Aufwand	Ertrag	ZL/ZA	ZE/ZK	AL/AA	AE/AK	Kosten	Leistungen
Umsatz		k.A.						k.A.
Bestandsveränderung UFE+FE		k.A.						k.A.
Zinserträge		k.A.						k.A.
Rohstoffaufwand								
Hilfsstoffaufwand	k.A.						k.A.	
Löhne u. Gehälter	k.A.						k.A.	
Soziale Abgaben	k.A.						k.A.	
Abschreibungen auf Sachanlagen								
Miet- u. Pachtaufwand	k.A.						k.A.	
Zinsaufwand								
Betriebliche Steuern	k.A.						k.A.	
Unternehmerlohn								
			Ergebnis ansatzbedingter Abgrenzung =		Ergebnis bewertungsbed. Abgrenzung =			
	Gewinn =		Abgrenzungsergebnis =				kalk. Betriebsergebnis =	

ZK=Zusatzleistung, ZA=Zusatzaufwand, ZE=Zusatzertrag, ZK=Zusatzkosten, AL=Andersleistung, AA=Andersaufwand, AE=Andersertrag, AK=Anderskosten k.A. = keine Angabe

Aufgabe 1.14 (**)

Die Lösung zu Aufgabe 1.14 finden Sie ab Seite 175.

Aus der Finanzbuchhaltung des Produktionsunternehmens XY KG gehen folgende Aufwendungen und Erträge für das dritte Quartal 2018 hervor:

Umsatzerlöse für eigene Erzeugnisse	2.500.000 €
Mieterträge aus Vermietung einer Lagerhalle	60.000 €
Zinserträge aus dem Halten einer Anleihe	80.000 €
Mehrbestand an fertigen Erzeugnissen	200.000 €
Aufwendungen für Rohstoffe	100.000 €
Aufwendungen für Hilfsstoffe	55.000 €
Aufwendungen für fremdbezogene Fertigteile	70.000 €
Löhne	240.000 €
Gehälter	180.000 €
Betriebliche Steuern	80.000 €
Abschreibungen auf Sachanlagen	320.000 €

In der internen Kosten- und Leistungsrechnung ist der Wert des Mehrbestands an fertigen Erzeugnissen mit 240.000 Euro beziffert. Als kalkulatorischer Unternehmerlohn werden 58.000 Euro veranschlagt. Die Abschreibungen auf Sachanlagen enthalten 35.000 Euro für die vermietete Lagerhalle. Die kalkulatorischen Abschreibungen betragen 375.000 Euro. In den betrieblichen Steuern sind 8.000 Euro Grundsteuer für die vermietete Lagerhalle enthalten. Die Rohstoffkosten sind in der KuL mit 90.000 Euro angesetzt worden. Als kalkulatorische Zinsen auf das Eigenkapital sind 56.000 Euro berechnet worden. In der Gewinn- und Verlustrechnung sind keine Zinsaufwendungen zu berücksichtigen, da das Unternehmen vollständig eigenfinanziert ist.

a) Betrachten Sie zunächst lediglich die Abschreibungen: Wie hoch ist der Betrag des Zusatzaufwands? Gibt es auch Zusatzkosten ? Wie hoch sind die Beträge, die einen Andersaufwand bzw. Anderskosten darstellen?

b) Übertragen Sie die Daten in die beigefügte Ergebnistabelle.

c) Führen Sie die ansatzbedingte sowie die bewertungsbedingte Abgrenzung durch.

d) Ermitteln Sie das Ergebnis der GuV, das Abgrenzungsergebnis und das kalkulatorische Betriebsergebnis.

Ergebnistabelle								
	Gesamtergebnisrechnung der FiBu		Abgrenzungsrechnung				Kosten- und Leistungsrechnung	
			Ansatzbedingte Abgrenzung		Bewertungsbedingte Abgrenzung			
Konto	Aufwand	Ertrag	ZL/ZA	ZE/ZK	AL/AA	AE/AK	Kosten	Leistungen
Umsatzerlöse		2.500.000						
Mieterträge		60.000						
Zinserträge		80.000						
Bestandsveränderung FE		200.000						
Rohstoffaufwand	100.000							
Hilfsstoffaufwand	55.000							
Aufwand für Fertigteile	70.000							
Löhne	240.000							
Gehälter	180.000							
Betriebliche Steuern	80.000							
Abschreibungen	320.000							
Unternehmerlohn								
Kalk. Ek-Zinsen								
	1.045.000	2.840.000						
			Ergebnis ansatzbedingter Abgrenzung =		Ergebnis bewertungsbed. Abgrenzung =			
	Gewinn =		Abgrenzungsergebnis =				kalk. Betriebsergebnis =	

ZK=Zusatzleistung, ZA=Zusatzaufwand, ZE=Zusatzertrag, ZK=Zusatzkosten, AL=Andersleistung, AA=Andersaufwand, AE=Andersertrag, AK=Anderskosten k.A. = keine Angabe

Aufgabe 1.15 (**)

Die Lösung zu Aufgabe 1.15 finden Sie ab Seite 177.

In der Finanzbuchhaltung und in der Kosten- und Leistungsrechnung des Produktionsunternehmens Wiki-What KG wurden folgende Positionen unterschiedlich bewertet:

Wertansatz	FiBu	KuL
Aufwendungen/Kosten für Roh-, Hilfs- und Betriebsstoffe	750.000 €	600.000 €
Abschreibungen	240.000 €	200.000 €
Betriebliche Steuern	60.000 €	45.000 €
Zinsaufwendungen	11.000 €	12.500 €

10% der handelsrechtlichen Abschreibungen sind Abschreibungen für vermietete Gebäude. Mit der Vermietung eines vorübergehend nicht benötigten Lagergebäudes wurden Erträge in Höhe von 55.000 Euro erzielt. In den betrieblichen Steuern sind 10.000 Euro Grundsteuer für die vermietete Lagerhalle enthalten.

Weiterhin wurden durch Investitionen in Wertpapiere Zinserträge in Höhe von 20.000 Euro erzielt. Als kalkulatorischer Unternehmerlohn werden 65.000 Euro veranschlagt.

Alle anderen Kosten und Aufwendungen bzw. Leistungen und Erträge wurden in beiden Rechnungskreisen mit identischen Werten angesetzt und sind bereits in dem beiliegenden Lösungsbogen eingetragen.

Vervollständigen Sie die auf der folgenden Seite angegebene Ergebnistabelle. Ermitteln Sie insbesondere das Ergebnis aus ansatzbedingter Abgrenzung, das Ergebnis aus bewertungsbedingter Abgrenzung und das Abgrenzungsergebnis.

Ergebnistabelle								
	Gesamtergebnisrechnung der FiBu		Abgrenzungsrechnung				Kosten- und Leistungsrechnung	
			Ansatzbedingte Abgrenzung		Bewertungsbedingte Abgrenzung			
Konto	Aufwand	Ertrag	ZL/ZA	ZE/ZK	AL/AA	AE/AK	Kosten	Leistungen
Umsatzerlöse		2.000.000						2.000.000
Mehrbestand fertige Erz.		70.000						70.000
Mieterträge		55.000						
Zinserträge		20.000						
Aufwendungen für Roh-, Hilfs- und Betriebsstoffe	750.000						600.000	
Abschreibungen	240.000						200.000	
Löhne	420.000						420.000	
Gehälter	50.000						50.000	
Soziale Abgaben	130.000						130.000	
Zinsaufwendungen	11.000						12.500	
Betriebliche Steuern	60.000						45.000	
Unternehmerlohn							65.000	
			Ergebnis ansatzbedingter Abgrenzung =		Ergebnis bewertungsbed. Abgrenzung =			
	Gewinn =		Abgrenzungsergebnis =				kalk. Betriebsergebnis =	

ZK=Zusatzleistung, ZA=Zusatzaufwand, ZE=Zusatzertrag, ZK=Zusatzkosten, AL=Andersleistung, AA=Andersaufwand, AE=Andersertrag, AK=Anderskosten k.A. = keine Angabe

Aufgabe 1.16 (**)

Die Lösung zu Aufgabe 1.16 finden Sie ab Seite 179.

Aus dem internen und externen Rechnungswesen der Holzbaufirma Zimmermann (Personengesellschaft) liegen Ihnen folgende Informationen vor:

- Für vermietete, nicht betriebsnotwendige Gebäude wurde ein Ertrag von 25.000 Euro erzielt.
- Die Abschreibung auf das vermietete, nicht betriebsnotwendige Gebäude beträgt 15.000 Euro.
- Die Abschreibungen in der Kostenrechnung betragen 60.000 Euro, in der Gewinn- und Verlustrechnung (Finanzbuchhaltung) haben diese Abschreibungen insgesamt eine Höhe von 90.000 Euro. In den 90.000 Euro ist die Abschreibung für das vermietete, nicht betriebsnot-wendige Gebäude enthalten.
- Außerdem wurde in der Kostenrechnung ein kalkulatorischer Unternehmerlohn von 80.000 Euro verrechnet.
- Der handelsrechtliche Jahresgewinn für 2018 beträgt 700.000 Euro, das kalkulatorische Betriebsergebnis beläuft sich auf 625.000 Euro.

a) Bestimmen Sie das Abgrenzungsergebnis.

b) Spalten Sie das Abgrenzungsergebnis auf, indem Sie das Ergebnis aus bewertungsbedingter Abgrenzung und das Ergebnis aus ansatzbedingter Abgrenzung berechnen.

Aufgabe 1.17 (**)

Die Lösung zu Aufgabe 1.17 finden Sie ab Seite 179.

Aus dem internen und externen Rechnungswesen des Fußballclubs „Nie mehr zweite Liga“, welcher an der Börse gehandelt wird (Kapitalgesellschaft), liegen Ihnen folgende Informationen vor:

a) Dem Trainer des Fußballclubs „Nie mehr zweite Liga“, Markus Ende, wird sein Monatsgehalt i.H. von 500.000 Euro auf sein Konto überwiesen.

b) Auf der Clubanlage Bockheim wird ein Clubgebäude planmäßig abgeschrieben. Die Abschreibungen in der Kostenrechnung betragen 100.000 Euro, in der Gewinn- und Verlustrechnung (Finanzbuchhaltung) haben diese Abschreibungen insgesamt eine Höhe von 90.000 Euro.

c) Für einen vermieteten, nicht vom Fußballclub „Nie mehr zweite Liga”, benutzten (d.h. nicht betriebsnotwendigen) Rasen geht die Miete i.H. von 25.000 Euro auf dem Girokonto ein.

d) Eine außerordentliche Spende wird an den Nachbarclub „Fortuna“ aus der Oberliga i.H. von 50.000 Euro überwiesen.

e) Veraltete Fanartikel werden zu einem Preis von 200.000 Euro verkauft. Diese bereits im Vorjahr hergestellten Fanartikel hatten einen Herstellkostenansatz von 250.000 Euro, zu dem sie sowohl in der GuV als auch in Kostenrechnung aktiviert wurden. Es gehen bereits 150.000 Euro in bar ein. Die Überweisung des restlichen Kaufpreises erfolgt erst im nächsten Jahr. Für den Differenzbetrag wird eine Forderung erfasst.

Ordnen Sie die Geschäftsvorfälle in das unten angegebene Klassifikationsschema ein, indem Sie die zutreffenden Kästchen mit den richtigen Beträgen und richtigen Vorzeichen ausfüllen. Geben Sie ebenfalls an, ob, in welcher Höhe und mit welchem Vorzeichen der betreffende Geschäftsvorfall bewertungs- oder ansatzbedingt abzugrenzen ist. Bei einer erforderlichen bewertungsbedingten Abgrenzung geben Sie den Saldo, d.h. die Erhöhung bzw. Verringerung des Abgrenzungsergebnisses an.

Fall	Einzahlung (+) / Auszahlung (−)	Einnahme (+) / Ausgabe (−)	Ertrag (+) / Aufwand (−)	Leistung (+) / Kosten (−)	Ist eine Abgrenzung notwendig ?		
					Ja ansatz-bedingte Abgrenzung i.H.v.	Ja bewertungs-bedingte Abgrenzung i.H.v.	Nein
a)							
b)							
c)							
d)							
e)							

Aufgabe 1.18 (**)

Die Lösung zu Aufgabe 1.18 finden Sie ab Seite 180.

Aus der Finanzbuchhaltung des Produktionsunternehmens Schrauben KG gehen folgende Aufwendungen und Erträge für das dritte Quartal 2018 hervor:

Umsatzerlöse	2.875.000 €
Mehrbestand an unfertigen Erzeugnissen	250.000 €
Mehrbestand an fertigen Erzeugnissen	25.000 €
Mieterträge	36.000 €
Außerordentliche Erträge aus dem Abgang von Vermögensgegenständen	5.000€
Zinserträge	2.000 €
Aufwendungen für Rohstoffe	1.200.000 €
Aufwendungen für Hilfsstoffe	245.000 €
Löhne	300.000 €
Gehälter	200.000 €
Soziale Abgaben	110.000€
Abschreibungen auf Sachanlagen	325.000 €
Aufwendungen für Mieten und Pachten	75.000 €
Außerordentliche Verluste aus dem Abgang von Vermögensgegenständen	19.000 €
Zinsaufwendungen	2.000 €
Betriebliche Steuern	26.000 €

Weiterhin verfügen Sie über folgende Informationen:

- In den betrieblichen Steuern sind 5.000 Euro Grundsteuer für das vermietete Gebäude und 5.000 Euro für Steuernachzahlungen für zurückliegende Perioden enthalten.
- Die Abschreibungen auf Sachanlagen enthalten 20.000 Euro für vermietete Gebäude.
- In der Kostenrechnung wird insgesamt mit 355.000 Euro Abschreibungen kalkuliert.

Ferner ist bekannt, dass der Rohstoffverbrauch in der Kostenrechnung mit 1.360.000 Euro bewertet wurde und dass die kalkulatorischen Zinskosten des betrachteten Zeitraumes 5.000 Euro betragen haben. Es wird ein kalkulatorischer Unternehmerlohn i.H. von 60.000 Euro angesetzt.

a) Die Angaben aus der Finanzbuchhaltung wurden bereits in beiliegender Ergebnistabelle eingetragen. Ergänzen Sie die Kosten und Leistungen. Berücksichtigen Sie die Abweichungen zwischen Kosten und Aufwand und Leistungen und Erträgen und füllen Sie hierbei die Spalten zur ansatz- und bewertungsbedingten Abgrenzung aus.

b) Ermitteln Sie den Erfolg nach GuV, das Abgrenzungsergebnis und das kalkulatorische Betriebsergebnis und stellen Sie die gefundenen Ergebnisse in Relation zueinander dar.

Ergebnistabelle								
	Gesamtergebnisrechnung der FiBu		Abgrenzungsrechnung				Kosten- und Leistungsrechnung	
			Ansatzbedingte Abgrenzung		Bewertungsbedingte Abgrenzung			
Konto	Aufwand	Ertrag	ZL/ZA	ZE/ZK	AL/AA	AE/AK	Kosten	Leistungen
Umsatzerlöse		2.875.000						
Bestandsveränderung UFE		250.000						
Bestandsveränderung FE		25.000						
Mieterträge		36.000						
Erträge Abgang von Vermögensgegenständen		5.000						
Zinserträge		2.000						
Rohstoffaufwand	1.200.000							
Hilfsstoffaufwand	245.000							
Löhne	300.000							
Gehälter	200.000							
Soziale Abgaben	110.000							
Abschreibungen auf Sachanlagen	325.000							
Miet- und Pachtaufwand	75.000							
Verluste Abgang von Vermögensgegenständen	19.000							
Zinsaufwendungen	2.000							
Betriebliche Steuern	26.000							
Unternehmerlohn								
			Ergebnis ansatzbedingter Abgrenzung =		Ergebnis bewertungsbed. Abgrenzung =			
	Gewinn =		Abgrenzungsergebnis =				kalk. Betriebsergebnis =	

ZK=Zusatzleistung, ZA=Zusatzaufwand, ZE=Zusatzertrag, ZK=Zusatzkosten, AL=Andersleistung, AA=Andersaufwand, AE=Andersertrag, AK=Anderskosten k.A. = keine Angabe

1.3 Gliederung von Kosten

1.3.1 Gliederung nach Kostenverhalten bei Beschäftigungsänderungen

Die in diesem Kapitel angesprochenen Inhalte werden in dem Lehrbuch Schildbach/Homburg, Kosten- und Leistungsrechnung, im Abschnitt I.F.1 behandelt.

Aufgabe 1.19

Die Lösung zu Aufgabe 1.19 finden Sie ab Seite 182.

Geben Sie an, ob folgende Aussagen richtig oder falsch sind.

Aussage		Richtig/Falsch
a)	Bei progressivem Kostenverlauf mit Fixkosten nähern sich mit zunehmender Produktionsmenge die durchschnittlichen Stückkosten von oben kommend den variablen Stückkosten an.	
b)	Bei degressiven Kostenverläufen sind die Grenzkosten immer niedriger als die variablen Kosten.	
c)	Fixe Kosten fallen unabhängig von der Ausbringungsmenge an.	
d)	Gilt $K''(x) < 0$ für die variablen Kosten der Kostenfunktion $K(x) = K_v(x) + K_f(x)$, so liegt ein progressiver Kostenverlauf vor.	
e)	Ein degressiver Verlauf der Gesamtkosten kann z.B. auf die Existenz von Skaleneffekten zurückgeführt werden.	
f)	Bei progressiven Kostenverläufen sind die Grenzkosten immer niedriger als die durchschnittlichen variablen Kosten.	
g)	Bei degressivem Kostenverlauf und positiven Fixkosten K_f nähern sich mit zunehmender Produktionsmenge die Stückkosten von oben kommend den variablen Stückkosten an.	
h)	Ein s-förmiger Kostenverlauf mit anfangs progressivem Verlauf spiegelt einen Wechsel von Lerneffekten zu negativen Effekten einer hohen Auslastung wider.	
i)	Aufgrund der Berücksichtigung von Fixkosten stellen sowohl die Stückkosten als auch die Grenzkosten eine langfristige Beurteilungsgröße dar.	
j)	Liegt ein linearer Kostenverlauf vor, dann nähern sich die variablen Stückkosten von oben kommend den Durchschnittskosten an, falls $K_f > 0$ gilt.	

k)	Die fixen Stückkosten nähern sich unabhängig vom vorliegenden Verlauf der Gesamtkosten mit zunehmender Produktionsmenge asymptotisch dem Wert null an, falls $K_f \neq 0$.	Richtig
l)	Liegen lineare Kosten vor, so sind die Grenzkosten und die Durchschnittskosten pro Stück stets identisch.	Falsch
m)	Sofern näherungsweise ein proportionaler Zusammenhang zwischen Gemeinkosten und einer Bezugsgröße besteht, ist eine Zurechnung von Gemeinkosten bei kurzfristigen Entscheidungen stets sinnvoll.	?
n)	Sprungfixe Kosten sind von der Beschäftigung unabhängig.	Falsch
o)	Durch Multiplikation des Grads der Nichtauslastung mit den anfallenden Fixkosten erhält man die Leerkosten.	Richtig
p)	Die Höhe der fixen Stückkosten hängt von der Ausbringungsmenge ab.	Richtig

Aufgabe 1.20 (**)

Die Lösung zu Aufgabe 1.20 finden Sie ab Seite 185.

In der nachfolgenden Abbildung ist der Verlauf verschiedener Kostenfunktionen dargestellt, der sich bei progressiv verlaufenden Gesamtkosten ergibt.

a) Geben Sie für jede der dargestellten Kostenfunktionen an, um welche Kostengröße es sich hierbei handelt. Begründen Sie jeweils kurz Ihre Antwort.

b) Erläutern Sie jeweils kurz, warum den dargestellten Kostenfunktionen weder eine lineare Gesamtkostenfunktion noch eine degressive Gesamtkostenfunktion zugrunde liegen kann.

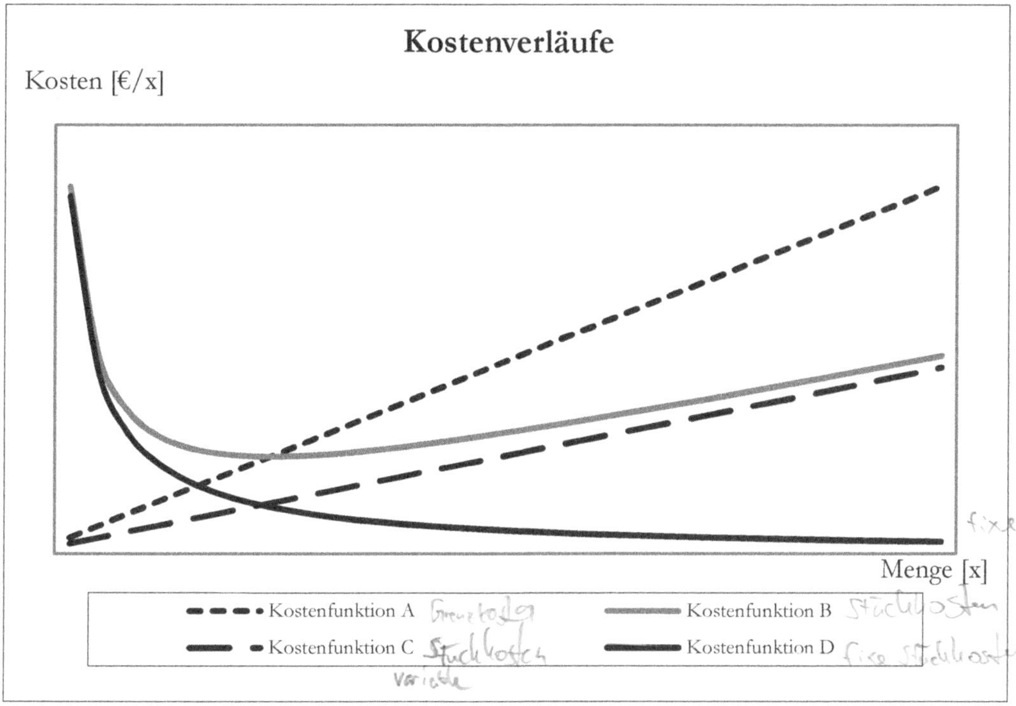

Aufgabe 1.21 (**)

Die Lösung zu Aufgabe 1.21 finden Sie ab Seite 185.

Die Produktionskosten der ABC AG lassen sich durch eine s-förmige Gesamtkostenfunktion mit zunächst degressivem und anschließend progressivem Verlauf abbilden.

a) Zeigen Sie grafisch, dass die Produktionsmenge mit minimalen variablen Stückkosten (x^{**}) geringer ist als die Produktionsmenge mit minimalen Durchschnittskosten (x^*).

b) Die Gesamtkostenfunktion $K(x) = 10x^3 - 60x^2 + 120x + 1.000$ gibt die Produktionskosten in Mio. Euro an. Die Variable x bezeichnet die Produktionsmenge in Tausend. Berechnen Sie die Ausbringungsmenge x^{**} mit minimalen variablen Stückkosten.

Aufgabe 1.22 (**)

Die Lösung zu Aufgabe 1.22 finden Sie ab Seite 187.

Für das Unternehmen Solar AG wurde folgende Gesamtkostenfunktion ermittelt:

$$K(x) = 20x^3 + 35x + 3.000$$

a) Ermitteln Sie Kostenfunktionen der Stückkosten $k(x)$, der variablen Stückkosten $k_v(x)$ sowie der Grenzkosten $K'(x)$ für das Unternehmen Solar AG.

b) Handelt es sich bei der angegebenen Kostenfunktion um lineare, degressive oder progressive Gesamtkosten? Begründen Sie Ihre Antwort formal.

Der neue Controller der Solar AG Herr Schlau ist der Meinung, dass ein s-förmiger Kostenverlauf mit zunächst degressivem und anschließend progressivem Kostenverlauf eher den anfallenden Kosten der Solar AG gerecht wird. Seinen Berechnungen liegt eine kurzfristige Betrachtung zu Grunde. In der kurzen Frist sind die fixen Kosten nicht beeinflussbar. Aus diesem Grund lässte er sie bei seiner Betrachtung außen vor und schlägt folgende s-förmige Kostenfunktion vor:

$$K(x) = 0,04x^3 - 3,6x^2 + 100x$$

c) Geben Sie an, auf welcher Vermutung über die Kostenentwicklung (Szenario 1 oder Szenario 2) die Meinung von Herrn Schlau basieren könnte.

   Szenario 1:

   Bei kleineren Produktionsmengen kann die Solar AG von Lerneffekten profitieren, ab einer bestimmten Produktionsmenge kommt es jedoch zu einer Überlastung, die zu einem überproportionalen Ressourcenverbrauch führt.

   Szenario 2:

   Bei kleinen Produktionsmengen werden überproportional viele Ressourcen benötigt und erst ab einer bestimmten Produktionsmenge treten Lerneffekte auf, die zu einem durchschnittlich geringeren Ressourcenverbrauch führen.

d) Berechnen Sie auf Basis der vorgeschlagenen s-förmigen Kostenfunktion die Ausbringungsmenge x^{**}, bei der die variablen Stückkosten minimal werden. Mit welchen Gesamtkosten und welchen Stückkosten muss Herr Schlau bei dieser Produktionsmenge für die Solar AG rechnen?

Aufgabe 1.23 (**)

Die Lösung zu Aufgabe 1.23 finden Sie ab Seite 188.

Eine Analyse der Kostenentwicklung in Abhängigkeit von der Produktionsmenge x hat ergeben, dass die Gesamtkosten der Fertigungsabteilung der ABC AG durch die Funktion

$$K(x) = 7.000 + 200\sqrt{x} - x$$

abgebildet werden können. Ermitteln Sie die variablen Stückkosten und die Grenzkosten für $\bar{x} = 400$. Handelt es sich an der betrachteten Stelle um progressive oder degressive Kosten? Begründen Sie Ihren Standpunkt.

Aufgabe 1.24 (**)

Die Lösung zu Aufgabe 1.24 finden Sie ab Seite 189.

Die Analyse der Kostenentwicklung in Abhängigkeit von der Produktionsmenge hat ergeben, dass sich die Gesamtkosten der Fertigungsabteilung der ABC AG durch die Funktion

$$K(x) = 1.200 + e^x \cdot x$$

abbilden lassen.

a) Stellen Sie die Funktion grafisch dar.

b) Bestimmen Sie

   b1) die Fixkosten
   b2) die variablen Kosten
   b3) die Stückkosten
   b4) die variablen Stückkosten
   b5) die fixen Stückkosten
   b6) die Grenzkosten

c) Stellen Sie die in den Teilaufgaben b3) bis b6) ermittelten Fuktionen für $x \in [1, 6]$ gemeinsam in einer Grafik dar.

d) Analysieren Sie die in c) entwickelten Kostenverläufe. Untersuchen Sie hierzu, wie sich die Stückkosten und die fixen Stückkosten bei sehr großen Produktionsmengen entwickeln und welche Beziehung zwischen den Grenzkosten und den variablen Stückkosten besteht.

Aufgabe 1.25 (**)

Die Lösung zu Aufgabe 1.25 finden Sie ab Seite 190.

Die Gesamtkosten der Sportwagen AG werden mit einer s-förmigen Kostenfunktion beschrieben. Die Kosten verlaufen zunächst degressiv und bei höheren Produktionsmengen progressiv.

a) Wie kann ein solcher s-förmiger Verlauf inhaltlich begründet werden? Herr Müller berechnet die Produktionsmenge x^*, bei der die gesamten Stückkosten $k(x)$ minimal werden.

b) b1) Sind die Grenzkosten $K'(x)$ bei der Produktionsmenge x^* größer, kleiner oder gleich den Stückkosten $k(x^*)$?

   b2) Sind die Grenzkosten $K'(x)$ bei Produktionsmengen, die *kleiner* sind als x^* $(x < x^*)$ größer, kleiner oder gleich den Stückkosten $k(x^*)$? Sind die Grenzkosten $K'(x)$ bei Produktionsmengen, die *größer* sind als $x^* (x > x^*)$ größer, kleiner oder gleich den Stückkosten $k(x^*)$? Begründen Sie Ihre Einschätzung.

Ein Konkurrent der Sportwagen AG beschreibt seine Kosten anhand folgender Kostenfunktion:

$$K(x) = 1.000.000 + 20.000 \cdot x$$

Weiterhin erzielt dieser Konkurrent für jeden verkauften PKW einen Deckungsbeitrag von 5.000 Euro.

c) Bei welcher Produktionsmenge x erwirtschaftet dieser Konkurrent einen Gewinn i.H. von 100.000 Euro?

Aufgabe 1.26 (**)

Die Lösung zu Aufgabe 1.26 finden Sie ab Seite 191.

In der folgenden Abbildung sind die Verläufe der Stückkosten, der variablen Stückkosten und der Grenzkosten dargestellt, welche sich bei degressiv verlaufenden Gesamtkosten mit positiven Fixkosten ergeben.

a) Geben Sie für jede der dargestellten Kostenfunktionen A bis C an, um welche Kostengröße es sich hierbei jeweils handelt. Begründen Sie Ihre Antwort kurz.

b) Warum kann bei den dargestellten Kostenfunktionen weder eine lineare noch eine progressive Gesamtkostenfunktion zugrunde liegen?

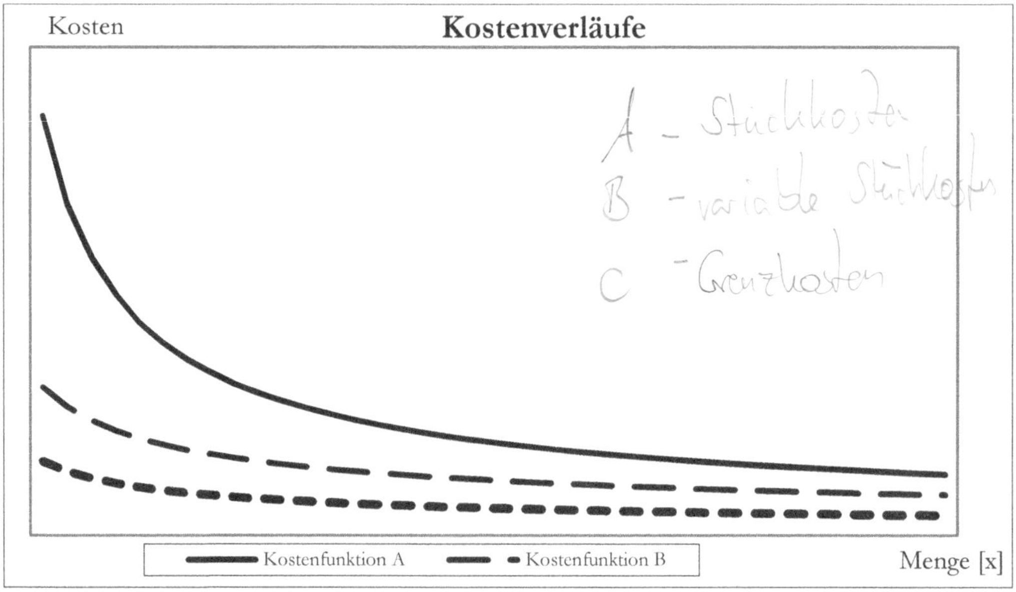

Aufgabe 1.27 (**)

Die Lösung zu Aufgabe 1.27 finden Sie ab Seite 192.

Es liegt folgende Kostenfunktion vor:

$$K(x) = 500 + 80\sqrt{x} - 3x$$

a) Stellen Sie die Funktion grafisch im Intervall $[0; 100]$ dar. Handelt es sich um eine progressive oder um eine degressive Kostenfunktion?

b) Bestimmen Sie folgenden Funktionen:

  b1) Fixkosten

  b2) variable Kosten

  b3) Stückkosten

  b4) variable Stückkosten

  b5) fixe Stückkosten

  b6) Grenzkosten

c) Stellen Sie die in den Teilaufgaben b3) bis b6) ermittelten Funktionen für das Intervall $[0; 30]$ gemeinsam in einer Grafik dar.

d) Analysieren Sie die in c) entwickelten Kostenverläufe, indem Sie die folgenden Fragen beantworten:

  d1) Wie entwickeln sich die fixen Stückkosten und die Stückkosten bei sehr großen Produktionsmengen?

  d2) Welche Eigenschaften weisen die Grenzkosten bei degressiven Gesamtkosten auf? Zeigen Sie, dass dies auch hier gilt.

  d3) Welche Beziehung besteht zwischen den Grenzkosten und den variablen Stückkosten?

Aufgrund der eingeschränkten Gültigkeit der obigen Kostenfunktion für große Beschäftigungen wird folgende lineare Kostenfunktion $K(x) = 5.000 + 50 \cdot x$ vorgeschlagen. Zudem ist bekannt, dass der Preis für die abgesetzten Produkte $p = 55$ beträgt.

e) e1) Wie viele Mengeneinheiten x müssen abgesetzt werden, so dass das kalkulatorische Betriebsergebnis null beträgt?

  e2) Wie hoch dürfen die variablen Stückkosten sein, so dass bei einer Beschäftigung von $x = 400$ ein kalkulatorisches Betriebsergebnis i.H. von 900 Euro erzielt wird?

Aufgabe 1.28 (*)

Die Lösung zu Aufgabe 1.28 finden Sie ab Seite 194.

Ein Industrieunternehmen hat ein neuartiges Produkt entwickelt, das nach den Ergebnissen einer Markteinführungsphase eine jährliche Absatzmenge x von 10.000 Stück zum Absatzpreis p von 40,00 Euro/Stück erwarten lässt.

Für die Produktion dieses neuartigen Produktes hat das Unternehmen die Wahl zwischen einem Produktionsverfahren A und einem Produktionsverfahren B. Die zugehörigen Kostenfunktionen lauten:

$$K_A(x) = 1000 + 3x$$
$$K_B(x) = 7000 + 200\sqrt{x} - x$$

a) Ermitteln Sie die Kostenfunktionen der Stückkosten $k(x)$, der variablen Kosten $K_v(x)$, der variablen Stückkosten $k_v(x)$ sowie der Grenzkosten $K'(x)$ für das Produktionsverfahren B.

b) Wie hoch ist der kalkulatorische Erfolg eines Jahres für das neue Produkt, wenn das Produktionsverfahren A beziehungsweise B eingesetzt wird?

c) Für welches der beiden Produktionsverfahren A oder B sollte sich das Unternehmen unter diesen Bedingungen entscheiden?

d) Berechnen Sie die gewinnmaximale Produktionsmenge von Produktionsverfahren B.

Aufgabe 1.29 (*)

Die Lösung zu Aufgabe 1.29 finden Sie ab Seite 195.

Ein Industrieunternehmen hat ein neuartiges Produkt entwickelt, das nach den Ergebnissen einer Markteinführungsphase eine jährliche Absatzmenge x von 14.400 Stück zum Absatzpreis p von 40,00 Euro/Stück erwarten lässt. Für die Produktion dieses neuartigen Produktes hat das Unternehmen die Wahl zwischen einem Produktionsverfahren A und einem Produktionsverfahren B. Die zugehörigen Kostenfunktionen lauten:

$$K_A(x) = 40000 + 10x$$
$$K_B(x) = 100000 + 2400\sqrt{x}$$

a) Wie hoch ist der kalkulatorische Erfolg eines Jahres für das neue Produkt, wenn das Produktionsverfahren A beziehungsweise B eingesetzt wird?

b) Für welches der beiden Produktionsverfahren A oder B sollte sich das Industrieunternehmen unter diesen Bedingungen entscheiden?

c) Ist der Verlauf der Kostenfunktion $K_B(x)$ proportional, linear, degressiv, progressiv oder s-förmig? Begründen Sie Ihre Auffassung.

d) Wie hoch sind die variablen Stückkosten bei einer jährlichen Absatzmenge $x = 14.400$ Stück, wenn das Unternehmen das Produktionsverfahren B verwendet?

e) Wie hoch sind die Grenzkosten bei einer jährlichen Absatzmenge $x = 14.400$ Stück, wenn das Unternehmen das Produktionsverfahren B verwendet?

Aufgabe 1.30 (**)

Die Lösung zu Aufgabe 1.30 finden Sie ab Seite 196.

Die Produktionskosten der Electronics AG lassen sich durch folgende s-förmige Gesamtkostenfunktion mit zunächst degressivem und anschließend progressivem Verlauf abbilden.

$$K(x) = 20x^3 - 60x^2 + 140x + 2000$$

a) Berechnen Sie die Produktionsmenge mit minimalen variablen Stückkosten x^{**}.

b) Die Ausbringungsmenge mit minimalen variablen Stückkosten liegt stets im progressiven Bereich der s-förmigen Gesamtkostenfunktion. Zeigen Sie, dass dies auch bei der hier gegebenen Kostenfunktion der Fall ist.

Aufgabe 1.31 (**)

Die Lösung zu Aufgabe 1.31 finden Sie ab Seite 196.

Die Copypaste GmbH, ein national führender Hersteller von Kopierern, bildet die Gesamtkosten ihrer Produktion anhand der folgenden Funktion ab:

$$K(x) = 15x^2 + ax + 1000 \quad \text{mit} \quad a \in \mathbb{N} \quad \text{und} \quad a < 0$$

a) Handelt es sich bei der angegebenen Kostenfunktion um einen linearen, degressiven oder progressiven Kostenverlauf? Begründen Sie Ihre Antwort formal.

b) Nennen Sie einen möglichen Grund für den in Teilaufgabe a) charakterisierten Kostenverlauf.

c) Unter Gültigkeit der obigen Kostenfunktion erzielt die Copypaste GmbH bei einem Absatzpreis von 4.582 Euro pro Stück und einer Absatzmenge von 300 Stück ein Betriebsergebnis in Höhe von 20.000 Euro. Bestimmen Sie den Kostenfaktor a.

d) Die Copypaste GmbH plant für die nächste Periode eine Produktionsmenge in Höhe von $x = 100$. Ermitteln Sie für diese Produktionsmenge die Höhe der Stückkosten, die Höhe der variablen Stückkosten und die Höhe der Grenzkosten.

Aufgabe 1.32 (**)

Die Lösung zu Aufgabe 1.32 finden Sie ab Seite 197.

Herr Zimmermann weiß, dass den Kosten in seinem Betrieb eine s-förmige Kostenfunktion zugrunde liegt. Diese Kostenfunktion hat folgende Form:

$$K(x) = ax^3 + bx^2 + cx + d$$
$$a, c, d > 0$$
$$b < 0$$

a) Berechnen Sie auf Basis der angegebenen Kostenfunktion die Produktionsmenge x^{**}, bei der die variablen Stückkosten minimal werden.

b) Ermitteln Sie die Produktionsmenge mit minimalen variablen Stückkosten x^{**} grafisch in folgender Abbildung. Beschriften Sie Ihre Grafik so, dass die variablen Kosten bei dieser Produktionsmenge $K_v(x^{**})$ und die Produktionsmenge x^{**} deutlich werden.

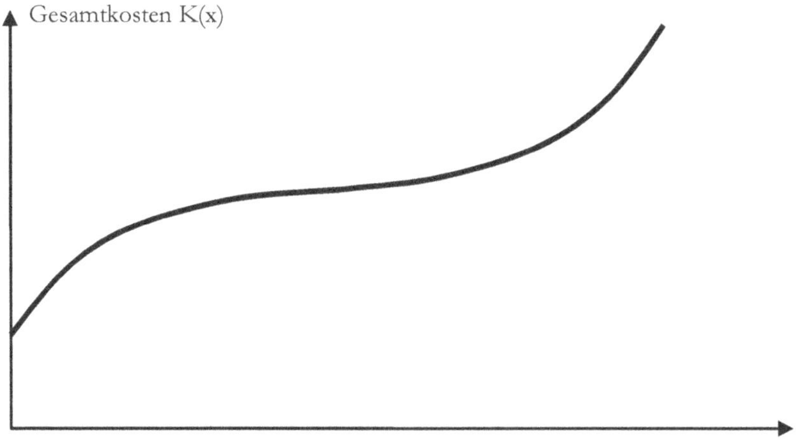

c) Ist die Produktionsmenge, bei der die gesamten Stückkosten minimal sind (x^*), größer oder kleiner als die Produktionsmenge mit minimalen variablen Stückkosten (x^{**})? Begründen Sie Ihre Antwort kurz.

Die Mitarbeiter von Herrn Zimmermann müssen wegen starker Überbelastung immer mehr Überstunden auf sich nehmen, die zusätzlich vergütet werden. Weiterhin unterlaufen ihnen wegen der hohen Belastung zahlreiche Fehler, die sich ebenfalls in den Kosten niederschlagen.

d) In welchem Teil der Kostenfunktion, im degressiven oder progressiven, befindet sich die Holzbaufirma bei Vorliegen des oben beschriebenen Szenarios? Begründen Sie Ihre Einschätzung kurz mithilfe der Entwicklung der Grenzkosten im vorliegenden Fall.

Aufgabe 1.33 (***)

Die Lösung zu Aufgabe 1.33 finden Sie ab Seite 198.

Die Lustig AG geht von folgender Funktion für die variablen Stückkosten aus:

$$k_v(x)\frac{70}{\sqrt{x}} - 3$$

Ferner ist bekannt, dass bei einem Absatzpreis von 10 Euro und positiven Fixkosten die Break-Even-Menge des Unternehmens 400 ME beträgt. Bestimmen Sie die Gesamtkostenfunktion der Lustig AG.

Aufgabe 1.34 (**)

Die Lösung zu Aufgabe 1.34 finden Sie ab Seite 199.

Das Unternehmen Levvi AG unterhält ein Lager für Jeanshosen. Die Nachfrage beträgt 2.400 Hosen pro Monat. Die Zins- und Lagerkosten betragen 0,75 Euro pro Hose pro Monat. Die bestellfixen Kosten belaufen sich auf 225 Euro pro Bestellung.

a) Wie hoch ist die optimale Bestellmenge und wie viele Bestellungen werden pro Monat durchgeführt?

b) Wie hoch sind die gesamten durch Lagerhaltung und Bestellung verursachten Kosten pro Monat?

1.3.2 Gliederung nach der Form der Zurechnung: Zurechnungsprinzipien

Die in diesem Kapitel angesprochenen Inhalte werden in dem Lehrbuch Schildbach/Homburg, Kosten- und Leistungsrechnung, im Abschnitt I.F.2 behandelt.

Aufgabe 1.35

Die Lösung zu Aufgabe 1.35 finden Sie ab Seite 199.

Geben Sie an, ob folgende Aussagen richtig oder falsch sind.

Aussage		Richtig/Falsch
a)	Zeitabhängige Abschreibungen für eine Maschine, die nur von einem Produkt genutzt wird, können nach dem Verursachungsprinzip zugerechnet werden.	
b)	Beim Kostentragfähigkeitsprinzip werden die Einzelkosten mit Schlüsseln, die von den Absatzpreisen abhängen, auf Kalkulationsobjekte zugerechnet.	
c)	Das Beanspruchungsprinzip besagt, dass sich der Umfang der Einwirkung des Güterverzehrs auf das Kalkulationsobjekt in der Kostenrechnung widerspiegeln soll.	
d)	Der Unterschied zwischen echten und unechten Gemeinkosten besteht darin, dass bei den echten Gemeinkosten lediglich aus Wirtschaftlichkeitsgründen auf eine exakte Zurechnung der Kosten verzichtet wird, während bei unechten Gemeinkosten eine exakte Zurechnung grundsätzlich unmöglich ist.	
e)	Eine beanspruchungsgerechte Zurechnung von Gemeinkosten ist stets verursachungsgerecht.	

f)	Eine dem Durchschnittsprinzip entsprechende Schlüsselgröße kann gleichzeitig auch beanspruchungsgerecht sein.	
g)	Das Verursachungsprinzip stellt einen Spezialfall des Beanspruchungsprinzips dar.	
h)	Die auf dem Verursachungsprinzip basierende Definition von Einzel- und Gemeinkosten sollte nur in kurzfristigen Entscheidungsrechnungen verwendet werden.	
i)	Bei Zurechnung über das Tragfähigkeitsprinzip erfolgt eine Proportionalisierung über Schlüssel, die von den Beschaffungspreisen abhängen.	
j)	Kosten, die den Kostenträgern nach dem Beanspruchungsprinzip zugerechnet werden können, sind stets Einzelkosten.	

Aufgabe 1.36 (*)

Die Lösung zu Aufgabe 1.36 finden Sie ab Seite 201.

Die DEF KG fertigt drei Produkte auf derselben Maschine. Für diese Maschine sind zeitabhängige Abschreibungen i.H. von 27.200 Euro angefallen. Diese Kosten werden den einzelnen Produkten mithilfe einer Schlüsselgröße zugerechnet. Als Schlüsselgrößen kommen die Maschinenlaufzeit und das Gewicht infrage. Alle weiteren Daten können der folgenden Tabelle entnommen werden:

Produkt	Produktionsmenge [ME]	Maschinenlaufzeit [h/ME]	Gewicht [kg/ME]
1	600	0,2	3,5
2	50	1,0	2,0
3	300	0,5	4,0

a) Welchem Zurechnungsprinzip entspricht eine Zurechnung anhand der Maschinenlaufzeit und welches Zurechnungsprinzip käme bei Verwendung des Gewichts zum Einsatz? Begründen Sie kurz Ihre Antwort.

b) Ermitteln Sie die Gemeinkosten je Stück, die den einzelnen Produkten bei Verwendung des Gewichts zugerechnet werden.

Aufgabe 1.37 (*)

Die Lösung zu Aufgabe 1.37 finden Sie ab Seite 202.

Die GHI AG fertigt auf ihrer Produktionsanlage die drei Produkte Alpha, Beta und Gamma. Die hierfür angefallenen Kostenträgergemeinkosten i.H. von 525.000 Euro werden den einzelnen Produkten unter Verwendung der Bearbeitungszeit je Einheit auf der Produktionsanlage als Schlüsselgröße zugerechnet. Die für die Zurechnung relevanten Daten können der folgenden Tabelle entnommen werden:

Produkt	Produktionsmenge [ME]	Bearbeitungszeit [Min/ME]
Alpha	27.750	4
Beta	25.000	5
Gamma	15.200	7,5

a) Ermitteln Sie die einer Einheit des Produktes Gamma zuzurechnenden Kosten.

b) Auf welchem Zurechnungsprinzip basiert die verwendete Schlüsselgröße?

Aufgabe 1.38 (**)

Die Lösung zu Aufgabe 1.38 finden Sie ab Seite 202.

Gegeben sind folgende Daten über die Produkte eines Unternehmens:

Produktart	Produktions-menge	Deckungsbeitrag pro Stück	Bearbeitungszeit pro Stück	Gewicht pro Stück
1	2.000 Stück	125 €	6 Min.	30 kg
2	4.000 Stück	150 €	8 Min.	10 kg
3	2.500 Stück	80 €	12 Min.	15 kg
4	1.500 Stück	100 €	3 Min.	5 kg

Für die vier Produkte sind insgesamt Kostenträgergemeinkosten i.H. von 600.000 Euro angefallen.

a) Welche verschiedenen Schlüsselgrößen könnte man zur Aufteilung der Gemeinkosten auf die einzelnen Kostenträger wählen? Welchen Zurechnungsprinzipien würde das jeweils entsprechen, wenn der Werteverzehr von der Bearbeitungszeit abhängt?

b) Welche Schlüsselgröße müssten Sie wählen, um nach dem Verursachungsprinzip zu schlüsseln?

c) Welcher Anteil der Gemeinkosten wird den einzelnen Produkten nach den unterschiedlichen Zurechnungsprinzipien zugerechnet? In welcher Höhe werden jeweils Kosten zugerechnet?

Aufgabe 1.39 (**)

Die Lösung zu Aufgabe 1.39 finden Sie ab Seite 204.

a) Erläutern Sie die Zurechnungsprinzipien Verursachungsprinzip, Durchschnittsprinzip, Beanspruchungsprinzip und Kostentragfähigkeitsprinzip. Gehen Sie hierbei auch auf die Unterscheidung von Einzel- und Gemeinkosten ein.

Gegeben sind folgende Daten über die Produkte eines Unternehmens:

Produktart	Produktions-menge	Deckungsbeitrag pro Stück	Bearbeitungszeit pro Stück	Gewicht pro Stück
1	1.500 Stück	50 €	40 €	4 Min.
2	2.500 Stück	145 €	125 €	2 Min.
3	3.000 Stück	30 €	25 €	5 Min.

Für die drei Produktarten wird mit Kostenträgergemeinkosten von insgesamt 52.000 Euro gerechnet.

b) Wie hoch sind die den einzelnen Produkten zurechenbaren Gemeinkosten pro Mengeneinheit, wenn diese nach dem Beanspruchungsprinzip zugerechnet werden, wobei die Beanspruchung von der Bearbeitungszeit der Produkte abhängt?

c) Wie hoch sind die den einzelnen Produkten zurechenbaren Gemeinkosten pro Mengeneinheit, wenn diese nach dem Kostentragfähigkeitsprinzip mit dem Deckungsbeitrag als Schlüsselgröße zugerechnet werden?

Kapitel 2

Istkosten- und Istleistungsrechnung

2.1 Kostenartenrechnung

2.1.1 Erfassung von Arbeitskosten

Aufgabe 2.1 (**)

Die Lösung zu Aufgabe 2.1 finden Sie ab Seite 206.

Ein kleines Unternehmen beschäftigt 11 Arbeitnehmer, davon 6 Angestellte und 5 Arbeiter. Die Angestellten werden nach Zeitlohn bezahlt, 3 von ihnen erhalten 20 Euro pro Stunde und 3 erhalten 15 Euro pro Stunde (jeweils brutto).

Die Entlohnung der Arbeiter setzt sich aus einem Fixlohn als tariflicher Mindestlohn von 5 Euro pro Stunde (brutto) und einem Geldakkord von 3 Euro pro produziertem Produkt als variabler Vergütungsanteil zusammen. Dabei benötigt ein Arbeiter im Schnitt 25 Minuten für ein Stück.

Die vertragliche monatliche Arbeitszeit beträgt für alle Arbeitnehmer 160 Stunden. Das Unternehmen hat zusätzlich zum Gehalt der Arbeitnehmer jeweils 32% des Bruttolohns als Arbeitgeberanteil an den Sozialabgaben zu entrichten. Außerdem zahlt es insgesamt 1.200 Euro als Weihnachts- und Urlaubsgeld pro Jahr an jeden Arbeitnehmer.

a) Berechnen Sie den Geldfaktor pro Stunde für den variablen Vergütungsanteil der Arbeiter.

b) Berechnen Sie die Arbeitskosten für Zeitlöhne, die Arbeitskosten für Akkordlöhne und die gesamten Arbeitskosten für eine Periode von 6 Monaten. Gehen Sie dabei von der vereinfachenden Annahme aus, dass für Weihnachts- und Urlaubsgeld keine Sozialabgaben zu entrichten sind.

Aufgabe 2.2 (**)

Die Lösung zu Aufgabe 2.2 finden Sie ab Seite 207.

Die Geschäftsführerin der Rellisch GmbH, Daphne Steffens, erhält ein Jahresgehalt i.H. von 100.000 Euro. Prof. Dr. Florian Rellisch ist Gesellschafter dieser GmbH, arbeitet zur Zeit noch als Professor und steht kurz vor seiner Pensionierung. Er überlegt, die GmbH nach seiner Pensionierung in eine KG umzuwandeln, Frau Steffens zu entlassen und selbst die Geschäftsführung zu übernehmen.

(Gehen Sie davon aus, dass die Umwandlung in eine KG nicht zu Kosten führt.)

a) In welcher Höhe würden Sie den kalkulatorischen Unternehmerlohn für Prof. Rellisch im Falle einer Umwandlung ansetzen? Begründen Sie Ihre Wahl. Welche Bedingung sollte dafür erfüllt sein?

b) Um welche Kosten/Aufwendungen (Zusatzaufwand, Andersaufwand, Zweckaufwand, Grundkosten, Anderskosten, Zusatzkosten) handelt es sich bei dem Gehalt von Frau Steffens, worum würde es sich beim Unternehmerlohn für Herrn Rellisch handeln?

Aufgabe 2.3 (*)

Die Lösung zu Aufgabe 2.3 finden Sie ab Seite 207.

In einer Schreinerei werden 4 Euro pro montiertem Stuhl bezahlt.

a) Wie nennt man dieses Vergütungssystem?

b) Wie hoch ist der Zeitakkord eines Arbeiters, der 3 Stühle in einer Stunde fertigt?

c) Wie hoch ist der Arbeitslohn eines Arbeiters für eine Woche, in der er durchschnittlich 2,7 Stühle pro Stunde fertigt und insgesamt 35 Stunden arbeitet? Welche Faktoren müssen darüber hinaus bei der Ermittlung der Arbeitskosten berücksichtigt werden?

d) Bei welchen der folgenden Arbeitskräfte bietet sich eine Bezahlung mittels Akkordlohn an, bei welchen eher nicht? Pförtner, Fliesenleger, Dreher, Schleifer.

2.1.2 Erfassung von Werkstoffkosten

Die in diesem Kapitel angesprochenen Inhalte werden in dem Lehrbuch Schildbach/Homburg, Kosten- und Leistungsrechnung, im Abschnitt II.B.3 behandelt.

Aufgabe 2.4

Die Lösung zu Aufgabe 2.4 finden Sie ab Seite 208.

Geben Sie an, ob folgende Aussagen richtig oder falsch sind.

Aussage		Richtig/Falsch
a)	Ein Nachteil der Rückrechnung ist, dass Diebstahl und Schwund von Lagerbeständen nicht erfasst werden.	
b)	Bei der Befundrechnung ist eine Inventur erforderlich.	
c)	Die Ermittlung des Materialverbrauchs mittels der Befundrechnung kann z.B. deshalb zu einem anderen Ergebnis als die Materialverbrauchsermittlung anhand der Skontrationsrechnung führen, weil in der Skontrationsrechnung kein Schwund berücksichtigt wird.	
d)	Die Rückrechnung und die Befundrechnung führen zu unterschiedlichen Materialverbräuchen, wenn ein Teil der bereits dem Lager entnommenen Rohstoffe noch nicht in die Produktion eingegangen ist.	
e)	Das periodenbezogene LIFO-Verfahren und das permanente LIFO-Verfahren führen stets zu verschiedenen Ergebnissen.	
f)	Das Verfahren der Rückrechnung eignet sich nicht zur Erfassung der Bestandsveränderungen von Leistungen.	
g)	Im Rahmen der Skontrationsrechnung wird neben der Erfassung aller Lagerzugänge auch eine periodische Inventur durchgeführt.	
h)	Bei der permanenten LIFO Methode erfolgt die Bewertung des Werkstoffverbrauchs erst am Ende der Periode.	

Aufgabe 2.5 (***)

Die Lösung zu Aufgabe 2.5 finden Sie ab Seite 210.

Für den in der Fertigung benötigten Rohstoff A wird ein Lager unterhalten. Die Zu- und Abgänge im Juli 2018 sind in nachstehender Tabelle angegeben:

Datum	Zugang [ME]	Abgang [ME]	Preis [€/ME]
5. Juli 2018	1.600		35,00
7. Juli 2018		**X**	
10. Juli 2018	500		**Y**
15. Juli 2018		650	
22. Juli 2018	400		40,00
23. Juli 2018		300	

Darüber hinaus sind Ihnen folgende Informationen bekannt:

- Zu Monatsbeginn lag keine Einheit von Rohstoff A auf Lager.
- Der gewogene Durchschnittspreis betrug im Juli 36,40 Euro/ME.
- Der Materialverbrauch entspricht der Menge der erfassten Entnahmen.
- Die Berechnung der Materialkosten nach dem permanenten LIFO-Verfahren führt zu Materialkosten, die um 250 Euro höher sind als die sich bei Anwendung des FIFO-Verfahrens ergebenden Materialkosten.

Gehen Sie weiterhin davon aus, dass der Endbestand am 31. Juli 2018 weniger als 400 ME beträgt.

a) Ermitteln Sie den Preis Y je ME von Rohstoff A, der am 10. Juli 2018 bezahlt werden musste.

b) Berechnen Sie, welche Menge X am 7. Juli 2018 dem Lager entnommen wurde.

Aufgabe 2.6 (**)

Die Lösung zu Aufgabe 2.6 finden Sie ab Seite 211.

Für den in der Fertigung benötigten Rohstoff A wird ein Lager unterhalten. Die Zu- und Abgänge im Geschäftsjahr 2018 sind in nachstehender Tabelle angegeben:

Datum	Zugang [ME]	Abgang [ME]	Preis [€/ME]
20.01.2018	2.000		23,00
10.03.2018		1.100	
03.04.2018	1.000		**X**
14.07.2018		1.400	
28.08.2018	200		21,00
29.09.2018		500	

Darüber hinaus sind Ihnen folgende Informationen bekannt:

- Zu Jahresbeginn (01.01.2018) lagen 200 Einheiten von Rohstoff A auf Lager. Das Lager für Rohstoff A wurde am 01.01.2018 mit insgesamt 4.000 Euro bewertet.
- Der gewogene Durchschnittspreis für das Geschäftsjahr 2018 betrug 22,00 Euro/ME.
- Der Materialverbrauch entspricht der Menge der erfassten Abgänge.

a) Ermitteln Sie mit den obigen Angaben den Preis X je ME von Rohstoff A, der am 3. April 2018 gezahlt wurde.

b) Berechnen Sie die Materialkosten für den Materialverbrauch des Geschäftsjahres 2018 nach der periodenbezogenen LIFO-Methode (Last-In-First-Out).

c) Berechnen Sie die Materialkosten für den Materialverbrauch des Geschäftsjahres 2018 nach der FIFO-Methode (First-In-First-Out).

Aufgabe 2.7 (**)

Die Lösung zu Aufgabe 2.7 finden Sie ab Seite 211.

Die Klunker AG ist ein großer internationaler Schmuckhersteller und hat sich auf die Fertigung hochwertiger Halsketten spezialisiert. Um auch bei starken Nachfrageschwankungen schnell liefern zu können, wird für Feingold ein Lager unterhalten. Die Lagerzugänge und -abgänge des Monats Juli 2018 können folgender Tabelle entnommen werden:

Datum	Lagerentnahmen laut Entnahmeschein [g]	Lagerzugänge [g]	Preis [€/g]
03. Juli 2018		600	**X**
08. Juli 2018	650		
12. Juli 2018		800	10
15. Juli 2018	200		
22. Juli 2018		150	**Y**
30. Juli 2018	600		

Der Lageranfangsbestand am 1.Juli 2018 beträgt 200 g und ist mit 13 Euro pro Gramm bewertet.

a) Ermitteln Sie den Verbrauch an Feingold im Juli 2018 anhand der Skontrationsrechnung.

b) Für den in Aufgabenteil a) ermittelten Verbrauch ergibt sich ein Endbestand am 31. Juli 2018 in Höhe von 300 g Gold. Dieser Endbestand ist bei Anwendung der FIFO-Methode mit 3.150 Euro und bei Anwendung der Perioden-LIFO-Methode mit 4.300 Euro bewertet. Wie hoch ist der Preis je Gramm X beim Zugang vom 3. Juli 2018? Wie hoch ist der Preis je Gramm Y beim Zugang vom 22. Juli 2018?

c) Welchen Wert hat der Endbestand am 31. Juli 2018 bei Anwendung der permanenten LIFO-Methode?

Aufgabe 2.8 (*)

Die Lösung zu Aufgabe 2.8 finden Sie ab Seite 212.

Die Teiff GmbH stellt hochwertige Eisbären und Seehunde aus Plüsch her. Für jeden Eisbären (Seehund) werden 1,2 m^2 (0,7 m^2) Plüsch verbraucht. Im Januar wurden 1.150 Eisbären und 500 Seehunde hergestellt. Die Zugänge des Plüschstoffes können folgender Auflistung entnommen werden:

Datum	Menge [m^2]	Preis [€/m^2]
02. Januar 2018	600	10,70
12. Januar 2018	350	8,70
21. Januar 2018	850	11,10

Zu Monatsbeginn befand sich kein Plüschstoff im Lager.

Ermitteln Sie den Plüschverbrauch des Monats Januar mit der Rückrechnung und bestimmen Sie die Materialkosten für den Plüsch anhand des gewogenen Durchschnittspreises.

Aufgabe 2.9 (**)

Die Lösung zu Aufgabe 2.9 finden Sie ab Seite 212.

Die Schoki GmbH ist wohl eines der berühmtesten Schokoladenunternehmen der Welt. Aufgrund des nur auf wenige Monate begrenzten Verkaufs von Osterhasen, werden diese auf Lager produziert. Besonders im Monat Februar kommt es im Lager des Rohstoffes Kakao zu zahlreichen Lagerzugängen und Abgängen, welche in der nachfolgenden Tabelle dargestellt sind:

01. Februar 2018	Anfangsbestand:	30 [t]	1300 [€/t]
28. Februar 2018	Endbestand:	50 [t]	

Datum	Lagerentnahmen lt. Entnahmeschein [t]	Lagerzugänge [t]	Preis je Tonne [€/t]
3. Februar 2018		90	1280
09. Februar 2018	70		
14. Februar 2018		130	1400
20. Februar 2018	140		
24. Februar 2018		110	1200
27. Februar 2018	100		

In diesem Jahr hatte das Unternehmen unter anderem drei Qualitätsklassen von Osterhasen im Sortiment. Der Standard-Osterhase mit einem Gewicht von 50 g besteht zu 20 g aus Kakao und wurde im Februar drei Millionen Mal hergestellt.

Der Premium-Osterhase mit einem Gewicht von 150 g besteht zu 70 g aus Kakao und die Produktionsmenge im Februar betrug zwei Millionen. Der Deluxe-Osterhase mit einem

Gewicht von 600 g besteht zu 300 g aus Kakao. Von dieser Variante wurden im Februar 500.000 Stück hergestellt.

a) Welche Methoden der mengenmäßigen Verbrauchserfassung können aufgrund der angegebenen Daten angewandt werden und welche Verbräuche werden jeweils ermittelt?

b) Ermitteln Sie die Materialkosten des Monats Februar für den mit der Skontrationsrechnung ermittelten Verbrauch

b1) nach der periodenbezogenen LIFO-Methode.

b2) nach der permanenten LIFO-Methode.

b3) mit dem gewogenen Durchschnittspreis des Monats Februar.

b4) nach der FIFO-Methode.

c) Warum wird keine Unterscheidung zwischen der permanenten und der periodenbezogenen FIFO-Methode vorgenommen?

Aufgabe 2.10 (**)

Die Lösung zu Aufgabe 2.10 finden Sie ab Seite 214.

Die Diamant AG ist ein großer internationaler Schmuckhersteller und hat sich auf die Fertigung hochwertiger Ringe spezialisiert. Um auch bei starken Nachfrageschwankungen schnell liefern zu können, wird für Feingold ein Lager unterhalten. Die Lagerzugänge und -abgänge des Monats Oktober können folgender Tabelle entnommen werden:

Datum	Lagerentnahmen lt. Entnahmeschein	Lagerzugänge	Preis je g
02. Oktober 2018		600 g	11,00 €
08. Oktober 2018	500 g		
12. Oktober 2018		250 g	12,50 €
15. Oktober 2018	300 g		
22. Oktober 2018		750 g	11,50 €
29. Oktober 2018	700 g		

Der Lageranfangsbestand am 1. Oktober beträgt 0 g. Im Oktober wurden 50 Ringe à 7,5 g/Ring, 72 Ringe à 9 g/Ring und 35 Ringe à 10,2 g/Ring hergestellt.

a) Welche Methoden der mengenmäßigen Verbrauchsermittlung können aufgrund der angegebenen Daten angewandt werden und welche Verbräuche werden anhand dieser Methoden ermittelt? Nennen Sie Gründe, die für die unterschiedlichen Ergebnisse ursächlich sein könnten.

b) Berechnen Sie jeweils die Materialkosten für den mit der Skontrationsrechnung ermittelten Verbrauch

b1) nach der periodenbezogenen LIFO-Methode.

b2) nach der permanenten LIFO-Methode.

b3) nach der FIFO-Methode.

b4) mit dem gewogenen Durchschnittspreis des Monats Oktober.

Aufgabe 2.11 (**)

Die Lösung zu Aufgabe 2.11 finden Sie ab Seite 216.

Die Sportwagen AG unterhält ein Reifenlager. Zum Ende des 2. Quartals 2018 gilt es, die Werkstoffkosten für Reifen mit Hilfe der Fortschreibungsmethode (Skontrationsrechnung) zu erfassen. Die Datensituation im Lager gestaltet sich wie folgt:

Datum	Anfangsbestand [Anzahl Reifen]	Zugänge [Anzahl Reifen]	Abgänge [Anzahl Reifen]	Preis pro Reifen [€/Reifen]
01.04.2018	200			X
08.04.2018		350		110
20.04.2018			300	
15.05.2018		50		102
18.05.2018			100	
05.06.2018		600		99
20.06.2018			150	

Der Auszubildende Karl Müller ermittelt, welche Kosten sich nach unterschiedlichen Bewertungsmethoden ergeben.

a) In welcher Höhe wird der Gesamtverbrauch des 2. Quartals 2018 bewertet, wenn Karl Müller die permanente LIFO Methode verwendet?

b) Wie hoch war der Preis pro Reifen des Anfangslagerbestandes am 01.04.2018, wenn der Reifenverbrauch im 2. Quartal 2018 mit der gewogenen Durchschnittsmethode Gesamtkosten i.H. von 59.950 Euro hervorgerufen hat? Welcher gewogene Durchschnittspreis ergibt sich?

c) Bei welcher Methode ergeben sich die höchsten Gesamtkosten für den Reifenverbrauch, bei FIFO, permanentem LIFO, Perioden LIFO oder der Durchschnittsmethode? Begründen Sie Ihre Einschätzung kurz. Eine Rechnung ist zur Beantwortung dieses Aufgabenteils nicht notwendig.

2.1.3 Erfassung von Betriebsmittelkosten

Die in diesem Kapitel angesprochenen Inhalte werden in dem Lehrbuch Schildbach/Homburg, Kosten- und Leistungsrechnung, im Abschnitt II.B.4 behandelt.

Aufgabe 2.12

Die Lösung zu Aufgabe 2.12 finden Sie ab Seite 217.

Geben Sie an, ob folgende Aussagen richtig oder falsch sind.

Aussage		Richtig/Falsch
a)	Das arithmetisch-degressive Abschreibungsverfahren entspricht bei Verwendung eines sehr geringen Degressionsbetrages ($d \to 0$) näherungsweise dem linearen Abschreibungsverfahren.	
b)	Abschreibungsverfahren spiegeln Hypothesen über den Verlauf der Nutzungspotenzialzunahme wider.	
c)	Das Buchwertverfahren ist insofern ein Spezialfall des geometrisch-degressiven Abschreibungsverfahrens, als dass bei diesem Verfahren stets $\alpha = \sqrt[T]{\frac{R}{A}}$ gilt.	
d)	Der Begriff der Abschreibungsbasis bezeichnet die Differenz aus Anschaffungspreis und Restwert am Ende der Nutzungsdauer.	
e)	Bei den geometrisch-degressiven Abschreibungsverfahren ist die Beziehung $\frac{a_{t+1}}{a_t} = \frac{R_{t+1}}{R_t}$ für $t = 1, ..., T-1$ erfüllt.	
f)	Die Restwerte R_t nehmen bei der Buchwertabschreibung im Zeitablauf linear ab.	
g)	Das digitale Abschreibungsverfahren stellt insofern einen Sonderfall des arithmetisch-degressiven Abschreibungsverfahrens dar, als dass die Abschreibungsbeträge a_t von Periode zu Periode um den Betrag a_T sinken.	
h)	Der Unterschied zwischen arithmetisch-degressiven Abschreibungsverfahren und geometrisch-degressiven Abschreibungsverfahren besteht darin, dass beim geometrisch-degressiven Abschreibungsverfahren die Abschreibungsbeträge von Periode zu Periode um einen konstanten Betrag sinken, während beim arithmetisch-degressiven Abschreibungsverfahren der Quotient aus zwei unmittelbar aufeinander folgenden Abschreibungsbeträgen konstant bleibt.	

i)	Das Nutzungspotenzial einer Maschine kann durch die Ausbringungsmenge, durch die Nutzungsdauer oder durch eine Kombination aus Ausbringungsmenge und Nutzungsdauer abgebildet werden.	Richtig
j)	Das Buchwertverfahren stellt insofern einen Sonderfall des geometrisch-degressiven Abschreibungsverfahrens dar, weil nicht nur der Quotient der Abschreibungsbeträge zweier aufeinander folgenden Perioden, sondern auch der Quotient der Restwerte zweier aufeinander folgenden Perioden konstant ist.	Richtig
k)	Das digitale Abschreibungsverfahren ist dadurch gekennzeichnet, dass der Abschreibungsbetrag der letzten Periode mit dem Restwert am Ende der Nutzungsdauer übereinstimmt.	Falsch
l)	Beim geometrisch-degressiven Abschreibungsverfahren sinken die Abschreibungsbeträge immer um einen festen Anteil $(1 - \alpha)$.	Richtig

Aufgabe 2.13 (*)

Die Lösung zu Aufgabe 2.13 finden Sie ab Seite 219.

Ermitteln Sie auf Basis der angegebenen Daten die jeweilige Abschreibung a_t der aktuellen Periode t.

a) Lineares Abschreibungsverfahren:
Die geschätzte Nutzungsdauer des Anlageguts beträgt 4 Jahre. Der Anschaffungswert beträgt 500.000 Euro. Am Ende der Nutzungsdauer ist ein Restwert von 20.000 Euro zu erwarten.

b) Mengenorientiertes Abschreibungsverfahren:
Die Abschreibung der Vorperiode $(t-1)$ betrug 40.000 Euro. Die Produktionsmenge der aktuellen Periode (t) ist um 20% geringer als die Produktionsmenge der Vorperiode $(t-1)$.

c) Geometrisch-degressives Abschreibungsverfahren:
Die Abschreibung der Vor-Vorperiode $(t-2)$ betrug 45.000 Euro. Die Abschreibung der Vor-Vor-Vorperiode $(t-3)$ betrug 50.000 Euro.

d) Digitales Abschreibungsverfahren:
Die Abschreibung der Vorperiode $(t-1)$ betrug 80.000 Euro. Die Abschreibung der Vor-Vor-Vorperiode $(t-3)$ betrug 100.000 Euro.

Aufgabe 2.14 (*)

Die Lösung zu Aufgabe 2.14 finden Sie ab Seite 220.

Ermitteln Sie auf Basis der angegebenen Daten die jeweilige Abschreibung a_t der aktuellen Periode t.

a) Lineares Abschreibungsverfahren:
Die geschätzte Nutzungsdauert des Anlageguts beträgt 7 Jahre. Der Anschaffungswert beträgt 250.000 Euro. Am Ende der Nutzungsdauer ist ein Restwert von 40.00 Euro zu erwarten.

b) Mengenorientiertes Abschreibungsverfahren:
Die Abschreibung der Vorperiode ($t-1$) betrug 35.000 Euro. Die Produktionsmenge der aktuellen Periode (t) ist um 20% höher als die Produktionsmenge der Vorperiode ($t-1$).

c) Geometrisch-degressives Abschreibungsverfahren:
Die Abschreibung in ($t-2$) betrug 67.500 Euro. Die Abschreibung in ($t-3$) betrug 75.000 Euro.

d) Digitales Abschreibungsverfahren:
Die Abschreibung in ($t-1$) betrug 80.000 Euro. Die Abschreibung in ($t-2$) betrug 100.000 Euro.

e) Wann erfolgt die letzte Abschreibung der Maschine, wenn das Verfahren aus d) angewendet wird?

Aufgabe 2.15 (**)

Die Lösung zu Aufgabe 2.15 finden Sie ab Seite 221.

Der Kostenrechner der Kleinfeld GmbH, Herr Müller, hat die Kosten des Jahres 2016 zusammengetragen. Leider hat er es versäumt, seine Daten zu sichern und bei einem Computerabsturz sind einige Informationen verloren gegangen. Zunächst möchte er die Abschreibung im Jahr 2016 für eine Maschine rekonstruieren. Für diese Maschine liegen folgende Informationen vor:

Anschaffungsdatum:	01.01.2015
Anschaffungspreis:	200.000 €
Nutzung bis:	31.12.2019
Abschreibung für das Jahr 2019:	10.000 €
Abschreibungsverfahren:	digitale Abschreibung

Helfen Sie Herrn Müller, die fehlenden Informationen wieder zu beschaffen.

a) Welche Nutzungsdauer wird für die Maschine angenommen?

b) Welche Abschreibung ergibt sich für das Jahr 2016?

c) Welcher Restwert ergibt sich nach Abschreibung im Jahr 2019 zum 31.12.2019?

Aufgabe 2.16 (**)

Die Lösung zu Aufgabe 2.16 finden Sie ab Seite 221.

Ermitteln Sie auf Basis der angegebenen Daten die Abschreibungen aller Perioden der jeweiligen Nutzungsdauer.

a) Digitales Abschreibungsverfahren:

- Die Nutzungsdauer des Anlageguts beträgt 4 Jahre.
- Der Anschaffungswert beträgt 140.000 Euro.
- Der Restwert am Ende der Nutzungsdauer beträgt 40.000 Euro.
- Der Abschreibungsbetrag der zweiten Periode der Nutzungsdauer (a_2) beträgt 30.000 Euro.

b) Geometrisch-degressives Abschreibungsverfahren:

- Die Nutzungsdauer des Anlageguts beträgt 4 Jahre.
- Der Abschreibungsbetrag der ersten Periode der Nutzungsdauer (a_1) beträgt 20.000 Euro.
- Der Abschreibungsbetrag der dritten Periode der Nutzungsdauer (a_3) beträgt 12.800 Euro.

c) Buchwertverfahren:

- Die Nutzungsdauer des Anlageguts beträgt 4 Jahre.
- Der Anschaffungswert beträgt 220.000 Euro.
- Der Restwert am Ende der Nutzungsdauer beträgt 20.000 Euro.
- Der Restwert nach der ersten Periode R_1 beträgt 120.802,11 Euro.

Aufgabe 2.17 (**)

Die Lösung zu Aufgabe 2.17 finden Sie ab Seite 222.

Die folgende Grafik zeigt den Verlauf der Abschreibungsbeträge über die Nutzungsdauer des zugrunde liegenden Anlagegutes X bei Anwendung eines bestimmten Abschreibungsverfahrens. Des Weiteren ist bekannt, dass die Abschreibung der vierten Periode $a_4 = 3.300$ Euro beträgt, die der fünften Periode $a_5 = 2.000$ Euro. Am Ende der dritten Periode hat das betrachtete Anlagegut einen Restwert von $R_3 = 9.300$ Euro.

a1) Nach welchem Verfahren wird das betrachtete Anlagegut abgeschrieben?

a2) Berechnen Sie den Restwert R_5 des Anlagegutes am Ende der Nutzungsdauer.

a3) Berechnen Sie den Anschaffungswert A des Anlagegutes.

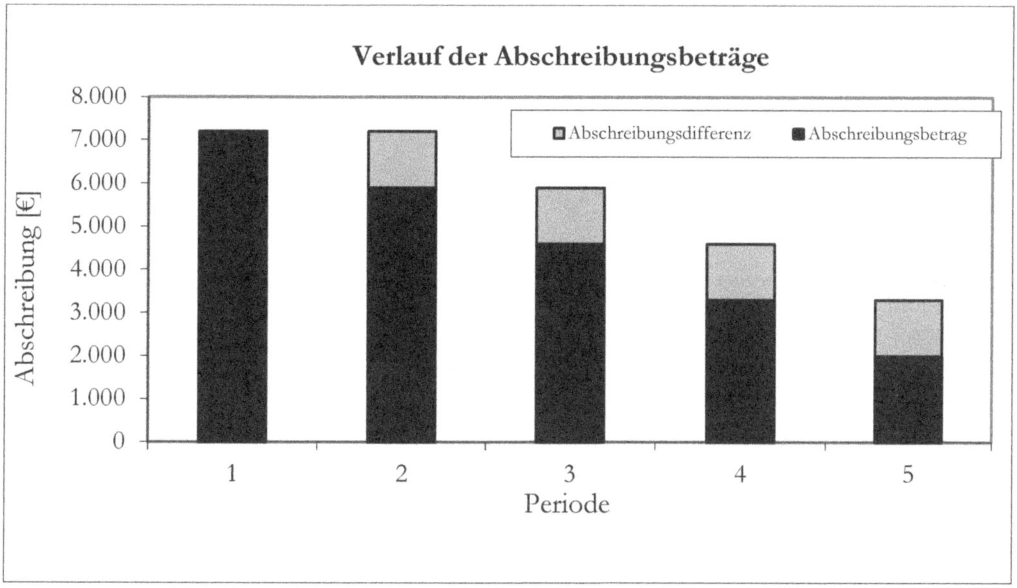

Folgende Grafik gibt den Verlauf der Restwerte über die Nutzungsdauer des Anlagegutes Y bei Anwendung eines bestimmten Abschreibungsverfahrens an:

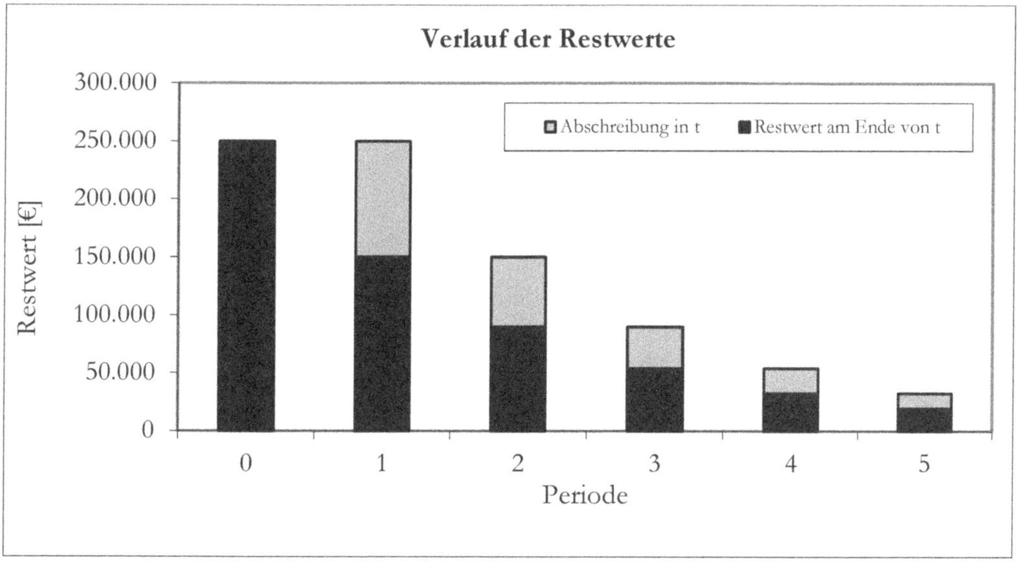

Weiterhin ist bekannt, dass die Abschreibung in der dritten Periode $a_3 = 36.000$ Euro und die der fünften Periode $a_5 = 12.960$ Euro beträgt. Der Restwert am Ende der Nutzungsdauer beläuft sich auf $R_5 = 19.440$ Euro.

b1) Zu welcher Gruppe von Abschreibungsverfahren gehört das in obiger Grafik angewandte Verfahren?

b2) Berechnen Sie den Betrag a_4, der in der vierten Periode abgeschrieben wird.

Aufgabe 2.18 (***)

Die Lösung zu Aufgabe 2.18 finden Sie ab Seite 223.

Die Eis AG, ein international führender Hersteller von Speiseeis, kauft eine Maschine zu einem Anschaffungspreis von 230.000 Euro. Am Ende der fünfjährigen Nutzungsdauer hat die Maschine voraussichtlich einen Restwert von 20.000 Euro. Aus der Vergangenheit ist bekannt, dass der Nutzungspotenzialverzehr sowohl vom Zeitablauf als auch von der produzierten Menge abhängt. Deshalb soll ein Anteil von 60% der Abschreibungsbasis zeitabhängig nach dem digitalen Abschreibungsverfahren abgeschrieben werden, die Abschreibung des verbleibenden Anteils der Abschreibungsbasis soll mengenorientiert erfolgen.

Die Produktionsmengen der einzelnen Perioden können der folgenden Tabelle entnommen werden:

Periode	$t = 1$	$t = 2$	$t = 3$	$t = 4$	$t = 5$
Produktionsmenge [ME]	4.750	3.250	4.000	4.250	3.750

Berechnen Sie den sich aus der digitalen und der mengenabhängigen Abschreibung insgesamt ergebenden Abschreibungsbetrag für $t = 2$.

Aufgabe 2.19 (***)

Die Lösung zu Aufgabe 2.19 finden Sie ab Seite 224.

Die Mind KG hat zum 01.01.2018 eine Maschine im Wert von 240.000 Euro angeschafft, die in den nächsten 4 Jahren zur Produktion der Pralinensorte „Trioretto“ eingesetzt wird. Die Maschine wird nach dem Buchwertverfahren abgeschrieben und besitzt am Ende des zweiten Nutzungsjahres noch einen Restwert von $R_2 = 60.000$ Euro.

a) Ermitteln Sie den Betrag a_4, der in der vierten Periode abgeschrieben wird.

b) Zeigen Sie allgemein, dass bei Anwendung des Buchwertverfahrens $q = \sqrt[T]{\frac{A}{T}}$ gilt.

Aufgabe 2.20 (**)

Die Lösung zu Aufgabe 2.20 finden Sie ab Seite 225.

Am 01.01.2016 wurde eine Maschine zur Herstellung von Stofftieren angeschafft und in Betrieb genommen. Der Anschaffungswert betrug 250.000 Euro. Nach einer Nutzungsdauer von 5 Jahren hat die Maschine einen Restwert von 2.560 Euro. Die Abschreibung erfolgt nach dem Buchwertverfahren. Ermitteln Sie die Abschreibung für das Jahr 2018.

Aufgabe 2.21 (**)

Die Lösung zu Aufgabe 2.21 finden Sie ab Seite 225.

In der folgenden Grafik sind die Abschreibungsbeträge für die von der Fellelo AG in $t = 0$ angeschafften Maschine dargestellt. Es ist Ihnen bekannt, dass der Restwert der Maschine nach $T = 5$ Jahren 8.100 Euro beträgt. In der vierten Periode werden $a_4 = 7.000$ Euro abgeschrieben.

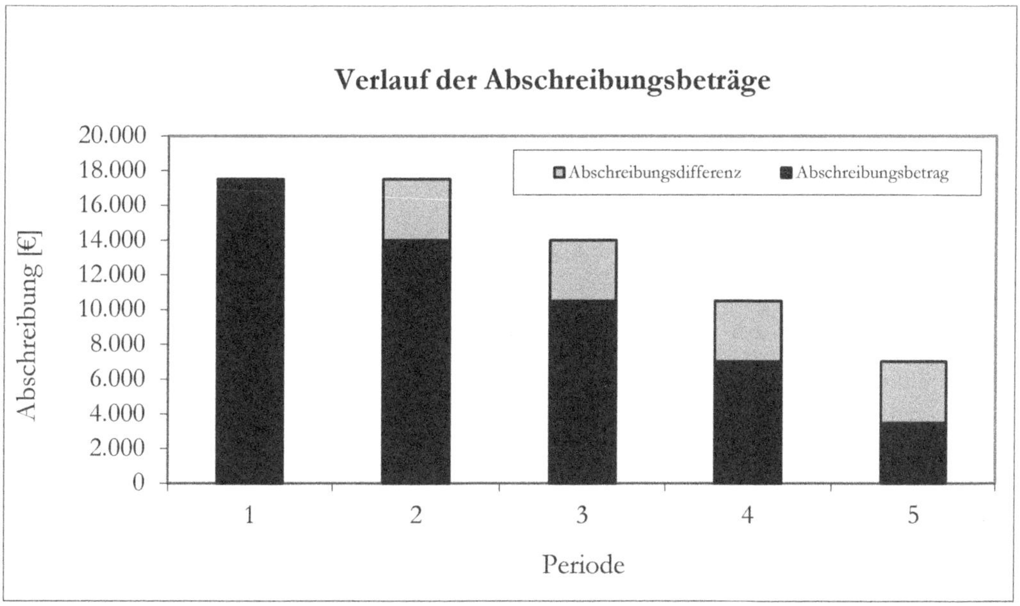

a1) Welches Abschreibungsverfahren wurde den Berechnungen der Fellelo AG zugrunde gelegt und woran ist dies zu erkennen?

a2) Berechnen Sie den Abschreibungsbetrag für die 3. Periode.

a3) Berechnen Sie den Anschaffungspreis A.

In der nächsten Grafik sehen Sie die Abschreibungsbeträge für die von der Wir-lieben-Schokolade KG in $t = 0$ angeschafften großen Schokoladenproduktionsmaschine. Folgende Werte sind Ihnen bekannt: $a_1 = 49.000$ Euro, $a_3 = 24.010$ Euro, $R = 4.128$ Euro.

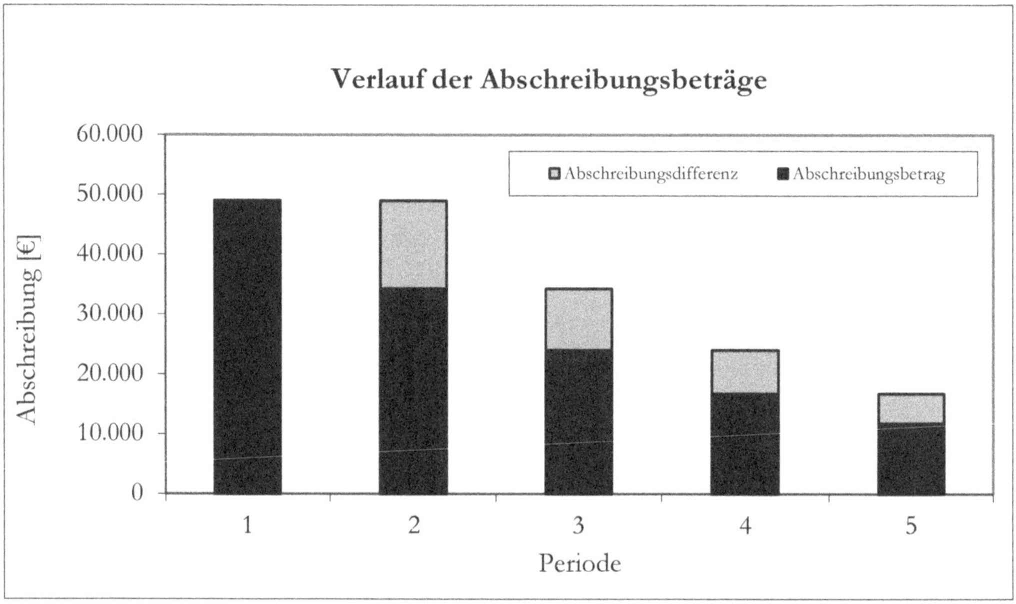

b1) Zu welcher Gruppe von Abschreibungsverfahren gehört das in der Grafik angewandte Verfahren und woran ist dies zu erkennen?

b2) Berechnen Sie den Abschreibungsbetrag für die 4. Periode.

b3) Berechnen Sie den Anschaffungspreis A.

Aufgabe 2.22 (*)

Die Lösung zu Aufgabe 2.22 finden Sie ab Seite 226.

Ermitteln Sie auf Basis der angegebenen Daten die jeweilige Abschreibung a_t der aktuellen Periode t.

a) Lineares Abschreibungsverfahren:
Die geschätzte Nutzungsdauer des Anlageguts beträgt 6 Jahre. Der Anschaffungswert beträgt 400.000 Euro. Am Ende der Nutzungsdauer ist ein Restwert von 40.000 Euro zu erwarten.

b) Mengenorientiertes Abschreibungsverfahren:
Die Abschreibung der Vorperiode $(t-1)$ betrug 36.000 Euro. Die Produktionsmenge der aktuellen Periode (t) ist um 10% niedriger als die Produktionsmenge der Vorperiode $(t-1)$.

c) Geometrisch-degressives Abschreibungsverfahren:
Die Abschreibung der Vorperiode $(t-1)$ betrug 85.000 Euro. Die Abschreibung der Vor-Vorperiode $(t-2)$ betrug 100.000 Euro.

d) Digitales Abschreibungsverfahren:
Die Abschreibung der Vorperiode $(t-1)$ betrug 40.000 Euro. Die Abschreibung der Vor-Vorperiode $(t-2)$ betrug 50.000 Euro.

e) Nach wie vielen weiteren Perioden ist das in Aufgabenteil d) betrachtete Anlagegut auf Null abgeschrieben?

Aufgabe 2.23 (**)

Die Lösung zu Aufgabe 2.23 finden Sie ab Seite 227.

Eine Maschine wird zu Anfang eines Jahres angeschafft. Sie hat einen Anschaffungspreis von 220.000 Euro und soll über eine Nutzungsdauer von 4 Jahren genutzt werden. Der Restwert nach 4 Jahren wird auf 20.000 Euro geschätzt. Ermitteln Sie die jährlichen Abschreibungsbeträge nach dem

a) linearen Zeitabschreibungsverfahren.

b) mengenorientierten Abschreibungsverfahren. Dabei werden folgende Produktionsmengen x_t (in Stück) für die Perioden $t = 1, 2, 3, 4$ unterstellt:
$x_1 = 200.000$, $x_2 = 300.000$, $x_3 = 400.000$ und $x_4 = 100.000$.

c) arithmetisch-degressiven Abschreibungsverfahren mit einem Abschreibungsbetrag in Periode 2 von $a_2 = 55.000$ Euro und einem Abschreibungsbetrag in Periode 4 von $a_4 = 35.000$ Euro.

d) digitalen Abschreibungsverfahren, wobei der Abschreibungsbetrag der dritten Periode $a_3 = 40.000$ Euro beträgt.

e) geometrisch-degressiven Abschreibungsverfahren, bei dem die Abschreibungen von Periode zu Periode jeweils um 30% sinken und der Abschreibungsbetrag der letzten Periode $a_4 = 27.082,51$ Euro beträgt.

f) Buchwertverfahren, wobei der Restwert nach der ersten Periode $R_1 = 120.802,11$ Euro beträgt.

Aufgabe 2.24 (**)

Die Lösung zu Aufgabe 2.24 finden Sie ab Seite 230.

Die Sportwagen AG kauft eine Maschine zu einem Anschaffungspreis von 240.000 Euro. Diese Maschine hat eine Nutzungsdauer von 3 Perioden und soll in diesen 3 Perioden auf 0 abgeschrieben werden. Der Nutzungspotenzialverzehr hängt sowohl vom Zeitablauf als auch von der produzierten Menge ab. Deshalb soll ein Anteil von 50% der Abschreibungsbasis zeitabhängig nach dem digitalen Abschreibungsverfahren mit einem Degressionsbetrag

d = 20.000 Euro abgeschrieben werden. Die Abschreibung des verbleibenden Anteils der Abschreibungsbasis erfolgt mengenorientiert.

Die Produktionsmengen der einzelnen Perioden können der folgenden Tabelle entnommen werden:

Periode	$t = 1$	$t = 2$	$t = 3$
Produktionsmenge [ME]	5.000	4.500	5.500

a) Berechnen Sie die sich aus der digitalen und der mengenabhängigen Abschreibung insgesamt ergebenden Abschreibungsbeträge für die drei Nutzungsperioden.

Eine weitere neue Maschine, welche zum 1.1.2019 angeschafft wurde, hat ebenfalls einen Anschaffungswert von 240.000 Euro, soll aber über eine längere Nutzungsdauer von 4 Jahren genutzt werden. Diese Maschine wird nach dem Buchwertverfahren abgeschrieben und besitzt am Ende des zweiten Nutzungsjahres noch einen Restwert von $R_2 = 117.600$ Euro.

b) Wie hoch ist der Anteil, um den die Restwerte pro Periode sinken?

c) Ermitteln Sie den Restwert R_4 nach der vierjährigen Nutzungsdauer.

d) Wie hoch ist der Abschreibungsbetrag der vierten Periode a_4?

Aufgabe 2.25 (**)

Die Lösung zu Aufgabe 2.25 finden Sie ab Seite 231.

Ermitteln Sie in den Aufgabenteilen a) und b) auf Basis der angegebenen Daten die Abschreibungen aller Perioden der jeweiligen Nutzungsdauer.

a) Mengenorientiertes Abschreibungsverfahren

- Die Nutzungsdauer des Anlageguts beträgt 3 Jahre.
- Der Anschaffungswert beträgt 100.000 Euro.
- Der Restwert am Ende der Nutzungsdauer beträgt 20.000 Euro.
- Die Produktionsmengen der einzelnen Perioden können der folgenden Tabelle entnommen werden:

Periode	$t = 1$	$t = 2$	$t = 3$
Produktionsmenge [ME]	2.500	3.500	2.000

b) Arithmetisch-degressives Abschreibungsverfahren

- Die Nutzungsdauer des Anlageguts beträgt 3 Jahre.
- Der Anschaffungswert beträgt 240.000 Euro.

- Der Restwert am Ende der Nutzungsdauer beträgt 0 Euro.
- Die Abschreibungsdifferenz zweier aufeinanderfolgenden Perioden beträgt 15.000 Euro.

Ermitteln Sie in Aufgabenteil c) auf Basis der angegebenen Daten den Anschaffungswert, die Abschreibungen aller Perioden der Nutzungsdauer sowie den Restbuchwert nach der zweiten Periode R_2.

c) Buchwertverfahren

- Die Nutzungsdauer des Anlageguts beträgt 3 Jahre.
- Der Restwert nach der ersten Periode R_1 beträgt 150.000 Euro.
- Der Restwert nach der dritten Periode R_3 beträgt 37.500 Euro.

2.1.4 Erfassung von Kapitalkosten

Die in diesem Kapitel angesprochenen Inhalte werden in dem Lehrbuch Schildbach/Homburg, Kosten- und Leistungsrechnung, im Abschnitt II.B.6 behandelt.

Aufgabe 2.26

Die Lösung zu Aufgabe 2.26 finden Sie ab Seite 232.

Geben Sie an, ob folgende Aussagen richtig oder falsch sind.

Aussage		Richtig/Falsch
a)	Vermietete oder verpachtete Anlagen sind im Allgemeinen nicht im betriebsnotwendigen Vermögen eines Produktionsunternehmens enthalten.	
b)	Das durchschnittliche betriebsnotwendige Kapital muss um erhaltene Anzahlungen und Verbindlichkeiten ggü. Lieferanten verringert werden, weil die für dieses Kapital anfallenden Zinskosten bereits in der Preiskalkulation berücksichtigt worden sind.	
c)	Der aktivierte derivative Geschäftswert erhöht das sachzielnotwendige Vermögen und somit die kalkulatorischen Kapitalkosten des Unternehmens.	
d)	Die kalkulatorischen Zinskosten ergeben sich durch Multiplikation des durchschnittlichen sachzielnotwendigen Vermögens mit dem kalkulatorischen Zinsfuß.	
e)	Das durchschnittliche sachzielnotwendige Kapital (DSK) ergibt sich, indem vom durchschnittlichen sachzielnotwendigen Vermögen (DSV) das durchschnittliche Abzugskapital (DAK) subtrahiert wird.	

Aufgabe 2.27 (**)

Die Lösung zu Aufgabe 2.27 finden Sie ab Seite 233.

Anhand der Bilanzen zum 31.12.2017 und zum 31.12.2018 wurden für die Nass&Lustig KG, einem Hersteller von Luftmatratzen und Sandspielzeug, folgende durchschnittliche Werte der Aktiva und Passiva des Unternehmens ermittelt:

Aktiva (€)		Passiva (€)	
Maschinen	150.000	Eigenkapital	145.000
Wertpapiere	80.000	Verbindlichkeiten ggü. Kreditinstituten	160.000
Roh-, Hilfs- und Betriebsstoffe	100.000		
Forderungen aus Lieferung und Leistung	30.000	Verbindlichkeiten aus Lieferung und Leistung	50.000
Kasse	17.000	Erhaltene Anzahlungen	22.000
Bilanzsumme	377.000	Bilanzsumme	377.000

Darüber hinaus liegen Ihnen folgende Informationen vor:

- Der bilanzielle Wertansatz der Maschinen stimmt nicht mit dem kalkulatorischen Wertansatz überein. In der Kostenrechnung wird ein Anschaffungspreis i.H. von 375.000 Euro für die zum 01.01.2016 beschafften Maschinen angesetzt. Weiterhin geht man im internen Rechnungswesen davon aus, dass der Restwert der Maschinen am Ende der sechsjährigen Nutzungsdauer 15.000 Euro beträgt. Die Abschreibung erfolgt linear.
- Bei den Wertpapieren handelt es sich um eine Beteiligung an einem wichtigen Zulieferer, die der Nass&Lustig KG einen größeren Einfluss auf das Zulieferunternehmen ermöglichen und so eine langfristige Zusammenarbeit mit diesem absichern soll.
- Der Kapitalkostensatz beträgt 9% p.a.

Bestimmen Sie das durchschnittlich zu verzinsende Kapital und die kalkulatorischen Zinsen für das Jahr 2018.

Aufgabe 2.28 (**)

Die Lösung zu Aufgabe 2.28 finden Sie ab Seite 234.

In der Kleinfeld GmbH wurden für das Jahr 2018 Kapitalkosten berechnet. Für diese Berechnung liegen Herrn Müller folgende Informationen vor:

Durchschnittliches nicht sachzielnotwendiges Vermögen:	100.000 €
Durchschnittliches sachzielnotwendiges Vermögen:	900.000 €
Abzugskapital 01.01.2018:	90.000 €
Durchschnittlich zu verzinsendes Kapital:	800.000 €
Kapitalkosten:	35.000 €

Die angegebenen Durchschnittswerte ergeben sich als Durchschnitt aus den Werten zum 01.01.2018 und zum 31.12.2018.

a) Wie hoch ist das durchschnittliche Abzugskapital x?
Welcher Wert y ergibt sich für das Abzugskapital zum 31.12.2018?

b) Welcher Kapitalkostensatz (Zinssatz) liegt der Kapitalkostenberechnung zugrunde?

Aufgabe 2.29 (***)

Die Lösung zu Aufgabe 2.29 finden Sie ab Seite 234.

Ihnen liegt folgende Bilanz mit den Werten zum 31.12.2016 und zum 31.12.2017 vor:

Aktiva (in T€)	2016	2017	Passiva (in T€)	2016	2017
Derivativer Geschäftswert	80	60	Gezeichnetes Eigenkapital	200	220
Maschinen	900	800	Kapital- / Gewinnrücklagen	690	750
Grundstücke	160	160	Verbindlichkeiten ggü. Banken	360	400
Wertpapiere	50	150	Verbindlichkeiten aus LuL	170	166
Roh-, Hilfs-, & Betriebsstoffe	188	244	Erhaltene Anzahlungen	80	64
Forderungen aus LuL	90	150			
Kasse	32	36			
Bilanzsumme	1.500	1.600	Bilanzsumme	1.500	1.600

Darüber hinaus liegen Ihnen weitere Informationen vor:

- Der bilanzielle Wertansatz der Maschinen stimmt nicht mit dem kalkulatorischen Wertansatz überein. In der Kostenrechnung wird ein Anschaffungspreis in Höhe von 1.000.000 Euro für die zum 01.01.2015 beschafften Maschinen angesetzt. Weiterhin geht man im internen Rechnungswesen davon aus, dass der Restwert der Maschinen am Ende der sechsjährigen Nutzungsdauer 160.000 Euro beträgt. Die Abschreibung erfolgt linear.

- In der Position Grundstücke sind in beiden Geschäftsjahren ungenutzte Grundstücke in Höhe von 60.000 Euro enthalten.
- Die Wertpapiere werden aus Spekulationszwecken gehalten.
- Der Kapitalkostensatz beträgt 10% p.a.

Bestimmen Sie das durchschnittlich zu verzinsende Kapital und die kalkulatorischen Zinsen für das Jahr 2017. Tragen Sie Ihre Ergebnisse in das nachfolgende Schema ein.

Bilanzpositionen	Wert
1 - Derivativer Geschäftswert	
2 - Produktionsanlagen	
3 - Grundstücke	
4 - Wertpapiere	
5 - Roh-, Hilfs- und Betriebsstoffe	
6 - Forderungen aus LuL	
7 - Kasse	
A Durchschnittlich sachzielnotwendiges Vermögen (DSV)	
8 - Verbindlichkeiten aus LuL	
9 - Erhaltene Anzahlungen	
B Durchschnittliches Abzugskapital (DAK)	
C Durchschnittlich zu verzinsendes Kapital (DSK) (= $A-B$)	
D Kalkulatorische Zinskosten	

Aufgabe 2.30 (**)

Die Lösung zu Aufgabe 2.30 finden Sie ab Seite 236.

Ermitteln Sie die kalkulatorischen Zinsen auf Basis folgender Durchschnittswerte:

Anlagevermögen:

- Maschinen: 5.000.000 Euro
- Unbebaute Grundstücke (nicht zur Lagerung benutzt): 500.000 Euro

Umlaufvermögen:

- Wertpapiere zu Spekulationszwecken: 1.000.000 Euro
- Beteiligung an einem Zulieferer: 1.000.000 Euro
- Roh-, Hilfs- und Betriebstoffe: 2.000.000 Euro

Sonstiges:

- Kundenanzahlungen: 500.000 Euro
- Kalkulatorischer Zinssatz von 10%

Aufgabe 2.31 (**)

Die Lösung zu Aufgabe 2.31 finden Sie ab Seite 236.

Anhand der Bilanzen zum 31.12.2017 und zum 31.12.2018 wurden für die Brauerei Feucht&-Fröhlich KG folgende durchschnittliche Werte der Aktiva und Passiva des Unternehmens ermittelt:

Aktiva (€)		Passiva (€)	
Derivativer Geschäftswert	50.000	Eigenkapital	285.000
Maschinen	180.000	Verbindlichkeiten ggü. Banken	230.000
Grundstücke	150.000	Verbindlichkeiten aus LuL	80.000
Wertpapiere	80.000	Erhaltene Anzahlungen	55.000
Roh-, Hilfs- und Betriebsstoffe	120.000		
Forderungen aus LuL	50.000		
Kasse	20.000		
Bilanzsumme	650.000	Bilanzsumme	650.000

Darüber hinaus liegen Ihnen folgende Informationen vor:

- Der bilanzielle Wertansatz der Maschinen stimmt nicht mit dem kalkulatorischen Wertansatz überein. In der Kostenrechnung wird ein Anschaffungspreis i.H. von 375.000 Euro für die zum 01.01.2016 beschafften Maschinen angesetzt. Weiterhin geht man im internen Rechnungswesen davon aus, dass der Restwert der Maschinen am Ende der sechsjährigen Nutzungsdauer 15.000 Euro beträgt. Die Abschreibung erfolgt linear.

- In der Bilanzposition Grundstücke sind ungenutzte Grundstücke mit einem durchschnittlichen Wert von 80.000 Euro enthalten.
- Bei den Wertpapieren handelt es sich um eine Beteiligung an einem wichtigen Zulieferer, die der Feucht&Fröhlich KG einen größeren Einfluss auf das Zulieferunternehmen ermöglicht und so eine langfristige Zusammenarbeit mit diesem sichern soll.
- Der gewichtete Kapitalkostensatz beträgt 9% p.a.

Bestimmen Sie das durchschnittlich zu verzinsende Kapital und die kalkulatorischen Zinsen für das Jahr 2018 anhand des nachfolgenden Schemas:

Bilanzpositionen	**Wert**
1. Derivativer Geschäftswert	
2. Maschinen	
3. Grundstücke	
4. Wertpapiere	
5. Roh-, Hilfs- und Betriebsstoffe	
6. Forderungen aus LuL	
7. Kasse	
A. Durchschnittlich sachzielnotwendiges Vermögen (DSV)	
8.	
9.	
B. Durchschnittliches Abzugskapital (DAK)	
C. Durchschnittlich zu verzinsendes Kapital (DSK) $(= A - B)$	
D. Kalkulatorische Zinskosten (C x Zinssatz)	

Aufgabe 2.32 (**)

Die Lösung zu Aufgabe 2.32 finden Sie ab Seite 239.

Ihnen liegen die Bilanzen des Kosmetikartikelherstellers „Kajal-Royal AG“ zum 31.12.2017 und zum 31.12.2018 vor, sowie darüber hinaus folgende Informationen:

- Der bilanzielle Wertansatz der Produktionsanlagen stimmt nicht mit dem kalkulatorischen Wertansatz überein. In der Kostenrechnung wird ein Anschaffungspreis in Höhe von 160.000 Euro für die zum 01.01.2016 beschafften Anlagen angesetzt. Weiterhin geht man im internen Rechnungswesen davon aus, dass der Restwert der Anlagen am Ende der fünfjährigen Nutzungsdauer 10.000 Euro beträgt. Die Abschreibung erfolgt linear.

- In der Bilanzposition Grundstücke ist ein an das benachbarte Unternehmen verpachtetes Grundstück mit einem durchschnittlichen Wert von 25.000 Euro enthalten.
- Bei den Wertpapieren handelt es sich um eine Beteiligung an einem wichtigen Zulieferer, die der Kajal-Royal AG einen größeren Einfluss auf das Zulieferunternehmen ermöglichen und so eine langfristige Zusammenarbeit mit diesem absichern soll.
- Der gewichtete Kapitalkostensatz beträgt 8% p.a.

Aktiva (in T€)	2017	2018	Passiva (in T€)	2017	2018
Derivativer Geschäftswert	85	105	Gezeichnetes Eigenkapital	60	60
Produktionsanlagen	120	100	Kapital-/Gewinnrücklagen	120	130
Grundstücke	100	110	Verbindlk. ggü. Banken	200	190
Wertpapiere	60	80	Verbindlichkeiten aus LuL	80	90
Roh-, Hilfs-, & Betriebsstoffe	70	90	Erhaltene Anzahlungen	20	30
Forderungen aus LuL	30	10			
Kasse	15	5			
Bilanzsumme	480	500	Bilanzsumme	480	500

Bestimmen Sie das durchschnittlich zu verzinsende Kapital und die kalkulatorischen Zinsen für das Jahr 2018.

Bilanzpositionen	**Wert**
1. Derivativer Geschäftswert	
2. Produktionsanlagen	
3. Grundstücke	
4. Wertpapiere	
5. Roh-, Hilfs- und Betriebsstoffe	
6. Forderungen aus LuL	
7. Kasse	
A. Durchschnittlich sachzielnotwendiges Vermögen (DSV)	
8.	
9.	
B. Durchschnittliches Abzugskapital (DAK)	
C. Durchschnittlich zu verzinsendes Kapital (DSK)	
D. Kalkulatorische Zinskosten	

Aufgabe 2.33 (**)

Die Lösung zu Aufgabe 2.33 finden Sie ab Seite 240.

Für das Dienstleistungsunternehmen „Sicher versichert" GmbH wurden die Kapitalkosten für das Jahr 2016 ermittelt. Für diese Berechnung liegen Herrn Kostenrechner folgende durchschnittliche Quartalsdaten (in Euro) vor:

	2016 Q1	**2016 Q2**	**2016 Q3**	**2016 Q4**
Sachzielnotwendiges Vermögen	75.000	175.000	x_3	330.000
Nicht sachzielnotwendiges Vermögen	20.000	50.000	30.000	100.000
Abzugskapital	x_1	40.000	50.000	x_5
Zu verzinsendes Kapital	55.000	135.000	x_4	x_6
Kapitalkosten	5.500	x_2	25.000	30.000

a) Bestimmen Sie die fehlenden Werte in der Tabelle. Wie hoch sind die durchschnittlichen Kapitalkosten im Jahr 2016? (Tipp: Der kalkulatorische Zinssatz ist in allen Quartalen identisch.)

b) Woraus besteht das Abzugskapital? Begründen Sie, warum das Abzugskapital bei der Ermittlung des betriebsnotwendigen Kapitals vom betriebsnotwendigen Vermögen abgezogen werden muss.

2.1.5 Erfassung von Wagniskosten

Die in diesem Kapitel angesprochenen Inhalte werden in dem Lehrbuch Schildbach/Homburg, Kosten- und Leistungsrechnung, im Abschnitt II.B.1 behandelt.

Aufgabe 2.34

Die Lösung zu Aufgabe 2.34 finden Sie ab Seite 241.

Geben Sie an, ob folgende Aussagen richtig oder falsch sind.

Aussage		Richtig/Falsch
a)	Mit Hilfe von Wagniskosten wird das allgemeine Unternehmerwagnis periodengerecht berücksichtigt.	
b)	Versicherte Einzelwagnisse führen zu Grundkosten.	
c)	Eine Fehleinschätzung der Nutzungsdauer stellt ein Beständewagnis dar.	
d)	Versicherte Einzelwagnisse stellen kalkulatorische Kosten dar.	
e)	Das allgemeine Unternehmerwagnis (z.B. einer Rezession) wird als eigene Kostenposition berücksichtigt.	

Aufgabe 2.35 (**)

Die Lösung zu Aufgabe 2.35 finden Sie ab Seite 241.

Unternehmen A produziert monatlich im Durchschnitt 100.000 Digitalkameras. Dazu verwendet es im Wesentlichen den Hilfsstoff B, der fremdbezogen werden muss. Ein Teil dieses Hilfsstoffes weist Mängel auf, die erst während der Produktion auffallen (eine Reklamation ist nicht mehr möglich).

Hier eine Übersicht der Mängel des Hilfsstoffes B über die letzten 5 Produktionsjahre (Wert in Mio. Euro):

2014	2015	2016	2017	2018
6	3	2	5	4

Davon unabhängig fielen bei den bereits verkauften Kameras folgende Garantieleistungen (in Mio. Euro) an:

2014	2015	2016	2017	2018
1	3	0,5	2,5	3

a) Was sind Wagniskosten und wie lassen sie sich untergliedern? Nennen Sie einige Wagnisarten mit Beispielen.

b) Wie hoch werden die Wagniskosten des Unternehmens A in 2019 insgesamt angesetzt, wenn eine Produktionsmenge von 2 Mio. Stück prognostiziert wird?

Aufgabe 2.36 (*)

Die Lösung zu Aufgabe 2.36 finden Sie ab Seite 242.

Die Garantieleistungen der Teiff AG der letzten 4 Jahre und die Produktionszahlen dieses Zeitraums können folgender Tabelle entnommen werden.

Jahr	2015	2016	2017	2018
Garantieleistung [€]	19.700	19.300	20.800	20.200
Produktionsmenge [Stück]	24.670	24.110	26.000	25.220

Für das Jahr 2019 ist eine Produktionsmenge von 24.750 Stofftieren geplant. Ermitteln Sie die voraussichtlich in diesem Jahr anfallenden Wagniskosten. Um welche Wagnisart handelt es sich?

Aufgabe 2.37 (*)

Die Lösung zu Aufgabe 2.37 finden Sie ab Seite 243.

Herr Müller berechnet die Wagniskosten für Garantieleistungen auf Basis der Garantieleistungen der letzten 5 Jahre. In diesen 5 Jahren wurden insgesamt 8.000.000 Produkte hergestellt und für diese fielen insgesamt 40.000.000 Euro an Garantieleistungen an. In welcher Höhe sind bei einer Produktionsmenge von 1.000.000 Stück Wagniskosten für das kommende Jahr anzusetzen?

Aufgabe 2.38 (*)

Die Lösung zu Aufgabe 2.38 finden Sie ab Seite 243.

Einem Unternehmen sind folgende Angaben über Umsatz und ausgefallene Forderungen bekannt:

Jahr	Umsatz [€]	Ausgefallene Forderungen [€]
2015	180.000	15.600
2016	230.000	14.900
2017	190.000	20.500

a) Für das Jahr 2018 wird ein Umsatz von 260.000 Euro erwartet. Errechnen Sie das kalkulatorische Betriebswagnis.

b) Wie lassen sich Wagnisse untergliedern? Welche Auswirkungen haben die verschiedenen Wagnisse auf die Kostenrechnung?

2.2 Kostenstellenrechnung

Die in diesem Kapitel angesprochenen Inhalte werden in dem Lehrbuch Schildbach/Homburg, Kosten- und Leistungsrechnung, im Abschnitt II.C behandelt.

Aufgabe 2.39

Die Lösung zu Aufgabe 2.39 finden Sie ab Seite 244.

Geben Sie an, ob folgende Aussagen richtig oder falsch sind.

Aussage		Richtig/Falsch
a)	Die Summe der Endkosten aller Kostenstellen entspricht in der Istkostenrechnung der Summe der primären Gemeinkosten aller Kostenstellen.	
b)	Das Gleichungsverfahren ist bei jeder Kostenstellenstruktur anwendbar.	
c)	Einzelkosten werden im Rahmen der Sekundärkostenrechnung auf die Kostenträger verrechnet.	
d)	Für aktivierbare innerbetriebliche Leistungen ist keine innerbetriebliche Leistungsrechnung erforderlich.	
e)	Um die innerbetriebliche Inanspruchnahme von Verwaltungs- und Vertriebsprozessen nicht modellieren zu müssen, werden Verwaltungs- und Vertriebsstellen i.d.R. als Hauptkostenstellen behandelt.	
f)	Das Stufenleiterverfahren führt nur dann zu exakten Ergebnissen, wenn zwischen verschiedenen Hilfskostenstellen wechselseitige Leistungsbeziehungen bestehen.	
g)	Hilfskostenstellen sind mittelbar an der Leistungserstellung beteiligt.	
h)	Die Gesamtkosten einer Hilfskostenstelle ergeben sich als Differenz aus primären und sekundären Kosten.	
i)	Der Vorteil der approximativen Verfahren der Kostenstellenrechnung gegenüber dem exakten Verfahren besteht darin, dass weniger Informationen beschafft werden müssen, weil die zwischen den Kostenstellen bestehenden Leistungsverflechtungen nur näherungsweise zu ermitteln sind.	
j)	Die Materialstelle kann im Rahmen der innerbetrieblichen Leistungsverrechnung zur Vereinfachung wie eine Hauptkostenstelle behandelt werden.	

k)	Der Verbrauch von unternehmensextern bezogenen Gütern führt zu sekundären Kosten.	Falsch
l)	Bei der Bildung von Kostenstellen sollte darauf geachtet werden, dass die Kosten der einzelnen Kostenstellen jeweils möglichst von einer wesentlichen Bezugsgröße wie z.B. Fertigungsstunden einer Maschine abhängen.	Richtig
m)	Der aus heutiger Sicht zentrale Vorteil vereinfachter Verfahren der innerbetrieblichen Leistungsverrechnung besteht in ihrem geringeren Berechnungsaufwand.	Falsch
n)	Liegen Leistungsbeziehungen zwischen Hilfskostenstellen vor, so führen Anbau- und Gleichungsverfahren höchstens zufällig zu identischen Ergebnissen.	Richtig
o)	Das Stufenleiterverfahren und das Anbauverfahren führen immer dann zu identischen Ergebnissen, wenn keine Leistungsbeziehungen zwischen Hilfskostenstellen vorliegen.	Richtig
p)	Werden selbst erstellte Güter zu Herstellkosten bilanziert, können die durch ihren Verzehr hervorgerufenen Kosten wie primäre Kosten behandelt werden.	Richtig
q)	Das Stufenleiterverfahren und das Anbauverfahren führen immer dann zu identischen Ergebnissen, wenn weder Eigenverbrauch noch wechselseitige Leistungsbeziehungen zwischen den Hilfskostenstellen vorliegen.	Falsch ~~Richtig~~
r)	Das zentrale Problem der Sekundärkostenrechnung besteht in der Berücksichtigung von Leistungsbeziehungen zwischen Hilfskostenstellen.	Richtig
s)	Die Endkosten von Hilfskostenstellen betragen unabhängig vom eingesetzten Rechnungssystem stets Null.	Falsch ~~Richtig~~
t)	Hauptkostenstellen sind unmittelbar an der Fertigung absatzbestimmter Güter beteiligt.	Richtig
u)	Bei der Istkostenrechnung entspricht die Summe der primären Kosten der Hilfskostenstellen der Summe der sekundären Kosten der Hauptkostenstellen.	Richtig
v)	Die Bewertung primärer Güterverbräuche mit Preisen des Beschaffungsmarktes führt zu einer Doppelerfassung von Kosten.	Falsch
w)	Bestehen zwischen Hilfskostenstellen wechselseitige Leistungsbeziehungen, so führt das Anbauverfahren zu exakt berechneten Verrechnungspreisen.	Falsch

x)	Das Gleichungsverfahren führt nur selten zu exakten Verrechnungspreisen.	
y)	Bei Hauptkostenstellen sind die sekundären Gemeinkosten immer höher als die primären Gemeinkosten.	
z)	In der Kostenstellenrechnung werden nur Kostenträgereinzelkosten betrachtet.	
a1)	Bei Hilfskostenstellen sind die Gesamtkosten und die Endkosten stets identisch.	
b1)	Im Rahmen der Zurechnung der Gemeinkosten auf Kostenträger übernimmt die Kostenstellenrechnung eine Kostenvermittlungsfunktion.	
c1)	Die sekundären Kosten von Hilfskostenstellen sind stets null.	
d1)	Die Kostenstellenrechnung dient auch der Kostenkontrolle.	
e1)	Der Betriebsabrechnungsbogen ist ein Mittel zur Durchführung der Kostenstellenrechnung.	

Aufgabe 2.40 (*)

Die Lösung zu Aufgabe 2.39 finden Sie ab Seite 244.

Für die Flüssigwaschmittelproduktion eines Unternehmens wurden im Fertigungsbereich vier Kostenstellen eingerichtet, für die man die folgenden primären Gemeinkosten ermittelt hat:

Hilfskostenstelle Reparaturwerkstatt (KS 1):	20.000 €
Hilfskostenstelle Ersatzteilelagerung (KS 2):	30.000 €
Hauptkostenstelle Flaschenfertigung (KS 3):	40.000 €
Hauptkostenstelle Waschmittelfertigung (KS 4):	60.000 €

Die Reparaturwerkstatt (KS 1) erbrachte in der Abrechnungsperiode eine Leistung von insgesamt 550 Reparaturstunden. Diese Reparaturstunden sind für die folgenden Kostenstellen angefallen:

Hilfskostenstelle Ersatzteilelagerung (KS 2):	100 Stunden
Hauptkostenstelle Flaschenfertigung (KS 3):	150 Stunden
Hauptkostenstelle Waschmittelfertigung (KS 4):	300 Stunden

Die Ersatzteilelagerung (KS 2) erbrachte insgesamt eine Leistung von 1.400 zur Verfügung gestellten Regalmetern, die sich wie folgt verteilten:

Hilfskostenstelle Reparaturwerkstatt (KS 1):	300 Meter
Hauptkostenstelle Flaschenfertigung (KS 3):	500 Meter
Hauptkostenstelle Waschmittelfertigung (KS 4):	600 Meter

a) Zeichnen Sie die Leistungsverflechtungen der vier Kostenstellen mit einem Gozintographen.

b) Berechnen Sie die exakten Verrechnungspreise der Kostenstellen KS 1 und KS 2.

c) Füllen Sie bitte den nachfolgenden Betriebsabrechnungsbogen vollständig aus.

	HiKo - KS 1	HiKo - KS 2	HiKo - KS 3	HiKo - KS 4
Primäre Gemeinkosten	20.000 €	30.000 €	40.000 €	60.000 €
Umlage KS 1				
Umlage KS 2				
Endkosten				
Gesamtkosten				

Aufgabe 2.41 (**)

Die Lösung zu Aufgabe 2.41 finden Sie ab Seite 251.

Ein Unternehmen ist in vier Kostenstellen gegliedert. Die zwischen den einzelnen Kostenstellen bestehenden Leistungsverflechtungen sind in der folgenden Verflechtungsmatrix dargestellt:

		Leistende Kostenstelle			
		KS 1	KS 2	KS 3	KS 4
Empfangende Kostenstelle	KS 1	0	5	4	0
	KS 2	0	0	6	0
	KS 3	0	0	0	0
	KS 4	0	5	0	0

Alle Angaben in geeigneten Leistungseinheiten [LE].

Die primären Gemeinkosten der Kostenstellen betragen 14.000 Euro für KS 1, 10.000 Euro für KS 2, 6.000 Euro für KS 3 und 12.000 Euro für KS 4.

a) Bilden Sie die Leistungsverflechtungen mithilfe eines Gozintographen ab.

b) Nennen Sie alle Verfahren der Kostenstellenrechnung, die für die vorliegende Struktur zu exakten Verrechnungspreisen führen.

c) Führen Sie die Sekundärkostenrechnung unter Verwendung des gegebenen Betriebsabrechnungsbogens durch. Wie hoch sind die Endkosten der einzelnen Kostenstellen?

d) Wie verändern sich die Endkosten der Hauptkostenstellen, wenn Kostenstelle 2 einen Eigenverbrauch von 2 zusätzlichen Leistungseinheiten hat (Gesamtleistung KS 2 jetzt also 12 LE)? Gehen Sie von unveränderten primären Kosten aus. Begründen Sie kurz Ihre Antwort.

	KS 3	KS 2	KS 1	KS 4
Primäre GK				
KS 3 Entlastung (-) Belastung (+)				
KS 2 Entlastung (-) Belastung (+)				
Endkosten				

Aufgabe 2.42 (***)

Die Lösung zu Aufgabe 2.42 finden Sie ab Seite 253.

Ein Unternehmen ist in vier Kostenstellen gegliedert. Die zwischen den einzelnen Kostenstellen bestehenden Leistungsverflechtungen sind im Folgenden dargestellt:

		Leistende Kostenstelle			
		KS 1	KS 2	KS 3	KS 4
Empfangende Kostenstelle	KS 1	0	0	8.000	0
	KS 2	10.000	0	0	7.000
	KS 3	5.0000	0	0	3.000
	KS 4	0	0	0	5.000

Alle Angaben in geeigneten Leistungseinheiten [LE].

Die primären Gemeinkosten betragen 9.500 Euro für KS 1, 17.000 Euro für KS 2, 11.000 Euro für KS 3 und 15.000 Euro für KS 4.

a) Bilden Sie die in obiger Tabelle angegebenen Leistungsverflechtungen mithilfe eines Gozintographen ab. Welche Verfahren der Kostenstellenrechnung führen für die vorliegende Struktur zu exakten Verrechnungspreisen? Begründen Sie kurz Ihre Antwort.

b) Bestimmen Sie die Verrechnungspreise unter Verwendung des Gleichungsverfahrens. Gehen Sie für Ihre Rechnung davon aus, dass der Verrechnungspreis für die von KS 1 erbrachten Leistungen $q_1 = 2,5$ €/LE beträgt.

Aufgabe 2.43 (***)

Die Lösung zu Aufgabe 2.43 finden Sie ab Seite 254.

Die Keindl KG ist in drei Hilfskostenstellen (KS 1, KS 2, KS 3) und eine Hauptkostenstelle (KS 4) gegliedert und setzt das Controllingmodul der Software SAP/R 3 ein. Leider ist es einem Computervirus gelungen, für die Kostenstellenrechnung benötigte Daten zu vernichten, so dass ein Teil dieser Daten rekonstruiert werden muss. Die Summe der Endkosten aller Kostenstellen betrug 24.000 Euro, von denen 8.000 Euro als primäre Gemeinkosten auf die KS 4 entfallen. Weiterhin ist Ihnen bekannt, dass die primären Gemeinkosten der KS 1 nur halb so hoch sind wie die primären Gemeinkosten der KS 3. Die primären Gemeinkosten der KS 2 betragen das 29-fache der primären Gemeinkosten der KS 1.

a) Ermitteln Sie die primären Gemeinkosten der KS 1.

Zusätzlich zu obigen Informationen sei Ihnen bekannt, dass die Hauptkostenstelle KS 4 jeweils 25% der Leistung der Kostenstellen 1 und 2 sowie 1.000 Einheiten der Leistung von KS 3 in Anspruch genommen hat. Die Gesamtkosten der KS 2 beliefen sich auf 28.000 Euro. Der Verrechnungspreis je Einheit der Leistung von KS 3 betrug 5 Euro.

b) Ermitteln Sie die Gesamtkosten der KS 1.

Aufgabe 2.44 (**)

Die Lösung zu Aufgabe 2.44 finden Sie ab Seite 255.

Unternehmen A besteht aus einem Servicebereich (Kostenstelle 1-3) und einem Fertigungsbereich (Kostenstelle 4-5). Zwischen diesen Kostenstellen bestehen folgende Beziehungen:

		Leistende Kostenstelle				
		KS 1	KS 2	KS 3	KS 4	KS 5
Empfangende Kostenstelle	KS 1	0	0	0	0	0
	KS 2	1	0	1	0	0
	KS 3	2	2	1	0	0
	KS 4	3	4	0	0	0
	KS 5	4	4	0	0	0

Alle Angaben in geeigneten Leistungseinheiten [LE].

Folgende Kostenpositionen ergeben sich für die fünf Kostenstellen:

		Kalkulatorische Abschreibungen	Sonstige primäre Gemeinkosten
Kostenstelle	KS 1	100 €	400 €
	KS 2	200 €	200 €
	KS 3	300 €	200 €
	KS 4	200 €	100 €
	KS 5	200 €	50 €

a) Bilden Sie die Leistungsverflechtungen mit Hilfe eines Gozintographen ab.

b) Wie nennt man die dargestellte Struktur?

c) Welches Verfahren der Kostenstellenrechnung bietet sich zur Lösung des Problems an? Ermitteln Sie die Verrechnungspreise für Leistungen der Hilfskostenstellen, die Endkosten und die Gesamtkosten jeder Kostenstelle.

Aufgabe 2.45 (*)

Die Lösung zu Aufgabe 2.45 finden Sie ab Seite 257.

Unternehmen B gliedert sich jeweils in zwei Hilfs- und zwei Hauptkostenstellen. Zwischen den Kostenstellen bestehen folgende Beziehungen:

		Leistende Kostenstelle			
		KS 1	KS 2	KS 3	KS 4
Empfangende Kostenstelle	KS 1	0	0	0	0
	KS 2	0,5	0	0	0
	KS 3	0,2	0,5	0	0
	KS 4	0,3	0,5	0	0

Alle Angaben in geeigneten Leistungseinheiten [LE].

a) Bilden Sie die Leistungsverflechtungen mit Hilfe eines Gozintographen ab.

b) Wie nennt man die dargestellte Struktur?

c) Welches Verfahren der Kostenstellenrechnung bietet sich zur Lösung des Problems an? Ermitteln Sie anhand der Sekundärkostenrechnung die Endkosten und die Gesamtkosten. Benutzen Sie dabei folgenden Betriebsabrechnungsbogen:

BAB	KS 1	KS 2	KS 3	KS 4
$\sum$ Primäre Kosten	6.000 €	5.000 €	20.000 €	40.000 €
Umlage HiKo 1				
Umlage HiKo 2				
Endkosten				
Gesamtkosten				

Aufgabe 2.46 (**)

Die Lösung zu Aufgabe 2.46 finden Sie ab Seite 258.

Unternehmen C gliedert sich jeweils in zwei Hilfs- und zwei Hauptkostenstellen. Zwischen den Kostenstellen bestehen folgende Leistungsverflechtungen:

		Leistende Kostenstelle			
		KS 1 Kraftwerk	KS 2 Wasserwerk	KS 3 Montage	KS 4 Lackiererei
	$\sum$ Primäre Kosten	6.925 €	600 €	20.000 €	40.000 €
Empfangende Kostenstelle	KS 1 Kraftwerk	100	50	0	0
	KS 2 Wasserwerk	200	100	0	0
	KS 3 Montage	400	300	0	0
	KS 4 Lackiererei	300	50	0	0

Alle Angaben in geeigneten Leistungseinheiten [LE].

a) Bilden Sie die Leistungsverflechtungen mit Hilfe eines Gozintographen ab.

b) Wie nennt man die dargestellte Struktur?

c) Welches Verfahren der Kostenstellenrechnung bietet sich zur Lösung des Problems an? Ermitteln Sie mit diesem Verfahren die Verrechnungssätze und geben Sie die Endkosten an. Benutzen Sie anschließend folgenden Betriebsabrechnungsbogen für die Sekundärkostenrechnung:

BAB	KS 1 Kraftwerk	KS 2 Wasserwerk	KS 3 Montage	KS 4 Lackiererei
$\sum$ Primäre Kosten	6.925 €	600 €	20.000 €	40.000 €
Umlage KS 1 Kraftwerk				
Umlage KS 2 Wasserwerk				
Endkosten				
Gesamtkosten				

Aufgabe 2.47 (***)

Die Lösung zu Aufgabe 2.47 finden Sie ab Seite 259.

Ein Unternehmen ist in 3 Kostenstellen gegliedert. KS 1 (Kraftwerk) und KS 2 (Werkstatt) sind Hilfskostenstellen, KS 3 (Fertigung) ist eine Hauptkostenstelle. Zwischen diesen Kostenstellen bestehen Lieferbeziehungen. Aus der Kostenstellenrechnung sind folgende Daten bekannt:

- primäre Kosten der Kostenstelle KS 1: 10.000 Euro
- primäre Kosten der Kostenstelle KS 2: 40.000 Euro
- Endkosten der Kostenstelle KS 3: 140.000 Euro
- Verrechnungspreis der KS 2: 1.000 Euro/Reparatur

Darüber hinaus sind folgende Lieferbeziehungen bekannt:

		Empfangende Kostenstelle [LE]			Summe der geleisteten ME der jeweiligen KS
		KS 1	KS 2	KS 3	
Leistende Kostenstelle	KS 1	$x_{11} = ?$	$x_{12} = ?$	400	1.000 Einheiten Strom
	KS 2	10	0	40	50 Reparaturen
	KS 3	0	0	0	

a) Wie hoch sind die primären Kosten der KS 3 (PK3) und wie hoch sind die sekundären Kosten der KS 3 (SK3)?

b) Wie hoch sind die Gesamtkosten (GK2) und die sekundären Kosten (SK2) von KS 2?

c) Wie hoch sind die Gesamtkosten (GK1), die Endkosten (EK1) und der Verrechnungspreis pro geleisteter ME (q_1) der KS 1, das heißt pro gelieferter Einheit Strom? Wie viele Mengeneinheiten (x_{11}) der KS 1 werden von der Stelle selbst verbraucht? Welche Menge (x_{12}) liefert KS 1 an KS 2, das heißt wie viele Einheiten Strom liefert das Kraftwerk an die Werkstatt?

d) Führen Sie die innerbetriebliche Leistungsrechnung durch und füllen Sie den Betriebsabrechnungsbogen vollständig aus.

BAB	HiKo KS 1	HiKo KS 2	HaKo KS 3
Primäre Gemeinkosten (PK)	10.000 €	40.000 €	
Umlage KS 1			
Umlage KS 2			
Endkosten			140.000 €
Gesamtkosten			

Aufgabe 2.48 (**)

Die Lösung zu Aufgabe 2.48 finden Sie ab Seite 261.

Die drei Unternehmen X, Y und Z sind in je vier Kostenstellen gegliedert. Bei allen Unternehmen fallen jeweils die folgenden primären Kosten an:

$PK_1 = 120.000$ €
$PK_2 = 100.000$ €
$PK_3 = 30.000$ €
$PK_4 = 40.000$ €

a) Unternehmen X

Aufgrund der Leistungsverflechtungen zwischen den Kostenstellen des Unternehmen X ergibt sich nachfolgender Gozintograph (alle Angaben in geeigneten Leistungseinheiten [LE]).

a1) Wie nennt man die dargestellte Struktur? Wie nennt man die einzelnen Kostenstellen?

a2) Welches Verfahren der Kostenstellenrechnung bietet sich zur Lösung des Problems an? Ermitteln Sie mit diesem Verfahren die Verrechnungspreise für die Leistungen der Hilfskostenstellen.

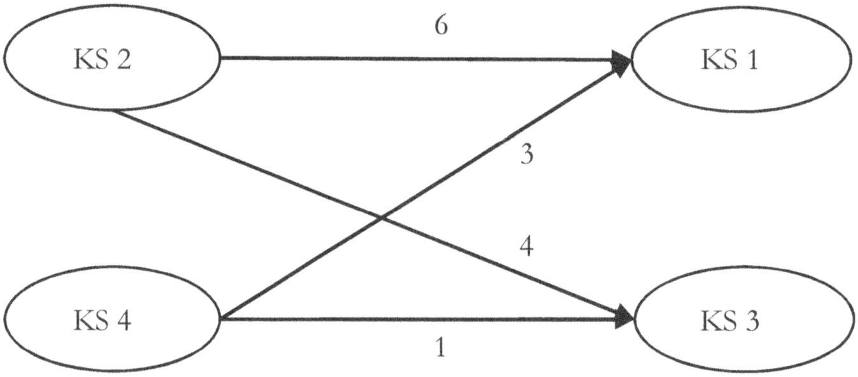

b) Unternehmen Y

In der folgenden Tabelle sind die Leistungsbeziehungen zwischen den Kostenstellen abgebildet:

		Leistende Kostenstelle			
		KS 1	KS 2	KS 3	KS 4
Empfangende Kostenstelle	KS 1	0	6	1	3
	KS 2	0	0	0	4
	KS 3	0	4	0	1
	KS 4	0	0	0	0

Alle Angaben in geeigneten Leistungseinheiten [LE].

b1) Bilden Sie die Leistungsverflechtungen mit Hilfe eines Gozintographen ab.

b2) Wie nennt man die dargestellte Struktur? Wie nennt man die einzelnen Kostenstellen?

b3) Welches Verfahren der Kostenstellenrechnung bietet sich zur Durchführung der Sekundärkostenrechnung an? Ermitteln Sie mit diesem Verfahren die Verrechnungspreise für die Leistungen der Hilfskostenstellen.

c) Unternehmen Z

Aufgrund der Leistungsverflechtungen zwischen den Kostenstellen des Unternehmens *Z* ergibt sich folgender Gozintograph (alle Angaben in geeigneten Leistungseinheiten [LE]):

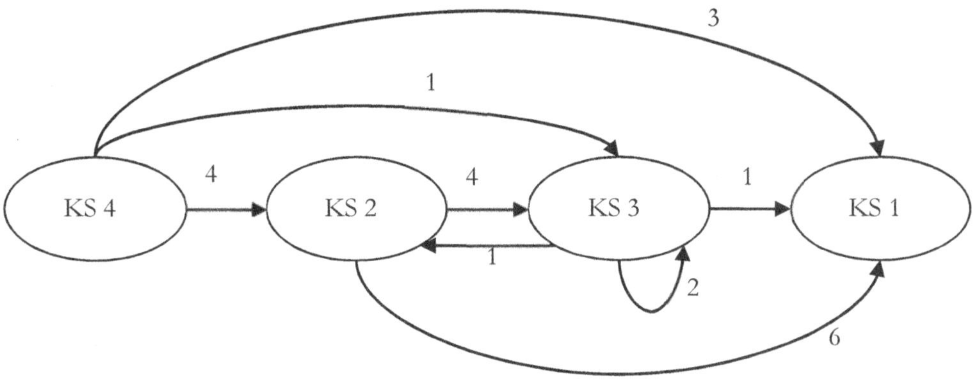

c1) Wie nennt man die dargestellte Struktur? Wie nennt man die einzelnen Kostenstellen?

c2) Welches Verfahren der Kostenstellenrechnung bietet sich zur Durchführung der Sekundärkostenrechnung an? Führen Sie die Sekundärkostenrechnung für das Unternehmen Z durch. Ermitteln Sie hierzu zunächst die Verrechnungspreise der Hilfskostenstellen und füllen Sie dann den folgenden Betriebsabrechnungsbogen aus.

	Kostenstellen			
	HiKo			HaKo
	KS 4	KS 2	KS 3	KS 1
PK (Summe)	40.000 €	100.000 €	30.000 €	120.000 €
ibL KS 4 KS 2 KS 3				
Endkosten				
Gesamtkosten				

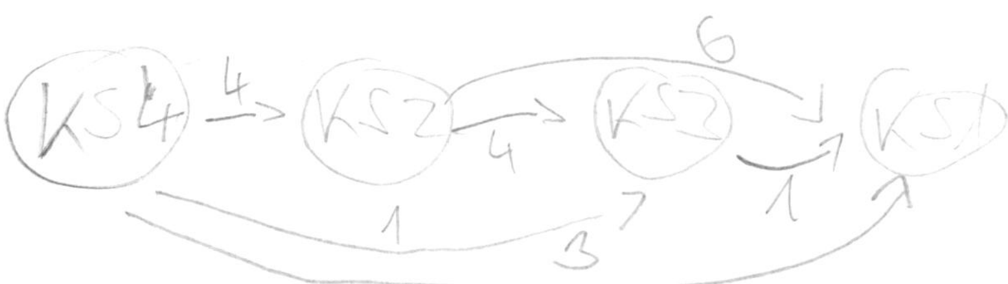

Aufgabe 2.49 (**)

Die Lösung zu Aufgabe 2.49 finden Sie ab Seite 264.

Die Fabel GmbH ist in zwei Hilfskostenstellen und zwei Hauptkostenstellen unterteilt. Als Ergebnis der Kostenstellenrechnung liegt Ihnen die folgende Tabelle vor.

	HiKo KS1	HiKo KS2	HaKo KS3	HaKo KS4
Primäre GK [€]	20.000	10.000	E	50.000
Sekundäre Kosten [€]	A	0	0	G
Gesamtkosten [€]	30.000	C	F	H
Endkosten [€]	B	D	40.000	I

Weiterhin ist Ihnen bekannt, dass die Hilfskostenstelle 2 nicht an die Hauptkostenstelle 4 liefert.

a) Bestimmen Sie die Werte der mit einem Buchstaben gekennzeichneten Felder.

A: __________ B:__________ C:__________ D: __________

E: __________ F:__________ G:__________ H: __________

I: __________

b) Stellen Sie die Lieferbeziehungen zwischen den Kostenstellen mit Hilfe einer geeigneten Graphik dar (Gozintograph). Angaben zu den Leistungseinheiten sind nicht erforderlich.

c) Welche Verfahren der Kostenstellenrechnung führen bei den in Aufgabenteil b) dargestellten Lieferbeziehungen zu exakt berechneten Verrechnungspreisen?

Aufgabe 2.50 (**)

Die Lösung zu Aufgabe 2.50 finden Sie ab Seite 265.

Ein Unternehmen ist in die fünf Kostenstellen Kantine (KS 1), Instandhaltung (KS 2), Material (KS3), Fertigung (KS 4) und Verwaltung/Vertrieb (KS 5) gegliedert. Es werden die Produkte A und B hergestellt. Von Produkt A werden 91.000 ME und von Produkt B 172.000 ME produziert. In der Personalabteilung fallen folgende Lohn- und Gehaltskosten an:

Kantine	60.000 €
Instandhaltung	120.000 €
Material	173.000 €
Fertigung	520.000 €
Verwaltung/Vertrieb	600.000 €

In den Lohnkosten der Kostenstelle Fertigung stecken 220.000 Euro Geldakkord. Dieser dient als Zuschlagsbasis für die Fertigungsgemeinkosten. Weiterhin wird mit folgenden Materialkosten gerechnet:

Kantine	30.000 €
Instandhaltung	121.000 €
Material	354.000 €
Verwaltung/Vertrieb	45.000 €

Bei den Materialkosten in der Kostenstelle Material handelt es sich um Materialeinzelkosten, die auch als Zuschlagsbasis für die Materialgemeinkosten dienen. Sie ergeben sich durch Materialeinzelkosten von 2 Euro/ME für Produkt A und 1 Euro/ME für Produkt B. Zudem sind folgende Abschreibungen geplant:

Kantine	5.000 €
Instandhaltung	21.000 €
Material	19.400 €
Fertigung	82.200 €
Verwaltung/Vertrieb	4.400 €

Die sonstigen Kosten sind mit folgenden Beträgen zu berücksichtigen:

Kantine	13.000 €
Instandhaltung	22.900 €
Material	60.000 €
Fertigung	68.000 €
Verwaltung/Vertrieb	125.000 €

Die Herstellkosten des Umsatzes (d.h. Herstellkosten der Absatzmenge) sind mit 1.646.892,19 Euro gegeben.

Im Rahmen des innerbetrieblichen Leistungsaustausches wird von folgenden Beziehungen zwischen den Kostenstellen ausgegangen:

		Empfangende Kostenstelle				
		KS 1	KS 2	KS 3	KS 4	KS 5
Leistende Kostenstelle	KS 1	0	1.000	2.000	6.000	1.800
	KS 2	0	0	750	15.000	250
	KS 3	0	0	0	0	0
	KS 4	0	0	0	0	0
	KS 5	0	0	0	0	0

Alle Angaben in geeigneten Leistungseinheiten [LE].

Führen Sie mit Hilfe des Stufenleiterverfahrens die innerbetriebliche Leistungsverrechnung durch. Ermitteln Sie anschließend die Zuschlagsbasen und Zuschlagssätze. Füllen Sie dazu die dafür vorgesehenen Felder des nachfolgenden Betriebsabrechnungsbogens aus. Runden Sie dabei erst im Betriebsabrechnungsbogen auf zwei Nachkommastellen (Kein Runden der Verrechnungspreise!).

	Kantine	Instandh.	Material	Fertigung	V&V
Löhne & Gehälter					
Material					
Abschreibungen					
Sonstiges					
Summe Gemeinkosten					
Umlage I					
Zwischensumme (hilfsweise)					
Umlage II					
Endkosten					
Bezugsbasis					
Wert Bezugsbasis					
Zuschlagssatz					

2.3 Kostenträgerstückrechnung

2.3.1 Mehrstufige Divisionskalkulation

Die in diesem Kapitel angesprochenen Inhalte werden in dem Lehrbuch Schildbach/Homburg, Kosten- und Leistungsrechnung, im Abschnitt II.D.3.a behandelt.

Aufgabe 2.51

Die Lösung zu Aufgabe 2.51 finden Sie ab Seite 267.

Geben Sie an, ob folgende Aussagen richtig oder falsch sind.

Aussage		Richtig/Falsch
a)	Schematisch setzen sich die Herstellkosten aus Material- und Fertigungskosten sowie Vertriebskosten zusammen.	
b)	Eine Anwendungsvoraussetzung der einstufigen Divisionskalkulation ist, dass Absatz- und Produktionsmengen von Fertigerzeugnissen identisch sein müssen.	
c)	Zu den Anwendungsvoraussetzungen der einstufigen Divisionskalkulation gehört, dass der Lagerbestand unfertiger Erzeugnisse konstant bleibt.	
d)	Bei der mehrstufigen Divisionskalkulation werden die angefallenen Kosten nach Produktionsstufen getrennt.	

Aufgabe 2.52 (***)

Die Lösung zu Aufgabe 2.52 finden Sie ab Seite 267.

Die Wusel KG fertigt hochwertige Plüsch-Nilpferde in einem mehrstufigen Produktionsprozess. In der ersten Produktionsstufe wird der Plüschstoff zugeschnitten. In der zweiten Fertigungsstufe werden dann jeweils 20 der in der Vorstufe zugeschnittenen Einzelteile zu einem Nilpferd zusammengenäht. In der letzten Fertigungsstufe werden die in der zweiten Stufe genähten Nilpferde schließlich mit Spezialwatte gefüllt. Die folgende Tabelle enthält alle relevanten Daten:

Stufe i	Anzahl auf Stufe i gefertigter (Zwischen-)Produkte x_i [Stück]	Allein der Stufe i zurechenbare Kosten E_i^* [€]
1 (Zuschnitt)	32.000	38.400
2 (Nähen)	1.250	16.500
3 (Füllen)	1.250	10.000

a) Ermitteln Sie die Herstellkosten je Nilpferd unter Verwendung der mehrstufigen Divisionskalkulation.

b) Die Wusel KG zieht in Erwägung, in Zukunft ein noch hochwertigeres Nilpferdmodell zu fertigen. Dieses neue Modell wird aus 25 Einzelteilen zusammengenäht. Zusätzlich führt die Modelländerung zu einer Veränderung der allein Stufe 1 zurechenbaren Kosten E_1^*. Berechnen Sie, wie groß E_1^* maximal sein darf, wenn die Herstellkosten je Nilpferd nach der Modelländerung maximal 48,20 Euro betragen sollen. Gehen Sie für Ihre Rechnung davon aus, dass alle anderen Daten konstant bleiben.

Aufgabe 2.53 (***)

Die Lösung zu Aufgabe 2.53 finden Sie ab Seite 268.

Ein Unternehmen fertigt ein einziges Produkt in mehrstufiger Fertigung. Auf jeder Stufe wird pro Einheit des auf dieser Stufe erzeugten Zwischenproduktes eine Einheit des Zwischenproduktes der Vorstufe benötigt. Das Unternehmen kauft grundsätzlich keine Zwischenprodukte zu. Für die ersten beiden Produktionsstufen liegen Ihnen folgende Daten vor:

- Der Wertansatz nach der mehrstufigen Divisionskalkulation pro Stück nach der 1. Produktionsstufe beträgt 5 Euro. Der entsprechende Wertansatz nach der 2. Produktionsstufe beträgt 20 Euro.
- Von den Kosten des Unternehmens lassen sich 48.000 Euro allein der Stufe 2 zuordnen.
- Auf der Stufe 1 wurden 4.200 ME produziert.

a) Bestimmen Sie die Kosten, die alleine der Stufe 1 zugerechnet worden sind.

b) Bestimmen Sie die mengen- und wertmäßige Veränderung der zwischengelagerten Erzeugnisse der Stufe 1.

Aufgabe 2.54 (**)

Die Lösung zu Aufgabe 2.54 finden Sie ab Seite 269.

Die Naschi & Sohn KG produziert in einem dreistufigen Produktionsprozess exquisite Kuchen. In der ersten Produktionsstufe wird der Kuchenteig hergestellt. In der zweiten Stufe werden jeweils 600 g Kuchenteig in eine Backform gefüllt und gebacken. In der dritten Produktionsstufe werden die in der zweiten Stufe gebackenen Kuchen mit Schokoladenglasur überzogen. Die folgende Tabelle enthält die relevanten Daten:

Stufe i	Anzahl auf Stufe i gefertigter (Zwischen-)Produkte x_i [Stück]	Allein der Stufe i zurechenbare Kosten E_i^* [€]
1 (Teig herstellen)	6.000 kg	9.000 €
2 (Umfüllen & Backen)	2.800 Kuchen	5.600 €
3 (Überziehen)	3.200 Kuchen	4.800 €

Darüber hinaus ist Ihnen bekannt, dass 500 Kuchen, die am Vortag zwar bereits gebacken, aber noch nicht mit Schokoladenglasur überzogen wurden, gelagert werden. Jeder dieser Kuchen hat einen Wert von 2,80 Euro. (Anmerkung zu der Stufe 3: Verbrauchsfolge First-In-First-Out (FIFO))

a) Ermitteln Sie die Herstellkosten je Kuchen unter Verwendung der mehrstufigen Divisionskalkulation.

b) Wie viele Kuchen befinden sich nach der 2. Erzeugnisstufe auf Lager? Wie wird der Lagerbestand bewertet?

Aufgabe 2.55 (**)

Die Lösung zu Aufgabe 2.55 finden Sie ab Seite 270.

Im Chateau Weißschild wird der edle Rotwein „Mouton de Weißschild“ in einem mehrstufigen Produktionsprozess hergestellt. Für das abgelaufene Jahr liegen die folgenden Informationen vor:

1. Stufe: Keltern	
gekelterte (aus den Früchten ausgepresste) Menge	15.000 Liter
Kosten für das Keltern	210.000 €
2. Stufe: Lagern	
eingelagerte Menge	14.250 Liter, da bei der Lagerung ein regelmäßiger Schwund von 5% auftritt.
Lagerkosten	50.000 €
3. Stufe: Abfüllen	
abgefüllte Menge	14.250 Liter aus dem eigenen Lager zuzüglich 1.000 Liter fremdbezogener Wein, der zu 20 €/Liter gekauft und sofort abgefüllt wird.
Kosten der Abfüllung	200.000 €
4. Stufe: Vertrieb	
Absatzmenge	10.000 Liter
Kosten für den Vertrieb	20.000 €

Die im abgelaufenen Jahr nicht abgesetzte Menge wird im nächsten Jahr verkauft.

a) Berechnen Sie die Kosten pro Liter der angegebenen Produktionsstufen. Welche gesamten Stückkosten entstehen für Produktion und Vertrieb einer Weinflasche (0,75 Liter pro Flasche) „Mouton de Weißschild“ auf Basis der mehrstufigen Divisionskalkulation.

b) Wie hoch sind die Herstellkosten einer abgefüllten aber nicht abgesetzten Weinflasche?

c) Ermitteln Sie die mengen- und wertmäßige Veränderung des Bestandes der fertigen Erzeugnisse.

Aufgabe 2.56 (**)

Die Lösung zu Aufgabe 2.56 finden Sie ab Seite 271.

Die Kick AG produziert Fahnen mit den Nationalfarben der teilnehmenden Länder für die Fußballweltmeisterschaft. Diese werden in drei Stufen gefertigt. Auf der ersten Stufe wird der Stoff für die Stoffbahnen hergestellt. Insgesamt sind dies 10.000 m^2 Stoff, die Kosten der Herstellung betragen 8.000 Euro.

Auf der zweiten Stufe werden die Stoffe nun mit den Nationalfarben eingefärbt. Hierfür muss Farbe für die 10.000 m^2 Stoff vom Zulieferer für 1 Euro pro Liter Farbe gekauft werden. Pro m^2 Stoff wird ein halber Liter Farbe benötigt. Zusätzlich entstehen auf dieser Produktionsstufe Kosten i.H. von 5.037,50 Euro für die Einfärbung der Stoffe. Auf dieser Stufe kommt es regelmäßig zu Schwund, so dass am Ende nur noch 9.250 m^2 Stoff zur weiteren Bearbeitung zur Verfügung stehen.

Auf der dritten und letzten Stufe werden die Stoffe zugeschnitten. Die Kick AG produziert nur Fahnen mit einer Größe von 1 m^2. Das Zuschneiden kostet insgesamt 2.497,50 Euro. Beim Zuschneiden gibt es keinen Stoffverlust, so dass insgesamt 9.250 Fahnen von jeweils 1 m^2 gefertigt werden.

Ermitteln Sie für die Fahnenproduktion die Stückkosten k_1, k_2, und k_3 auf den jeweiligen Fertigungsstufen 1-3. Geben Sie Ihren Rechenweg ausführlich an, so dass auch die Wertansätze der jeweils vorangegangenen Stufen ersichtlich werden.

Aufgabe 2.57 (**)

Die Lösung zu Aufgabe 2.57 finden Sie ab Seite 271.

Die Schoko KG produziert in einem dreistufigen Produktionsprozess exquisite Kuchen. In der ersten Produktionsstufe wird der Kuchenteig hergestellt. In der zweiten Stufe werden jeweils 800 g Kuchenteig in eine Backform gefüllt und zu einem Kuchen gebacken. Hierbei geht kein Teig verloren. In der dritten Produktionsstufe werden alle in der zweiten Stufe gebackenen Kuchen mit Schokoladenglasur überzogen. Die folgende Tabelle enthält die relevanten Daten:

Stufe i	Anzahl auf Stufe i gefertigter (Zwischen-)Produkte x_i [Stück]	Allein der Stufe i zurechenbare Kosten E_i^* [€]
1 (Teig herstellen)	2.560 kg	5.120 €
2 (Umfüllen & Backen)	$\mathbf{x_2}$ Kuchen	4.160 €
3 (Überziehen)	3.200 Kuchen	$\mathbf{E_3}$ €

Die Herstellkosten je Kuchen nach Abschluss der zweiten Stufe betragen $k_2 = 2,90$ Euro.

Die Herstellkosten je Kuchen nach Abschluss der dritten Stufe betragen $k_3 = 4,60$ Euro.

a) Wie hoch sind die Herstellkosten je Kilogramm Teig nach Abschluss der ersten Stufe? Wie hoch sind die Herstellkosten je Kuchen?

b) Wie viele Kuchen x_2 werden auf der zweiten Stufe gefertigt?

c) Wie hoch sind die allein der Stufe 3 zurechenbaren Kosten E_3?

2.3.2 Äquivalenzziffernkalkulation

Die in diesem Kapitel angesprochenen Inhalte werden in dem Lehrbuch Schildbach/Homburg, Kosten- und Leistungsrechnung, im Abschnitt II.D.3.b behandelt.

Aufgabe 2.58 (*)

Die Lösung zu Aufgabe 2.58 finden Sie ab Seite 272.

Hoppenrath & Riese stellt Sahnetorten in Sortenfertigung her. Im letzten Monat sind in der Produktion primäre Kosten für Material und Fertigung i.H. von 160.500 Euro angefallen. Nachfolgende Tabelle enthält alle weiteren relevanten Daten:

Variante	Produktionsmenge [Stück]	Äquivalenzziffer
Schokotorte (V1)	20.000	1,25
Vanilletorte (V2)	17.500	0,8
Mokkatorte (V3)	14.500	1

Ermitteln Sie die Herstellkosten je Stück der einzelnen Varianten unter Verwendung der Äquivalenzziffernkalkulation.

Aufgabe 2.59 (**)

Die Lösung zu Aufgabe 2.59 finden Sie ab Seite 272.

Ein Unternehmen produziert 2 Produkte in Sortenfertigung. Dabei werden bei der Kalkulation Äquivalenzziffern zugrunde gelegt. Folgende Daten sind bekannt:

- Produkt 1 hat die Äquivalenzziffer 1, Produkt 2 die Äquivalenzziffer 1,5.
- Die Ausbringungsmenge von Produkt 2 ist 20% höher als die von Produkt 1.
- Die Gesamtkosten betragen 42.000 Euro.
- Für Produkt 1 sind nach der Divisionskalkulation mittels Äquivalenzziffern Selbstkosten je Stück i.H. von 15 Euro ermittelt worden.

a) Ermitteln Sie die Produktionsmengen für die Produkte 1 und 2, die der Kalkulation zugrunde liegen.

b) Wie hoch sind die Selbstkosten je Stück für Produktart 2?

Aufgabe 2.60 (*)

Die Lösung zu Aufgabe 2.60 finden Sie ab Seite 273.

Die Fatri AG stellt 9.250 Fahnen und 10.000 Trikots für die Fußballweltmeisterschaft her. Die Herstellung eines Trikots verursacht um 65% höhere Kosten als die Herstellung einer Fahne. Für die Fahnen und die Trikots fallen insgesamt 57.165 Euro Kosten an. Die Fahnen stellen das Einheitsprodukt dar.

a) Wie hoch ist die Äquivalenzziffer für die Trikots?

b) Kalkulieren Sie unter Anwendung der Äquivalenzziffernmethode die Kosten pro Stück jeweils für eine Fahne und ein Trikot.

Aufgabe 2.61 (**)

Die Lösung zu Aufgabe 2.61 finden Sie ab Seite 273.

Die Klimbim GmbH stellt die beiden Produkte Gamma und Delta in Sortenfertigung her und kalkuliert die Kosten beider Produkte mit Hilfe von Äquivalenzziffern. Ihnen sind aus der vergangenen Periode folgende Informationen bekannt:

- Gamma hat die Äquivalenzziffer 1, Delta hat die Äquivalenzziffer 1,9.
- Die Selbstkosten eines Delta betrugen 11,40 Euro.
- Von Gamma wurden 80 Stück produziert.
- Es wurden dreimal so viele Deltas wie Gammas produziert.

Wie hoch sind die Gesamtkosten der letzten Periode?

Aufgabe 2.62 (***)

Die Lösung zu Aufgabe 2.62 finden Sie ab Seite 274.

Die Handy AG produziert die vier Handys Call 1, Call 2, Call 3 und Call 4 in Sortenfertigung. Diese einzelnen Handys sind produktionstechnisch verwandt und weisen auch unter Kostengesichtspunkten Ähnlichkeiten auf. Bei der Produktion sind primäre Kosten für Material und Fertigung i.H. von 23.183 Euro angefallen. Die Produktionsmengen betragen von Call 1 (Call 2, Call 3, Call 4) 1.000 (950, 1.300, 1.400) Stück. Bezüglich der Kostenrelationen ist bekannt, dass die Herstellung von Call 2 20% mehr kostet als die von Call 1, während Call 3 in der Produktion 25% mehr kostet als Call 4. Die Herstellung von Call 4 schließlich kostet 10% mehr als die von Call 2.

a) Berechnen Sie die Herstellkosten je Stück für die einzelnen Varianten. Wählen Sie die Variante Call 1 als Einheitsprodukt.

b) Welche Äquivalenzziffer müsste Call 3 ceteris paribus aufweisen, damit dieser Variante Herstellkosten pro Stück i.H. von 3,69 Euro zugerechnet würden ?

Aufgabe 2.63 (**)

Die Lösung zu Aufgabe 2.63 finden Sie ab Seite 275.

Die Lutscher GmbH stellt Lutscher in drei Variationen her. Die Kosten der Lutscher werden mit Hilfe der Äquivalenzziffernmethode kalkuliert. Die insgesamt anfallenden Kosten für die Lutscher betragen 7.575 Euro. Weiterhin sind folgende Informationen bekannt:

	Äquivalenzziffer	Anzahl der hergestellten Produkte	Rechnungs-einheiten	Kosten je Produkteinheit
Sorte 1	1	600 Stück	600 RE	
Sorte 2		300 Stück		
Sorte 3	1,5	450 Stück	675 RE	
Summe	-	1.350 Stück		-

a) Welches der Produkte stellt das Einheitsprodukt dar? Begründen Sie kurz Ihre Meinung.

b) Die Stückkosten von Sorte 3 sind um 87,5% größer als jene von Sorte 2. Welche Äquivalenzziffer ergibt sich für Sorte 2?

c) Berechnen Sie die Kosten je Produkteinheit für alle drei Lutschersorten. Füllen Sie hierzu alle notwendigen Felder der oben angegebenen Tabelle aus und geben Sie Ihren Rechenweg an.

d) Welche Produktionsmenge von Sorte 1 ruft ceteris paribus die gleichen Kosten hervor wie die Produktion von 450 Lutschern der Sorte 3?

Aufgabe 2.64 (**)

Die Lösung zu Aufgabe 2.64 finden Sie ab Seite 276.

Die Sportwagen AG kalkuliert drei Ausstattungsvarianten ihrer kostbaren Modellautos „Logo“ mittels Äquivalenzziffernkalkulation. Es werden die drei Ausstattungsvarianten „Basis“, „Medium“ und „Luxus“ unterschieden. Zu den Kostenrelationen sind folgende Informationen bekannt:

- Insgesamt fallen Produktionskosten in Höhe von 6 Mio. Euro an.

- Die Ausstattung „Medium“ ist das Basisprodukt und erhält somit die Äquivalenzziffer 1.
- Von der Variante „Medium“ werden 45.000 Stück hergestellt. Die Produktion dieser 45.000 Stück „Medium“ kostet genau so viel wie die Produktion der 60.000 Stück der Variante „Basis“.
- Die Herstellung einer Mengeneinheit „Luxus“ kostet genau doppelt so viel wie die Herstellung einer Mengeneinheit „Basis“.

Aus der Ermittlung der Kosten pro Produkteinheit für die einzelnen Produkteinheiten liegen Ihnen die folgenden Informationen vor:

Variante	Produktionsmenge	Äquivalenzziffer	Rechnungs-einheiten	Kosten je Produkteinheit
Basis	60.000	???	???	???
Medium	45.000	1	???	25
Luxus	???	???	???	???
		$\sum$ Rechnungseinheiten	???	

a) Wie hoch sind die Äquivalenzziffern der Ausstattungsvarianten „Basis“ und „Luxus“?

b) Wie hoch ist die Summe aller Rechnungseinheiten?

c) Wie hoch ist die Produktionsmenge für die Variante „Luxus“?

d) Wie hoch sind die Kosten pro Produkteinheit für die Varianten „Basis“ und „Luxus“?

2.3.3 Kalkulation von Kuppelprodukten

Die in diesem Kapitel angesprochenen Inhalte werden in dem Lehrbuch Schildbach/Homburg, Kosten- und Leistungsrechnung, im Abschnitt II.D.3.c behandelt.

Aufgabe 2.65

Die Lösung zu Aufgabe 2.65 finden Sie ab Seite 276.

Geben Sie an, ob folgende Aussagen richtig oder falsch sind.

Aussage		Richtig/Falsch
a)	Die Zuschlagskalkulation ist für die Kalkulation von Kuppelprodukten geeignet.	

b)	Die Grundidee der zur Kalkulation von Kuppelprodukten eingesetzten Marktwertrechnung besteht darin, den einzelnen Kostenträgern Gemeinkosten auf Basis einer Schlüsselgröße zuzurechnen, die von den Absatzpreisen abhängt.	
c)	Die Anwendung der Marktwertrechnung setzt eine Einteilung der Kuppelprodukte in Hauptprodukte einerseits und Neben- oder Abfallprodukte andererseits voraus.	
d)	Einzelnen Kuppelprodukten können die Kosten des Produktionsprozesses grundsätzlich nicht verursachungs- oder beanspruchsgerecht zugerechnet werden.	
e)	Die Marktwertrechnung basiert auf dem Grundgedanken des Kostentragfähigkeitsprinzips.	
f)	Bei der Restwertrechnung haben alle Produkte die gleiche Gewinnmarge.	

Aufgabe 2.66 (*)

Die Lösung zu Aufgabe 2.66 finden Sie ab Seite 277.

Im Produktionsprozess der GHI GmbH entstehen zwangsläufig drei Produkte gleichzeitig. Dabei wird Produktart 3 als Hauptprodukt angesehen. Die Gesamtkosten des Produktionsprozesses belaufen sich auf 765.000 Euro. Der Marktwert von Kuppelproduktart 1 (2; 3) beträgt 100.000 Euro (150.000 Euro; 650.000 Euro).

a) Berechnen Sie die Kosten der einzelnen Kuppelproduktarten unter Verwendung der Marktwertrechnung.

b) Berechnen Sie die Kosten der einzelnen Kuppelproduktarten unter Verwendung der Restwertrechnung.

c) Nennen Sie zwei Unterschiede zwischen dem Verfahren der Marktwertrechnung und dem Verfahren der Restwertrechnung.

Aufgabe 2.67 (***)

Die Lösung zu Aufgabe 2.67 finden Sie ab Seite 278.

Die kleine Hausbrauerei Matschpatsch braut in Kuppelproduktion aus Rohgerstensaft vier verschiedene Biersorten. Insgesamt fallen für die Bierproduktion Kosten i.H. von 664 Euro an. Die Produktionsmengen und die Absatzpreise für die verschiedenen Biersorten sind folgender Tabelle zu entnehmen:

Sorte	Produzierte Menge	Preis je Liter
Altbier	200 l	0,50 €
Weizenbier	300 l	0,70 €
Starkbier	100 l	0,80 €
Kölsch	400 l	1,10 €

a) Wie hoch ist der Gewinn pro Liter bei den verschiedenen Biersorten nach der Marktwertrechnung?

Nehmen Sie nun an, dass die 200 Liter Altbier nicht mehr direkt verkauft werden. Sie werden stattdessen mit 100 Liter Cola vermischt und dann als 300 Liter Altbierbowle verkauft. Die 100 Liter Cola kauft Matschpatsch beim Getränkegroßhandel „Durstlöscher" für 70 Cent/Liter. Der Absatzpreis pro Liter Altbierbowle beträgt 90 Cent.

b) Wie hoch ist der Gewinn pro Liter bei den verschiedenen Biersorten nach der Restwertrechnung, wobei Kölsch als Hauptprodukt angesehen werden soll?

Aufgabe 2.68 (***)

Die Lösung zu Aufgabe 2.68 finden Sie ab Seite 279.

Bei der Verarbeitung von Erdöl entstehen Benzin, Dieselkraftstoff und Schweröl. Die Kostenkalkulation solcher Kuppelprodukte wird mit Hilfe der Marktwertrechnung oder der Restwertrechnung vorgenommen.

a) Welches Zurechnungsprinzip liegt sowohl der Marktwertrechnung als auch der Restwertrechnung zugrunde? Begründen Sie kurz Ihre Auffassung.

Für ein Unternehmen A liegen folgende Informationen vor:

Angewandtes Kalkulationsverfahren	Restwertrechnung
Hauptprodukt	Benzin
Gesamtkosten der Erdölverarbeitung	14 Millionen $
Marktwert Benzin	9 Millionen $
Marktwert Dieselkraftstoff	4,5 Millionen $
Marktwert Schweröl	5 Millionen $

b) In welcher Höhe werden den Produkten Benzin, Dieselkraftstoff und Schweröl in diesem Unternehmen A Kosten zugewiesen? Welche Gewinnmarge ergibt sich für das Hauptprodukt Benzin?

Ihnen sind folgende Informationen für ein anderes Unternehmen B bekannt:

Angewandtes Kalkulationsverfahren	Marktwertrechnung
Gesamtkosten der Erdölverarbeitung	12 Millionen $
Marktwert Benzin	6 Millionen $
Gewinnmarge Schweröl	25 %

Die Marktwerte von Schweröl und Dieselkraftstoff sind identisch.

c) Ermitteln Sie, in welcher Höhe den Produkten Benzin, Dieselkraftstoff und Schweröl Kosten zugeordnet werden.

2.3.4 Zuschlagskalkulation

Die in diesem Kapitel angesprochenen Inhalte werden in dem Lehrbuch Schildbach/Homburg, Kosten- und Leistungsrechnung, im Abschnitt II.D.4.a und II.D.4.b behandelt.

Aufgabe 2.69

Die Lösung zu Aufgabe 2.69 finden Sie ab Seite 280.

Geben Sie an, ob folgende Aussagen richtig oder falsch sind.

Aussage		Richtig/Falsch
a)	Bei der summarischen Zuschlagskalkulation werden die Einzelkosten unter Verwendung einer einzigen Zuschlagsbasis auf die Kostenträger geschlüsselt.	
b)	Die Zuschlagskalkulation ist vor allem für Serien- oder Einzelfertigung geeignet.	
c)	In der Zuschlagskalkulation werden Kostenträgereinzelkosten über Schlüsselgrößen zugerechnet.	
d)	Der wesentliche Unterschied zwischen der summarischen und der elektiven Zuschlagskalkulation besteht darin, dass bei der summarischen Zuschlagskalkulation für jede Hauptkostenstelle ein Zuschlagssatz verwendet wird, während bei der elektiven Zuschlagskalkulation lediglich ein einziger Zuschlagssatz zum Einsatz kommt.	
e)	Die Verwaltungs- und Vertriebsgemeinkosten werden im Rahmen der elektiven Zuschlagskalkulation typischerweise auf Basis der Herstellkosten zugeschlagen.	

f)	Die elektive Zuschlagskalkulation wird bevorzugt in der Massenfertigung zur Kalkulation eingesetzt.	
g)	Bei der elektiven Zuschlagskalkulation werden Zuschlagssätze zur Zurechnung der Gemeinkosten verwendet.	
h)	Bei der elektiven Zuschlagskalkulation erhöhen Sondereinzelkosten der Fertigung die Fertigungskosten, aber nicht die Herstellkosten.	
i)	Bei einer elektiven Zuschlagskalkulation sind die Herstellkosten eines Produkts niemals geringer als dessen Selbstkosten.	

Aufgabe 2.70 (*)

Die Lösung zu Aufgabe 2.70 finden Sie ab Seite 282.

In der Hilka KG, die Pralinen zu besonderen Anlässen anfertigt, sind in der letzten Periode Materialeinzelkosten i.H. von 275.000 Euro angefallen. Die Fertigungseinzelkosten betrugen 225.000 Euro. Die gesamten Gemeinkosten betrugen 125.000 Euro. Der Hilka KG liegt eine Anfrage für einen Auftrag vor, der mit Materialeinzelkosten i.H. von 200 Euro und Fertigungseinzelkosten i.H. von 100 Euro verbunden ist.

Ermitteln Sie die Selbstkosten des Auftrags unter Verwendung der summarischen Zuschlagskalkulation.

Aufgabe 2.71 (**)

Die Lösung zu Aufgabe 2.71 finden Sie ab Seite 282.

Die Fahnen GmbH, ein Konkurrent der Kick AG, verwendet zur Kalkulation ihrer Produkte die summarische Zuschlagskalkulation. Als Zuschlagsgrundlage dient die Summe aus Fertigungslohn und Fertigungsmaterial. Es ist bekannt, dass für das Fertigungsmaterial 50% mehr Kosten als für den Fertigungslohn anfallen. Die Gemeinkosten betragen 10.000 Euro und es wird ein Zuschlagssatz von 10% angewandt.

a) Welche Selbstkosten hat ein Produkt, dem Gemeinkosten i.H. von 0,50 Euro zugeschlagen werden?

b) Wie hoch sind die Kosten für den Fertigungslohn und wie hoch sind die Kosten für das Fertigungsmaterial?

Aufgabe 2.72 (***)

Die Lösung zu Aufgabe 2.72 finden Sie ab Seite 283.

In einem Unternehmen sind im letzten Monat Materialeinzelkosten i.H. von 275.385 Euro angefallen, die Fertigungseinzelkosten beliefen sich auf 495.350 Euro. Die Materialgemeinkosten betrugen 30% der Materialeinzelkosten. Die Fertigungsgemeinkosten summierten sich auf 624.141 Euro. Der Chef-Kostenrechner hat auf Basis der Daten des letzten Monats den Zuschlagssatz für Verwaltung und Vertrieb mit 10% berechnet. Ein vorliegender Auftrag führt zu Materialeinzelkosten i.H. von 210 Euro und zu Fertigungseinzelkosten i.H. von 450 Euro. Es kann davon ausgegangen werden, dass Sondereinzelkosten weder in der Fertigung noch im Vertrieb anfallen.

a) Ermitteln Sie unter Verwendung der elektiven Zuschlagskalkulation die Selbstkosten des Auftrags auf Basis der Daten des letzten Monats.

b) Um welchen Betrag verändern sich die Selbstkosten des Auftrags, wenn entgegen obiger Annahme Sondereinzelkosten der Fertigung i.H. von 50 Euro anfallen und alle anderen Daten unverändert bleiben?

Aufgabe 2.73 (***)

Die Lösung zu Aufgabe 2.73 finden Sie ab Seite 284.

Ein Unternehmen fertigt mehrere Produktarten. Für die Produktart A sind folgende Daten bekannt:

- Die Herstellkosten pro Stück betragen 265,50 Euro.
- Sondereinzelkosten der Fertigung fallen nicht an.
- Die Materialeinzelkosten pro Stück sind im Vergleich zu den Fertigungseinzelkosten pro Stück um 50% höher.
- Die Materialgemeinkosten werden auf Basis der Materialeinzelkosten zugeschlagen. Der Zuschlagssatz beträgt 10%.
- Die Fertigungsgemeinkosten werden auf Basis der Fertigungseinzelkosten zugeschlagen. Der Zuschlagssatz beträgt 30%.

Bestimmen Sie die Materialkosten und die Fertigungskosten für eine Einheit des Produktes A.

Aufgabe 2.74 (**)

Die Lösung zu Aufgabe 2.74 finden Sie ab Seite 284.

Ein Unternehmen stellt die beiden Absatzprodukte A und B her. Aus der vergangenen Periode sind die folgenden Informationen bekannt:

	Produkt A	Produkt B
Produktionsmenge der Periode	5.000 ME	2.000 ME
Materialeinzelkosten je Stück	20 €/ME	30 €/ME
Fertigungseinzelkosten je Stück	40 €/ME	50 €/ME

Die gesamten primären Gemeinkosten i.H. von 200.000 Euro wurden in der Kostenstellenrechnung den Endkostenstellen wie folgt zugewiesen:

Endkostenstelle	Materiallager	Fertigungsstelle	Verwaltung	Vertrieb
Endkosten	65.000 €	90.000 €	20.000 €	25.000 €

Berechnen Sie die Selbstkosten der Absatzprodukte A und B nach der elektiven Zuschlagskalkulation. Dabei dienen die Materialeinzelkosten als Zuschlagsgrundlage für die Materialgemeinkosten und die Fertigungseinzelkosten als Zuschlagsgrundlage für die Fertigungsgemeinkosten. Zuschlagsgrundlage für die Verwaltungs- und Vertriebsgemeinkosten sind jeweils die Herstellkosten.

Aufgabe 2.75 (**)

Die Lösung zu Aufgabe 2.75 finden Sie ab Seite 285.

Für ein Unternehmen liegt folgender Auszug aus dem BAB des letzten Monats vor:

	Fertigungs-hauptstelle 1	Fertigungs-hauptstelle 2	Materialstelle	Verwaltung und Vertrieb
Einzellöhne	450.000 €	700.000 €	-	-
Einzelmaterial	-	-	225.000 €	-
Primäre Gemeinkosten	...	...	...	
innerbetriebliche Leistungsverrechnung	...	...	...	
Endkosten	337.500 €	350.000 €	270.000 €	18.660 €
Zuschlagsbasis				
Zuschlagssatz				

Des Weiteren bestehen Sondereinzelkosten des Vertriebs i.H. von 200.000 Euro.

a) Berechnen Sie die Zuschlagssätze nach der elektiven Zuschlagskalkulation und vervollständigen Sie den vorliegenden BAB.

Beim folgenden Auftrag handelt es sich – im Vergleich zu anderen Aufträgen – um ein sehr zerbrechliches Gut, das besonders verpackt werden muss. Hierfür fallen zusätzlich Kosten (Sondereinzelkosten des Vertriebs) i.H. von 20 Euro an.

b) Ermitteln Sie die Selbstkosten für ein Produkt mit folgenden Daten:

Fertigungseinzelkosten Kostenstelle 1	300 €
Fertigungseinzelkosten Kostenstelle 2	750 €
Materialeinzelkosten	400 €

Aufgabe 2.76 (**)

Die Lösung zu Aufgabe 2.76 finden Sie ab Seite 287.

Ein Unternehmen verfügt über drei Hauptkostenstellen („Materialstelle“, „Fertigungsstelle“, und „Verwaltung & Vertrieb“). Das Unternehmen produziert die Produkte A und B und kalkuliert diese anhand der elektiven Zuschlagskalkulation. In der folgenden Tabelle sind die Endkosten der drei Hauptkostenstellen und die entsprechenden Zuschlagsgrundlagen angegeben:

	Materialstelle	Fertigungsstelle	Verwaltung und Vertrieb
Endkosten in €	195.000	245.000	6.925
Zuschlagsgrundlage in €	130.000	122.500	???

a) Bestimmen Sie die drei Zuschlagssätze für alle Hauptkostenstellen.

Die Materialeinzelkosten von Produkt A betragen 4 Euro pro Stück, die Fertigungseinzelkosten 3,50 Euro pro Stück. Ferner existieren Sondereinzelkosten der Fertigung in Höhe von 2,50 Euro pro Stück.

b) Berechnen Sie anhand des in der elektiven Zuschlagskalkulation anwendbaren Kalkulationsschemas die Herstellkosten von Produkt A. Für Produkt A fallen Sondereinzelkosten des Vertriebs in Höhe von 0,70 Euro pro Stück an.

c) Berechnen Sie die Selbstkosten von Produkt A.

2.3.5 Maschinenstundensatzkalkulation

Die in diesem Kapitel angesprochenen Inhalte werden in dem Lehrbuch Schildbach/Homburg, Kosten- und Leistungsrechnung, im Abschnitt II.D.4.c behandelt.

Aufgabe 2.77

Die Lösung zu Aufgabe 2.77 finden Sie ab Seite 287.

Geben Sie an, ob folgende Aussagen richtig oder falsch sind.

Aussage		Richtig/Falsch
a)	Zur Durchführung einer Maschinenstundensatzkalkulation wird i.d.R. zwischen maschinenzeitabhängigen und maschinenzeitunabhängigen Gemeinkosten unterschieden.	
b)	In der Maschinenstundensatzkalkulation werden sowohl wertmäßige als auch mengenmäßige Schlüsselgrößen zur Überwälzung der Kostenträgergemeinkosten auf die Kostenträger eingesetzt.	
c)	Die Maschinenstundensatzkalkulation ist eine Divisionskalkulation.	

Aufgabe 2.78 (**)

Die Lösung zu Aufgabe 2.78 finden Sie ab Seite 288.

Ihnen liegen folgende Daten aus dem Fertigungsbereich vor:

	Fertigungsstelle 1		Fertigungsstelle 2	
	Maschinengruppe A	Maschinengruppe B	Maschinengruppe C	Maschinengruppe D
Maschinenstundensatz	15 [€/h]	10 [€/h]	50 [€/h]	30 [€/h]
Fertigungsgemeinkostensatz	25%		10%	

Der Materialgemeinkostensatz beträgt 5 %, der Verwaltungs- und Vertriebsgemeinkostensatz beläuft sich auf 10 %.

Sie erhalten eine Anfrage für einen Auftrag, der auf Maschinengruppe A (B; C; D) 3 Stunden (2 Stunden; 2,5 Stunden; 1 Stunde) bearbeitet wird. Weiterhin führt der Auftrag zu Materialeinzelkosten i.H. von 200 Euro, zu Fertigungseinzelkosten in Fertigungsstelle 1 i.H. von 100 Euro und zu Fertigungseinzelkosten in Fertigungsstelle 2 i.H. von 150 Euro. Sondereinzelkosten fallen nicht an.

Berechnen Sie die Materialkosten, die Fertigungskosten, die Herstellkosten und die Selbstkosten des Auftrags unter Verwendung der Maschinenstundensatzkalkulation.

Aufgabe 2.79 (**)

Die Lösung zu Aufgabe 2.79 finden Sie ab Seite 289.

Ein Elektronikunternehmen kalkuliert anhand der Maschinenstundensatzkalkulation das Elektronikgerät Red-Ray.

Ihnen liegen folgende Daten vor:

	Fertigungsstelle 1		Fertigungsstelle 2	
	Maschinen-gruppe A	Maschinen-gruppe B	Maschinen-gruppe C	Maschinen-gruppe D
Bearbeitungszeit	6 Stunden	2 Stunden	3 Stunden	1 Stunde
Maschinenstundensatz	40 [€/h]	X [€/h]	60 [€/h]	70 [€/h]
Fertigungsgemein-kostensatz	20 %		10 %	

- Materialeinzelkosten i.H. von 300 Euro pro Stück.
- Der Materialgemeinkostensatz beträgt 25%.
- Fertigungseinzelkosten in Fertigungsstelle 1 i.H. von 200 Euro pro Stück.
- Fertigungseinzelkosten in Fertigungsstelle 2 i.H. von 250 Euro pro Stück.
- Der Verwaltungs- und Vertriebsgemeinkostensatz beträgt insgesamt 5%.
- Die Zuschlagsgrundlage für die nicht maschinenabhängigen Fertigungsgemeinkosten stellen die zugehörigen Fertigungseinzelkosten dar.
- Die Zuschlagsgrundlage für die nicht maschinenabhängigen Materialgemeinkosten stellen die zugehörigen Materialeinzelkosten dar.
- Die Herstellkosten sind die Zuschlagsgrundlage für die Verwaltungs- und Vertriebsgemeinkosten.
- Die Fertigungskosten der Fertigungsstelle 1 betragen insgesamt 580 Euro pro Stück (Summe aus den Einzelkosten sowie den maschinenabhängigen und maschinenunabhängigen Fertigungsgemeinkosten).

a) Berechnen Sie die Materialkosten eines Elektronikgerätes.

b) Berechnen Sie den Maschinenstundensatz X der Maschinengruppe B (Fertigungsstelle 1).

c) Berechnen Sie die Fertigungskosten pro Stück in der Fertigungskostenstelle 2.

d) Berechnen Sie die Herstellkosten und die Selbstkosten des Elektronikgerätes.

Aufgabe 2.80 (***)

Die Lösung zu Aufgabe 2.80 finden Sie ab Seite 289.

Die Heckenbauer & Boeneß AG produziert zwei Arten von Fußbällen: Den originalen FIFA WM Ball 2018 und eine kleine Nachbildung dieses Balles in Handballgröße. Der Produktionsablauf sieht wie folgt aus:

1. Dem Materiallager werden zwei Stücke Leder entnommen, und zwar ein großes Stück im Wert von 6 Euro für einen Originalball und ein kleines Stück im Wert von 4 Euro für eine Nachbildung.
2. In Fertigungskostenstelle 1 werden auf den Maschinen A und B zunächst Sechsecke aus den Lederstücken gestanzt. Danach unterzieht der in FKS 1 beschäftigte Lehrling Latthäus die Lederstücke einer Qualitätskontrolle. Herr Latthäus wird nach Geldakkord mit 50 Cent pro Originalball und 25 Cent pro Nachbildung bezahlt.
3. In Fertigungskostenstelle 2 werden auf den Maschinen C und D die Sechsecke zusammengenäht. Danach verpackt der in FKS 2 beschäftigte Werkstudent Glinsmann jeden Ball in einen Karton. Herr Glinsmann wird ebenfalls nach Geldakkord bezahlt. Er erhält 30 Cent pro Originalball und 20 Cent pro Nachbildung.

Folgende Personalgemeinkosten fallen in den Unternehmensbereichen im Jahr an:

Unternehmensbereich	Personalkosten pro Jahr (€)
FKS 1	100.000
FKS 2	90.000
Materiallager	80.000
Verwaltung	70.000
Vertrieb	60.000

Die Maschinenlaufzeiten und Abschreibungsbeträge der verschiedenen Maschinen pro Jahr sind folgender Tabelle zu entnehmen:

Maschine	Laufzeit pro Jahr (Min.)	Abschreibung pro Jahr (€)
A	100.000	12.000
B	150.000	15.000
C	200.000	17.000
D	300.000	19.000

Zur Heckenbauer & Boeneß AG gehört auch ein Kraftwerk, welches den für die Maschinen benötigten Strom erzeugt. Da das Kraftwerk voll automatisiert läuft, fallen für seinen Betrieb jährlich lediglich Abschreibungen i.H. von 200.000 Euro an.

Das Kraftwerk produziert insgesamt 100.000 Kilowattstunden Strom im Jahr, die sich wie folgt auf die einzelnen Maschinen verteilen:

Maschine A verbraucht 25.000 kWh.

Maschine B verbraucht 30.000 kWh.

Maschine C verbraucht 35.000 kWh.

Maschine D verbraucht 10.000 kWh.

Die Heckenbauer & Boeneß AG produziert 50.000 Originalbälle und 100.000 Nachbildungen pro Jahr. Ein Originalball beansprucht Maschine A für 2 Min. und Maschine C für 4 Min. Eine Nachbildung beansprucht Maschine B für 1,5 Min. und Maschine D für 3 Min.

Berechnen Sie unter Zuhilfenahme des beigefügten Formulars die Selbstkosten eines Originalballs und einer Nachbildung.

	Kraftwerk	FKS 1		FKS 2		Material	Verwaltung	Vertrieb
		A	B	C	D			
Primäre Kosten								
Abschreibungen	200.000	12.000	15.000	17.000	19.000			
Personalkosten		100.000		90.000		80.000	70.000	60.000
Sekundäre Kosten								
Innerbetriebliche Leistungsverrechnung								
Endkosten								
Maschinenzeitabhängig								
Maschinenzeitunabhängig		100.000		90.000		80.000	70.000	60.000
Zuschlagsbasis								
Maschinenminuten		100.000	150.000	200.000	300.000			
Stelleneinzelkosten								
Herstellkosten								
Zuschlagsätze								
Maschinenminutensatz								
Gemeinkostensatz								

Aufgabe 2.81 (***)

Die Lösung zu Aufgabe 2.81 finden Sie ab Seite 292.

Die Stift AG verfügt über die Hauptkostenstellen „Material“ und „Fertigung“. In der Hauptkostenstelle „Fertigung“ gibt es nur eine Maschinengruppe. Diese Maschinengruppe trägt die Bezeichnung „MG“. Die Stift AG produziert ausschließlich die Produkte Alpha und Beta und kalkuliert diese anhand der Maschinenstundensatzkalkulation. Ihnen liegen die folgenden Informationen für das Jahr 2018 vor:

- Die Materialkosten (Summe aus den Materialeinzelkosten und den Materialgemeinkosten) der Stift AG betragen insgesamt 1.580.000 Euro.
- Die Fertigungskosten (Summe aus den Fertigungseinzelkosten sowie den maschinenlaufzeitabhängigen und maschinenlaufzeitunabhängigen Fertigungsgemeinkosten) der Stift AG betragen insgesamt 3.250.000 Euro.
- Die Zuschlagsgrundlage für die gesamten Materialgemeinkosten sind die Materialeinzelkosten. Der Zuschlagssatz für die Materialgemeinkosten beträgt 25%.
- Die Zuschlagsgrundlage für die maschinenlaufzeitunabhängigen Fertigungsgemeinkosten sind die Fertigungseinzelkosten.
- Für das Produkt Alpha betragen die Materialeinzelkosten pro Stück 5 Euro und die Fertigungseinzelkosten pro Stück 6 Euro.
- Die Produktion einer Einheit des Produktes Alpha beansprucht die Maschinengruppe MG für 6 Minuten und die Produktion einer Einheit des Produktes Beta beansprucht die Maschinengruppe MG für 4 Minuten.
- Es werden 20.000 Einheiten des Produktes Alpha produziert.
- Für die Hauptkostenstelle „Fertigung“ stellt sich der Betriebsabrechnungsbogen wie folgt dar:

Hauptkostenstelle Fertigung	
Endkosten:	
Maschinenlaufzeitabhängige Fertigungsgemeinkosten als Endkosten	1.500.000 €
Maschinenlaufzeitunabhängige Fertigungsgemeinkosten als Endkosten	750.000 €
Zuschlagsgrundlage:	
Maschinenminuten der Maschinengruppe MG	250.000
Fertigungseinzelkosten	???

a) Wie hoch sind die Materialeinzelkosten der Stift AG im Jahr 2018 insgesamt?

b) Wie hoch sind die Fertigungseinzelkosten der Stift AG im Jahr 2018 insgesamt?

c) Wie hoch sind die Herstellkosten für eine Einheit des Produktes Alpha?

d) Wie viele Einheiten des Produktes Beta produziert die Stift AG im Jahr 2018?

2.4 Leistungsrechnung

Die in diesem Kapitel angesprochenen Inhalte werden in dem Lehrbuch Schildbach/Homburg, Kosten- und Leistungsrechnung, im Abschnitt II.E behandelt.

Aufgabe 2.82

Die Lösung zu Aufgabe 2.82 finden Sie ab Seite 293.

Geben Sie an, ob folgende Aussagen richtig oder falsch sind.

Aussage		Richtig/Falsch
a)	Treuerabatte, die Kunden für die Bestellung mehrerer unterschiedlicher Produkte gewährt werden, stellen Gemeinerlöse dar und führen zu Zurechnungsproblemen bei der Ermittlung von Stückerlösen für ein einzelnes Produkt.	
b)	Erlösstellen können z.B. anhand geografischer, kundenspezifischer oder absatzorganisatorischer Kriterien gebildet werden.	
c)	Bestandserhöhungen an Erzeugnissen können im Rahmen der Kosten- und Leistungsrechnung sowohl mit Kosten als auch mit um gegebenenfalls noch anfallenden Fertigungs- und/oder Vertriebskosten verminderten Absatzpreisen bewertet werden.	
d)	In der Erlösartenrechnung wird eine Trennung in Einzel- und Gemeinerlöse vorgenommen.	

Aufgabe 2.83 (**)

Die Lösung zu Aufgabe 2.83 finden Sie ab Seite 294.

Die „SuperReifen AG“ produziert Sommer- und Winterreifen, die an Autohersteller und Reifenhändler verkauft werden. Die Preise und Absatzmengen des letzten Quartals betragen:

	Preis [€/Stück]	an Kundengruppen verkaufte Menge [Stück]	
		Autohersteller	Reifenhändler
Sommerreifen	90	40.100	15.000
Winterreifen	110	12.000	4.400

Autohersteller erhalten einen Funktionsrabatt von 10% auf den Bruttoumsatz. Des Weiteren wurden auf 35% des gesamten Auftragsbruttoumsatzes (ABU = Bruttoumsatz – Funktionsrabatt) der Autohersteller ein Auftragsrabatt i.H. von 10% gewährt. Auf 10% des gesamten ABU der Reifenhändler wurde ein Auftragsrabatt von 5% eingeräumt.

Bei Zahlung innerhalb von 30 Tagen wird sowohl den Autoherstellern als auch den Reifenhändlern 2% Skonto auf den Auftragsnettoumsatz nach Abzug aller Rabatte gewährt.

Skonto wurde bei 40% der Auftragsnettoumsätze der Autohersteller und bei 20% der Auftragsnettoumsätze der Reifenhändler in Anspruch genommen.

a) Ermitteln Sie die Einzelerlöse, die Gemeinerlöse und den Gesamterlös der „SuperReifen AG“ des letzten Quartals.

b) Füllen Sie zur Erlösstellenrechnung nachfolgende Tabelle aus.

c) Berechnen Sie die Stückerlöse der Sommer- und Winterreifen.

	Erlösbetrag	Autohersteller		Reifenhändler	
		Sommer	Winter	Sommer	Winter
Absatzmengen [St.]	-				
Grundpreise [€]	-				
Einzelerlöse [€]					
Funktionsrabatte [€]					
Auftragsrabatte [€]					
Skonti [€]					
Summe [€]					

Aufgabe 2.84 (***)

Die Lösung zu Aufgabe 2.84 finden Sie ab Seite 296.

Der Design-Outlet „Alta Moda“ in Norditalien beliefert zwei renommierte Boutiquen: Eine im Zentrum Roms und eine weitere in einem Mailänder Edelviertel. In der vergangenen Saison waren besonders Herrenhandtaschen und Damenschuhe gefragt. Die folgende Tabelle gibt die Absatzpreise und Mengen dieser beiden Produktarten an die beiden Hauptabnehmer an:

Produktart	Händler in Rom	Händler in Mailand	Verkaufspreis je Stück
Herrenhandtaschen [Stück]	5.000	3.000	500 €
Damenschuhe [Stück]	12.000	8.000	120 €

a) Der Manager des Outlets bittet Sie als einzigen Controller des Unternehmens, die Einzelerlöse nach Kundengruppen und nach Produktarten zu beziffern sowie die Summe der Einzelerlöse zu ermitteln.

Während der Manager des Outlets auf den ersten Blick mit den umgesetzten Mengen sehr zufrieden ist, müssen Sie darauf hinweisen, dass der Gesamterlös allerdings mehr als eine Millionen Euro geringer als dieser Bruttoumsatz ist. Sie erklären Ihrem Vorgesetzten, dass dies an der aggressiven Preispolitik der vergangenen Saison liegt, denn aufgrund der Konkurrenz durch Imitate aus China hat die Marketingabteilung des Outlets den Händlern verschiedene Arten von Rabatten gewährt, um die beiden Hauptabnehmer nicht an die Konkurrenz zu verlieren. Ihr Chef möchte über diese Maßnahmen aufgeklärt werden und ruft den Verantwortlichen hinzu. In den hitzigen Verhandlungen mit den Händlern hat der Key-Account-Manager die gewährten Auftragsrabatte, Funktionsrabatte und Skonti (Erlösminderungen) jedoch nur bruchstückhaft dokumentiert. Er erinnert sich dunkel an folgende Daten:

Er gewährte beiden Händlern einen Funktionsrabatt auf den gesamten Bruttoerlös der Saison, der folgendermaßen gegliedert war:

Bruttoerlös $\leq$ 2.500.000 Euro $\rightarrow$ Y % Funktionsrabatt
Bruttoerlös $\geq$ 2.500.000 Euro $\rightarrow$ 12 % Funktionsrabatt

Leider weiß er nicht mehr, wie hoch der **Funktionsrabatt** für einen Bruttoerlös von weniger als 2.500.000 Euro war. Er ist sich aber sicher, dass die Summe der Funktionsrabatte für beide Kunden 718.800 Euro betrug.

Zudem gestand Ihr Kollege einen **Auftragsrabatt** auf den Auftragsbruttoumsatz (ABU = Bruttoumsatz - Funktionsrabatte) zu. Die Prozentsätze, die die Kunden verlangten, sind Ihrem Kollegen ebenfalls entfallen. Allerdings findet er noch die Gesamterlöse nach Abzug aller Rabatte für die jeweiligen Händler. Der Bruttoumsatz nach Abzug aller Rabatte (= Auftragsnettoumsatz) für den Händler in Rom belief sich auf 3.293.840 Euro und jener für den Händler in Mailand auf 2.059.020 Euro.

Je nach Zahlungszeitpunkt wurde schließlich im Falle einer fristgerechten Zahlung **Skonto** auf den Bruttoumsatz nach Abzug aller Rabatte gewährt. Der Händler aus Rom erhielt 3% Skonto, der aus Mailand 4%. Während dieser seine Rechnungen allerdings nur in 10 % der Fälle innerhalb der Zahlungsfrist beglich, tat dies der Händler aus Rom in 50% der Fälle.

b) Wie hoch war der Funktionsrabatt für einen Bruttoumsatz kleiner als 2.500.000 Euro? Welche Prozentsätze wurden für die Auftragsrabatte angesetzt? Ihr Chef verlangt eine Aufstellung der Erlösminderung und möchte den Wert für die gesamten Gemeinerlöse sowie für den Gesamterlös der vergangenen Saison wissen.

Ihrem Vorgesetzten sind diese Ergebnisse nicht aussagefähig genug. Er möchte Transparenz in die Ertragssituation bringen und verlangt von Ihnen die genaue Zurechnung der Erlösminderungen auf die beiden Produktarten, damit er deren Profitabilität bewerten kann.

c) Sie sollen die dafür benötigten Stückerlöse für die Herrentaschen und Damenschuhe mithilfe einer Erlösstellenrechnung (siehe folgende Tabellen) ermitteln.

	Händler in Mailand		Händler in Rom	
Rabatte	Herrentaschen	Damenschuhe	Herrentaschen	Damenschuhe
Bruttoumsatz				
Funktionsrabatte				
Auftragsbruttoumsatz				
Auftragsrabatte				
Auftragsnettoumsatz				
Skonti				
Bruttoerlös nach sämtlichen Rabatten				
Summe aller Erlösminderungen				

Alle Angaben in Euro [€].

	Händler in Mailand		Händler in Rom	
	Herrentaschen	Damenschuhe	Herrentaschen	Damenschuhe
Umsatzerlöse = Einzelerlöse				
Erlösminderungen = Gemeinerlöse				
Gesamterlöse				
Stückerlöse				

Alle Angaben in Euro [€].

d) In Zukunft möchte Ihr Chef die Marketinganstrengungen des Unternehmens auf ein Produkt fokussieren und bittet Sie um Ihre Einschätzung. Welche Produktart sollte das Unternehmen in der nächsten Saison verstärkt absetzen, wenn als Vergleichskriterium der Stückdeckungsbeitrag herangezogen werden soll? Herrenhandtaschen kosten in der Produktion 200 Euro, während die Herstellkosten für Damenschuhe 90 Euro betragen.

Aufgabe 2.85 (***)

Die Lösung zu Aufgabe 2.85 finden Sie ab Seite 300.

Die Maris KG stellt Neoprenanzüge in den Varianten „Standard“ und „Luxus“ her. Beide Varianten werden sowohl an Großhändler (G) als auch an Einzelhändler (E) verkauft. Die jeweiligen Absatzmengen können der folgenden Tabelle entnommen werden:

Variante	Grundpreis [€/Stück]	an Einzelhändler verkaufte Menge [Stück]	an Großhändler verkaufte Menge [Stück]
Standard	80	3.000	5.000
Luxus	100	2.000	7.000

Den Einzelhändlern wird auf den Grundpreis ein Funktionsrabatt i.H. von 12% eingeräumt. Sofern der Gesamtwert eines einzelnen Auftrags einen bestimmten Betrag übersteigt, erhalten die Einzelhändler zusätzlich einen Mengenrabatt von 5% auf den Auftragsbruttoumsatz (ABU = Bruttoumsatz – Funktionsrabatt). Dieser Mengenrabatt wurde bei 50% der mit Einzelhändlern erzielten Umsätze gewährt. Schließlich wird einem Einzelhändler bei Zahlung innerhalb von 10 Tagen 2% Skonto auf den Rechnungsbetrag nach Abzug aller Rabatte gewährt, was bei 10% der mit den Einzelhändlern erzielten Umsätze eintrat.

a) Ermitteln Sie die Stückerlöse der Variante „Standard für die an Einzelhändler verkaufte Menge.

b) Beim Lüften ist eine vergleichbare Rechnung für die Großkunden leider aus dem Fenster geflogen. Der Chefcontroller erinnert sich lediglich an folgende Informationen:
Der mit den Großhändlern für beide Varianten erzielte Auftragsbruttoumsatz beläuft sich auf 935.000 Euro. Bei 25% der Rechnungsbeträge der an Großhändler gerichteten Rechnungen wurde Skonto i.H. von 5% des Rechnungsbetrages gewährt. Insgesamt wurden den Großhändlern 10.752,50 Euro Skonto gewährt. Der den Großhändlern eingeräumte Mengenrabatt beträgt 10% vom Auftragsbruttoumsatz.

   b1) Bestimmen Sie die Höhe des den Großhändlern gewährten Funktionsrabatts in Prozent vom mit den Großhändlern erzielten Umsatz.

   b2) Ermitteln Sie den Anteil der mit Großhändlern erzielten Auftragsbruttoumsätze, auf die Mengenrabatte gewährt wurden.

Aufgabe 2.86 (***)

Die Lösung zu Aufgabe 2.86 finden Sie ab Seite 301.

Die Print AG verkauft Drucker und Kopierer an Privat- und Geschäftskunden. Die Absatzmengen und Preise des Jahres 2018 können folgender Tabelle entnommen werden:

	Preis	Kundengruppe	
		Privatkunden	Geschäftskunden
Drucker	450 € / Stück	???	700 Stück
Kopierer	1.200 € / Stück	???	500 Stück

Alle Geschäftskunden erhielten einen Funktionsrabatt von 20% auf den Bruttoumsatz.

Des Weiteren wurden den Geschäftskunden folgende Auftragsrabatte auf den Auftragsbruttoumsatz (ABU = Bruttoumsatz – Funktionsrabatt) gewährt:

- Auf 40% des ABU der Geschäftskunden wurde ein Auftragsrabatt in Höhe von 5% gewährt.
- Auf 15% des ABU der Geschäftskunden wurde ein Auftragsrabatt in Höhe von 10% gewährt.

Privatkunden erhalten weder Funktions- noch Auftragsrabatt.

Zudem wurden auf 40% aller mit Privat- und Geschäftskunden erzielten Nettoumsätze 2% Skonto gewährt. Die Gemeinerlöse durch Skonto beliefen sich im Jahr 2018 auf 9.651,04 Euro.

a) Wie hoch ist der Nettoumsatz (Umsatz nach Abzug aller Funktions- und Auftragsrabatte) im Jahr 2018?

b) Wie hoch sind die durch die Gewährung des Auftragsrabatts und des Funktionsrabatts verursachten Gemeinerlöse im Jahr 2018?

c) Wie hoch sind die mit den Privatkunden erzielten Einzelerlöse (Umsatzerlöse) im Jahr 2018?

2.5 Erfolgsrechnung auf Basis von Kosten und Leistungen

Die in diesem Kapitel angesprochenen Inhalte werden in dem Lehrbuch Schildbach/Homburg, Kosten- und Leistungsrechnung, im Abschnitt II.F behandelt.

Aufgabe 2.87

Die Lösung zu Aufgabe 2.87 finden Sie ab Seite 302.

Geben Sie an, ob folgende Aussagen richtig oder falsch sind.

Aussage		Richtig/Falsch
a)	Die gesamten Istleistungen der Periode ergeben sich als Summe aus Umsatzerlösen und Lagerbestandszunahmen der Periode.	
b)	Das Gesamt- und Umsatzkostenverfahren unterscheiden sich im Hinblick auf das der Rechnung zugrunde liegende Mengengerüst dadurch, dass im Umsatzkostenverfahren nur die abgesetzte Menge berücksichtigt wird, während das Gesamtkostenverfahren von der Produktionsmenge ausgeht.	
c)	Beim Umsatzkostenverfahren werden die gesamten in einer Periode angefallenen Kosten erfasst.	
d)	Ziel der Kostenträgerzeitrechnung ist die Ermittlung der Kosten einer Produkteinheit.	
e)	Bei Anwendung des Gesamtkostenverfahrens ergibt sich das Bruttoergebnis als Differenz aus Umsatzerlösen und Herstellkosten der abgesetzten Produkte.	
f)	Die Kostenträgerstückrechnung kann entweder unter Verwendung des Gesamtkostenverfahrens oder unter Verwendung des Umsatzkostenverfahrens durchgeführt werden.	
g)	Die Ermittlung eines sachzielbezogenen Periodenerfolgs ist Ziel der Kostenträgerstückrechnung.	
h)	Bei Anwendung des Gesamtkostenverfahrens können die Herstellkosten eines Produkts problemlos den Erlösen dieses Produkts gegenübergestellt werden.	
i)	Nur das Umsatzkostenverfahren erfordert eine Kostenträgerstückrechnung.	

Aufgabe 2.88 (*)

Die Lösung zu Aufgabe 2.88 finden Sie ab Seite 303.

Die Seidenschwarz GmbH produziert die drei Stoffarten „Ausbrenner“, „Seidensatin“ und „Taft“. Die relevanten Daten sind in folgender Tabelle zusammengefasst worden:

Modell	Produktionsmenge $[m^2]$	Absatzmenge $[m^2]$	Preis [€/m^2]	Herstellkosten [€/m^2]
Ausbrenner	25.000	22.500	15,00	8,90
Seidensatin	27.000	27.000	13,50	7,50
Taft	34.000	34.000	21,00	10,40

Es fallen Verwaltungskosten i.H. von 164.550 Euro und Vertriebskosten i.H. von 171.300 Euro an, die proportional zu den Herstellkosten auf die Kostenträger umgelegt werden. Berechnen Sie den Periodenerfolg nach dem Umsatzkostenverfahren.

Aufgabe 2.89 (***)

Die Lösung zu Aufgabe 2.89 finden Sie ab Seite 304.

Lesprit ist ein international anerkannter Hersteller von Designer-Hemden und fertigt die beiden Modelle „Mister“ und „Signor“. Die Produktions- und Absatzmengen sowie die Verkaufspreise des Monats Juli können folgender Tabelle entnommen werden.

Modell	Absatzmenge [ME]	Produktionsmenge [ME]	Preis [€/ME]
Mister	5.000	4.000	105
Signor	7.000	???	70

Bezüglich der Produktionsmenge des Modells „Signor“ kann man Ihnen nur mitteilen, dass nicht alle der im Juli produzierten Hemden dieses Modells abgesetzt werden konnten. Weiterhin ist bekannt, dass im Monat Juli die Herstellkosten je Stück für „Mister“ um 50% höher sind als die des Modells „Signor“. Im Juni, also im Vormonat, beliefen sich die Herstellkosten des Modells „Mister“ auf 55 Euro/ME.

a) Bei Anwendung des Umsatzkostenverfahrens ergibt sich ein Bruttoergebnis (Ergebnis vor Verwaltungs- und Vertriebskosten) i.H. von 440.000 Euro.

 a1) Bestimmen Sie die Herstellkosten der abgesetzten Produkte.

 a2) Bestimmen Sie für jedes der beiden Modelle die Herstellkosten je Stück für den Monat Juli.

b) Wird der kalkulatorische Periodenerfolg des Monats Juli mit dem Gesamtkostenverfahren bestimmt, beträgt die Summe aus Umsatz und Saldo der Bestandsveränderungen 1.000.000 Euro. Bestimmen Sie die Produktionsmenge des Modells „Signor“.

Aufgabe 2.90 (**)

Die Lösung zu Aufgabe 2.90 finden Sie ab Seite 305.

Das Textilunternehmen „Clark“ fertigt Hemden, Hosen und Sakkos, die über Herrenausstatter vertrieben werden. Folgende Tabelle enthält die für die Kostenrechnung relevanten Produktdaten für den Monat Juli:

Produkt	Produktionsmenge [Stück]	Absatzmenge [Stück]	Herstellkosten [€/Stück]	Verkaufspreis [€/Stück]
Hemd	3.000	3.250	38,10	69,00
Hose	4.500	4.000	40,75	89,00
Sakko	2.500	2.750	71,25	199,00

In den Herstellkosten des Monats Juli sind diverse Kostenpositionen enthalten: Die Materialkosten betrugen 124.000 Euro und die Akkordlöhne (ohne Mindestlöhne) 100.250 Euro. Die Abschreibungen beliefen sich auf 117.500 Euro, die Kosten für Mindestlöhne auf 115.000 Euro, die Gehälter auf 120.000 Euro. Die Energiekosten summierten sich auf 18.347 Euro, die sonstigen Kosten betrugen 9.169 Euro. Im Juni, also im Vormonat, beliefen sich die Herstellkosten auf 37,50 Euro (42,00 Euro; 74,30 Euro) pro Hemd (pro Hose; pro Sakko).

a) Bestimmen Sie das Betriebsergebnis für den Monat Juli unter Verwendung des Gesamtkostenverfahrens.

b) Erläutern Sie kurz die zwischen dem Gesamtkostenverfahren und dem Umsatzkostenverfahren bestehenden Unterschiede in Bezug auf das der jeweiligen Rechnung zugrunde liegende Mengengerüst und die Art des Kostenausweises.

Aufgabe 2.91 (**)

Die Lösung zu Aufgabe 2.91 finden Sie ab Seite 306.

Die Karibo GmbH produziert Lakritz, Gummibärchen und Lutscher, die jeweils in 200 g-Tüten verkauft werden. Die relevanten Daten für den Monat Januar sind in folgender Tabelle angegeben:

Modell	Produktionsmenge [Tüten]	Absatzmenge [Tüten]	Preis [€/Tüte]	Herstellkosten [€/Tüte]
Lakritz	850.000	850.000	0,90	0,50
Gummibärchen	1.000.000	1.200.000	0,70	0,40
Lutscher	650.000	640.000	1,20	0,80

Im Januar sind Verwaltungskosten i.H. von 275.450 Euro und Vertriebskosten i.H. von 146.550 Euro angefallen, die den Kostenträgern proportional zu den Herstellkosten zugerechnet werden. Die Herstellkosten beliefen sich im Dezember, also im Vormonat, auf 0,85 Euro (0,45 Euro; 0,70 Euro) pro Tüte Lakritz (pro Tüte Gummibärchen; pro Tüte Lutscher).

Berechnen Sie das Bruttoergebnis und den kalkulatorischen Periodenerfolg für den Monat Januar unter Verwendung des Umsatzkostenverfahrens.

Aufgabe 2.92 (**)

Die Lösung zu Aufgabe 2.92 finden Sie ab Seite 306.

Ein Zulieferunternehmen für die Automobilbranche hat sich auf die Produktion von Airbags spezialisiert, die vornehmlich an Automobilhersteller in Süddeutschland geliefert werden. Das Zuliefererunternehmen fertigt Fahrer-, Beifahrer- und Seitenairbags. Folgende Tabelle enthält die für die Kostenrechnung relevanten Produktdaten für den Monat Oktober:

Modell	Produktionsmenge [Stück]	Absatzmenge [Stück]	Herstellkosten [€/Stück]	Verkaufspreis [€/Stück]
Fahrerairbag	5.500	5.500	95,00	110,00
Beifahrerairbag	4.500	5.000	72,00	90,00
Seitenairbag	2.000	1.800	115,00	130,00

Die Verwaltungs- und Vertriebskosten beliefen sich für den Monat Oktober auf insgesamt 141.500 Euro. Im September, also im Vormonat, betrugen die Herstellkosten 90,00 Euro (68,00 Euro; 120,00 Euro) pro Fahrerairbag (pro Beifahrerairbag; pro Seitenairbag).

In den Herstellkosten des Monats Oktober sind diverse Kosten enthalten. Die Löhne und Gehälter betrugen insgesamt 410.000 Euro, die Kosten für Abschreibungen 120.000 Euro. Kapitalkosten wurden i.H. von 30.000 Euro angesetzt. Die sonstigen Kosten beliefen sich auf 25.000 Euro. Die Materialkosten sind Ihnen jedoch unbekannt und sollen später in Aufgabenteil b) ermittelt werden.

Bei der Erfassung der Kosten und Leistungen werden bei der Anwendung beider Verfahren die gleichen Prämissen zugrunde gelegt.

a) Bestimmen Sie das kalkulatorische Betriebsergebnis für den Monat Oktober unter Verwendung des Umsatzkostenverfahrens.

b) Ermitteln Sie das kalkulatorische Betriebsergebnis mit dem Gesamtkostenverfahren. Wie hoch sind die unbekannten Materialkosten?

Aufgabe 2.93 (**)

Die Lösung zu Aufgabe 2.93 finden Sie ab Seite 307.

Die Fillipus AG produzierte im Dezember die zwei Monitorarten „Superflat“ und „Gigaplasma“. Die relevanten Daten finden Sie in folgender Tabelle:

Modell	Produktionsmenge [Stück]	Absatzmenge [Stück]	Preis [€/Stück]	Herstellkosten [€/Stück]
Superflat	1.000	1.200	500	300
Gigaplasma	500	400	1.000	700

Die Herstellkosten der sich noch aus der Novemberproduktion auf Lager befindlichen Monitore betrugen 320 Euro/Stück für das Modell Superflat und 720 Euro/Stück für das Modell Gigaplasma. Aus der Kostenartenrechnung des Monats Dezember können Sie folgende Informationen entnehmen:

Materialkosten:	350.000 €
Löhne und Gehälter:	300.000 €
Energiekosten:	50.000 €
Abschreibungen:	80.000 €
Kapitalkosten:	50.000 €

Die Endkosten der Kostenstelle Verwaltung betrugen 100.000 Euro. Die Vertriebskosten hatten eine Höhe von 80.000 Euro.

a) Berechnen Sie den Periodenerfolg nach dem Umsatzkostenverfahren.

b) Berechnen Sie den Periodenerfolg nach dem Gesamtkostenverfahren.

c) Wann können die Ergebnisse voneinander abweichen?

Aufgabe 2.94 (**)

Die Lösung zu Aufgabe 2.94 finden Sie ab Seite 308.

Die Zuliefer KG fertigt 3 Produkte, die an Automobilkonzerne geliefert werden. Die kostenrechnerisch relevanten Produktdaten sind folgender Tabelle zu entnehmen:

Modell	Produktionsmenge [Stück]	Absatzmenge [Stück]	Herstellkosten [€/Stück]	Verkaufspreis [€/Stück]
A	32.000	35.000	15,75	25,00
B	28.000	27.500	13,35	28,50
C	20.000	20.000	22,40	35,50

Die Herstellkosten pro Stück der Vorperiode belaufen sich auf 15,50 Euro (12,30 Euro; 19,00 Euro) für Produkt A (B; C).

In den Herstellkosten der Periode sind insgesamt 194.000 Euro Materialkosten und 437.200 Euro Akkordlöhne (alle Angaben in geeigneten Leistungseinheiten [LE] ohne Mindestlöhne) enthalten. Für Mindestlöhne sind 267.000 Euro und für Gehälter 151.000 Euro an Kosten angefallen. Die Abschreibungen der Periode beliefen sich auf 252.375 Euro. Die Energiekosten betrugen 9.363 Euro, die sonstigen Kosten 147.442 Euro.

Die Verwaltungskosten beliefen sich auf 99.435 Euro, im Vertriebsbereich sind Kosten i.H. von 33.145 Euro angefallen.

a) Verdeutlichen Sie, warum Gesamt- und Umsatzkostenverfahren bei Anwendung der gleichen Prämissen zur Kosten- und Leistungserfassung zu den gleichen Ergebnissen führen.

b) Berechnen Sie den kalkulatorischen Erfolg der letzten Periode nach dem Gesamtkostenverfahren.

Umsatz	
+ Bestandserhöhungen	
- Bestandsminderungen	
- Materialkosten	
- Personalkosten	
- Abschreibungen	
- Energiekosten	
- Sonstiges	
= kalkulatorisches Betriebsergebnis	

c) Berechnen Sie den kalkulatorischen Erfolg der letzten Periode nach dem Umsatzkostenverfahren.

Umsatz	
- Herstellkosten des Umsatzes	
= Bruttoergebnis	
- Verwaltungskosten	
- Vertriebskosten	
= kalkulatorisches Betriebsergebnis	

Aufgabe 2.95 (***)

Die Lösung zu Aufgabe 2.95 finden Sie ab Seite 309.

Im Folgenden soll eine Istkostenrechnung auf Vollkostenbasis für die vergangene Periode durchgeführt werden. Das zu betrachtende Unternehmen setzt sich aus einem Service-, einem Fertigungs-, einem Verwaltungs- und einem Vertriebsbereich zusammen. Der Servicebereich besteht aus den Kostenstellen KS 1 (Werkstatt), KS 2 (Kraftwerk) und KS 3 (Transport). Zum Fertigungsbereich gehören die Kostenstellen KS 4 (Fertigungsstelle) und KS 5 (Materiallager). Der Verwaltungsbereich wird durch die Kostenstelle KS 6, der Vertriebsbereich durch die Kostenstelle KS 7 gebildet.

Insgesamt werden zwei Produktarten (n = 1 und n = 2) gefertigt und abgesetzt.

Die Produktions- und Absatzzahlen sowie die aus der Erlösrechung entnommenen Stückerlöse der vergangenen Periode sind aus der nachfolgenden Tabelle ersichtlich:

	Produktart	
	n = 1	n = 2
Ist-Produktionsmenge [ME]	1.900	4.500
Ist-Absatzmenge [ME]	1.800	4.100
Ist-Stückerlöse [€]	92,00	125,00

Für die Fertigung der beiden Produktarten ($n = 1, 2$) werden drei Rohstoffe ($m = 1, 2, 3$) sowie sonstige Betriebs- und Hilfsstoffe ($m = 4$) verwendet.

Nachstehend sind die Ist-Direktverbrauchskoeffizienten v_{mn} dieser Kostenarten bezüglich der n-ten Produktart aufgeführt (der Direktverbrauchskoeffizient v_{mn} besagt, wie viele Mengeneinheiten der jeweiligen Kostenart pro ME der jeweiligen Produktart benötigt wurden).

Kostenart	Ist-Direktverbrauchskoeffizienten	
	n = 1	n = 2
m = 1 [kg/ME]	3	3
m = 2 [kg/ME]	4	1
m = 3 [kg/ME]	1,2	5,2
m = 4 [kg/ME]	0,1	0,15

Die Ist-Einstandspreise r_m dieser Kostenarten lauten:

Kostenart	Ist-Einstandspreis
m = 1 [€/kg]	6,50
m = 2 [€/kg]	3,60
m = 3 [€/kg]	11,20
m = 4 [€/kg]	0,60

Die Ist-Fertigungslohnkosten [€/h] für die in KS 4 eingesetzten Arbeiter (m = 5) und Gesellen (m = 6) können folgender Tabelle entnommen werden:

Kostenart	variable Lohnkosten
m = 5 [€/h]	21,50
m = 6 [€/h]	31,00

Für die Fertigung der ersten Produktart wurden 1 Arbeiter und 1 Geselle gleichzeitig benötigt, für die Fertigung der zweiten Produktart 3 Arbeiter und 1 Geselle:

Kostenart	Anzahl Arbeitskräfte je Produktart	
	n = 1	n = 2
m = 5 (Arbeiter)	1	3
m = 6 (Geselle)	1	1

Die Ist-Stückfertigungszeiten je ME der n-ten Produktart betragen:

	Produktart	
	n = 1	n = 2
Ist-Stückfertigungszeit [Min/ME]	2,0	1,2

Auf der folgenden Seite ist der Betriebsabrechnungsbogen (BAB) des Unternehmens abgebildet, dem Sie die restlichen Kostengrößen entnehmen können. Die Beziehungen zwischen den Kostenstellen bezüglich der Lieferungen von innerbetrieblichen Gütern können Sie nachfolgender Verflechtungsmatrix entnehmen.

		Empfangende Kostenstelle							
Leistende Kostenstelle	von \ an	KS 1	KS 2	K2 3	KS 4	KS 5	KS 6	KS 7	Summe
	KS 1 [h]	-	-	13,80	77,05	24,15	-	-	115
	KS 2 [kWh]	33.960	62.260	73.580	254.700	45.280	67.920	28.300	566.000
	KS 3 [km]	4,52	-	-	24,86	70,06	-	13,56	113

Alle Angaben in geeigneten Leistungseinheiten [LE]

a) Ermitteln Sie die Material- und Fertigungseinzelkosten je ME der beiden Produktarten.

b) Verteilen Sie die Gebäude- und Heizkosten möglichst beanspruchungsgerecht auf die Kostenstellen und ermitteln Sie dann die gesamten primären Gemeinkosten der einzelnen Kostenstellen.

c) Bestimmen Sie zur Durchführung der Sekundärkostenrechnung mittels des BAB unter Anwendung eines geeigneten Verfahrens die Gesamtkosten und anschließend die Endkosten der einzelnen Kostenstellen.

d) Ermitteln Sie nun anhand des BAB die Zuschlagssätze für die Kostenträgerrechnung. Als Zuschlagsbasis für die Materialgemeinkosten sollen die Materialeinzelkosten, als Zuschlagsbasis für die Fertigungsgemeinkosten die Fertigungseinzelkosten und als Zuschlagsbasis für die Verwaltungs- und Vertriebsgemeinkosten jeweils die Herstellkosten des Umsatzes (entspricht den Herstellkosten der abgesetzten Produkte) dienen. Sind diese Zuschlagsgrundlagen Ihrer Meinung nach geeignet, die Gemeinkosten beanspruchungsgerecht auf die Produkte zu verrechnen?

e) Bestimmen Sie anhand der elektiven Zuschlagskalkulation die Selbstkosten der beiden Produkte.

f) Ermitteln Sie anhand der Ihnen vorliegenden Daten den Periodenerfolg des Unternehmens (wobei die ggf. zu berücksichtigenden Lagerbestandsveränderungen zu Herstellkosten bewertet werden sollen) nach dem Gesamtkostenverfahren und dem Umsatzkostenverfahren.

Betriebsabrechnungsbogen zu Aufgabe 2.95.

Betriebsabrechnungsbogen (Ist-Vollkostenrechnung)			**Kostenstellen**						
			Servicebereich			Fertigungsbereich		Allg. Bereich	
			Werkstatt	Kraftwerk	Transport	Fertigung	Materiallager	Verwaltungsstelle	Vertriebsstelle
Kostenarten	Betrag	Schlüsselgröße	KS 1	KS 2	KS 3	KS 4	KS 5	KS 6	KS 7
Personalkosten	79.800		3.500	11.100	4.200	21.000	6.500	22.500	11.000
kalk. Abschreibungskosten	81.500		1.200	3.200	2.100	39.000	11.000	14.000	11.000
Fremdreparaturkosten	2.500		0	0	0	2.500	0	0	0
Gebäudekosten	31.000								
ME Schlüsselgröße	5.000	Fläche in m^2	300	400	200	2.000	1.200	700	200
Heizkosten	6.000								
ME Schlüsselgröße	20.000	Raum in m^2	900	1.200	500	7.200	8.000	1.750	450
sonstige primäre GK	49.400		4.500	5.500	3.700	21.000	4.500	5.000	5.200
Summe primäre GK	**250.200**								
Sekundärkostenrechnung									
Umlage KS 1									
Umlage KS 2									
Umlage KS 3									
Gesamtkosten									
Entlastung									
Endkosten									
Zuschlagsbasis									
Zuschlagssatz									

(Alle Angaben in Euro ([€]))

Aufgabe 2.96 (***)

Die Lösung zu Aufgabe 2.96 finden Sie ab Seite 318.

Die Forst GmbH ist ein mittelständischer Hersteller von Tischen und Stühlen. Aus der

Erfolgsrechnung für den Monat Oktober 2018 ist Ihnen Folgendes bekannt:

- Die Herstellkosten der abgesetzten Produkte betragen 100.000 Euro.
- Die Verwaltungs- und Vertriebskosten betragen 50.000 Euro.
- Die Lagerbestandszunahme ist mit 12.000 Euro bewertet.
- Der sachzielbezogene Periodenerfolg beträgt 41.000 Euro.

Die Absatzmengen, Produktionsmengen und Herstellkosten für Tische und Stühle für den Monat Oktober 2018 können der folgenden Tabelle entnommen werden:

Zu Anfang des Monats Oktober sind keine Tische oder Stühle auf Lager.

a) Wie viele Stühle werden im Oktober 2018 abgesetzt?

b) Wie hoch sind die Herstellkosten für einen Tisch im Oktober 2018 ?

c) Wie hoch sind die gesamten primären Kosten im Oktober 2018?

Produkt	Absatzmenge [ME]	Produktionsmenge [ME]	Herstellkosten [€/ME]
Tisch	500	500	HK_{Tisch}
Stuhl	X_{Stuhl}	1.500	30

Kapitel 3

Einführung in die Plankosten- und Planleistungsrechnung

3.1 Normalkostenrechnung

Die in diesem Kapitel angesprochenen Inhalte werden in dem Lehrbuch Schildbach/Homburg, Kosten- und Leistungsrechnung, im Abschnitt III.A behandelt.

Aufgabe 3.1

Die Lösung zu Aufgabe 3.1 finden Sie ab Seite 319.

Geben Sie an, ob folgende Aussagen richtig oder falsch sind.

Aussage		Richtig/Falsch
a)	Die Normalkostenrechnung ist zukunftsorientiert und rechnet mit normalisierten Werten.	
b)	Als Vorteile der Normalkostenrechnung können Schnelligkeit, Glättung und gute Eignung für Kontrolle und Planung genannt werden.	
c)	Wird die innerbetriebliche Leistungsverrechnung auf Basis normalisierter Kosten durchgeführt, findet immer eine vollständige Überwälzung der Kosten der Hilfskostenstellen auf die Hauptkostenstellen statt.	

d)	Die Verwendung normalisierter, historischer Zuschlagssätze zur Durchführung einer normalisierten Kostenträgerstückrechnung ist im Vergleich zur Verwendung von Zuschlagssätzen, die auf den Ergebnissen der in der aktuellen Periode durchgeführten normalisierten Sekundärkostenrechnung basieren, mit dem Vorteil verbunden, ein Produkt bereits während der aktuellen Periode kalkulieren zu können.	
e)	Die Verwendung normalisierter Preise erleichtert die Bewertung des Verbrauchs von Roh-, Hilfs- und Betriebsstoffen erheblich.	
f)	In der Normalkostenrechnung ist die Summe der primären Kosten aller Kostenstellen stets identisch mit der Summe der Endkosten der Hauptkostenstellen.	
g)	Die Normalkostenrechnung ist eine Vorstufe der Plankostenrechnung.	

Aufgabe 3.2 (**)

Die Lösung zu Aufgabe 3.2 finden Sie ab Seite 321.

Ein Unternehmen hat bisher nur die Istkostenrechnung verwendet und möchte nun die Normalkostenrechnung nutzen, um die Kosten der Produkte bereits zu Beginn der Periode kalkulieren zu können. Hierzu dienen die folgenden Daten der letzten fünf Jahre (Angabe der Gemeinkosten in Euro):

Jahr	2014	2015	2016	2017	2018
KS 1 Kraftwerk					
Gemeinkosten	2.400	2.100	2.050	2.090	1.785
kWh	8.000	7.500	8.200	9.500	8.500
KS 2 Transport					
Gemeinkosten	11.544	13.815	15.385	14.280	13.488
Transportmeter	96.200	92.100	90.500	89.250	89.920
KS 3 Bauteile					
Gemeinkosten	22.479	26.250	24.766	29.700	27.492
Menge [Stück]	762	840	812	880	790

a) Berechnen Sie die normalisierten Verrechnungspreise $\bar{q}_1$, $\bar{q}_2$ und $\bar{q}_3$ für die innerbetrieblichen Leistungen der Hilfskostenstellen Kraftwerk, Transport und Bauteile. (Hinweis: Runden Sie die Verrechnungspreise in Aufgabenteil a) auf 2 Nachkommastellen genau.)

Das Unternehmen besitzt neben den bereits genannten Kostenstellen auch zwei direkt an der Produktion des Endproduktes beteiligte Hauptkostenstellen Material und Fertigung.

Folgende innerbetriebliche Leistungsbeziehungen lagen zwischen den fünf Kostenstellen in den letzten fünf Jahren durchschnittlich vor (alle Angaben in Leistungseinheiten [LE]):

		Leistende Kostenstelle				
		KS 1	KS 2	KS 3	KS 4	KS 5
Empfangende Kostenstelle	KS 1	0	0	0	0	0
	KS 2	1.200	0	0	0	0
	KS 3	1.460	34.120	0	0	0
	KS 4	2.540	25.520	369	0	0
	KS 5	2.400	30.420	455	0	0

b) Führen Sie in der unten angegebenen Tabelle die innerbetriebliche Leistungsverrechnung mit den normalisierten Verrechnungspreisen durch.

	KS 1 Kraftwerk	KS 2 Transport	KS 3 Bauteile	KS 4 Material	KS 5 Fertigung
Summe primäre Gemeinkosten	1.748	13.105	21.829	52.861	65.171
KS 1 – Kraftwerk					
KS 2 – Transport					
KS 3 – Bauteile					
Gesamtkosten (bzw. Endkosten bei den HaKo)					
anderen Stellen zugerechnete Kosten (Summe der Entlastungen)				-	-
Über-/Unterdeckung (Differenz aus zugerechneten Kosten und Gesamtkosten)				-	-

Alle Angaben in Euro [€].

Die durchschnittlichen Materialeinzelkosten der letzten fünf Jahre betragen 124.000 Euro, die durchschnittlichen Fertigungseinzelkosten des Zeitraums betragen 172.500 Euro. Die in der Kostenstelle Verwaltung und Vertrieb durchschnittlich angefallenen Gemeinkosten von 42.270 Euro sollen auf Basis der Herstellkosten zugeschlagen werden. Für das Absatzprodukt fallen Materialeinzelkosten von 4 Euro und Fertigungseinzelkosten von 5,60 Euro pro Stück an.

c) Berechnen Sie die Selbstkosten des Absatzproduktes des Unternehmens. Führen Sie dazu eine Zuschlagskalkulation durch, bei der Sie die zuvor errechneten Endkosten der beiden Hauptkostenstellen Material und Fertigung als zuzuschlagende Gemeinkosten ansetzen.

Aufgabe 3.3 (***)

Die Lösung zu Aufgabe 3.3 finden Sie ab Seite 323.

Die Security Systems GmbH, ein Zulieferer der Sportwagen AG, besteht aus den zwei Hilfskostenstellen HiKo 1 und HiKo 2 und der Hauptkostenstelle HaKo 3. Die innerbetrieblichen Leistungsverflechtungen zwischen den drei Kostenstellen gestalten sich wie folgt:

Leistungsverflechtungen in Leistungseinheiten (LE)		Leistende Kostenstelle	
		HiKo 1	HiKo 2
Empfangende Kostenstelle	HiKo 1	10	12
	HiKo 2	5	0
	HaKo 3	10	48

Die primären Gemeinkosten der Kostenstellen betragen in Geldeinheiten (GE):

	HiKo 1	HiKo 2	HaKo 3
Summe der primären Gemeinkosten	192	720	500

a) Ermitteln Sie die Verrechnungspreise q_1 und q_2 für Leistungseinheiten (LE) der Hilfskostenstellen 1 und 2, welche sich aufgrund der Lieferbeziehungen und Gemeinkosten ergeben.

Anstatt einer exakten Verrechnung wird in der Security Systems GmbH die Normalkostenrechnung verwendet. Hierbei werden mit Hilfe von Vergangenheitswerten berechnete, normalisierte Verrechnungspreise verwendet. Es ergibt sich folgender Betriebsabrechnungsbogen:

		HiKo 1	HiKo 2	HaKo 3
Summe der primären Gemeinkosten		192	720	500
Innerbetriebliche Leistungsverrechnung mit normalisierten Kosten	HiKo 1	-625 250	125	250
	HiKo 2	144	-720	576
Gesamtkosten		586	845	1.326
anderen und der eigenen Kostenstelle zugerechnete Kosten		625	720	
Über-/Unterdeckung		39	-125	

(Betriebsabrechnungsbogen (BAB) bei Verwendung der Normalkostenrechnung, Angaben in GE)

b) Berechnen Sie die verwendeten normalisierten Verrechnungspreise $\bar{q}_1$ und $\bar{q}_2$ mit Hilfe der Angaben im BAB.

c) c1) Durch die Verwendung der Normalkostenrechnung findet keine exakte Entlastung der Hilfskostenstellen statt. Um welchen Betrag wird die HaKo 3 der Security Systems GmbH zu wenig belastet?

c2) Ergeben sich durch diese Ungenauigkeit in der Kostenträgerstückrechnung ceteris paribus exakte, zu hohe oder zu geringe Stückkosten?

Aufgabe 3.4 (***)

Die Lösung zu Aufgabe 3.4 finden Sie ab Seite 324.

Die in drei Hilfskostenstellen (KS 1, KS 2, KS 3) und eine Hauptkostenstelle (KS 4) gegliederte Karneval-AG führt die innerbetriebliche Leistungsverrechnung unter Verwendung normalisierter Verrechnungssätze durch. Leider ist nach dem Karnevalstrubel nur noch ein Teil der relevanten Daten vorhanden.

a) KS 2 wurde für die Inanspruchnahme von Leistungen anderer Kostenstellen mit sekundären Kosten i.H. von 3.600 Euro belastet. Die gesamte Entlastung der KS 2 belief sich auf 5.000 Euro. Es ergab sich eine Überdeckung (= Entlastungen – Gesamtkosten > 0) von 100 Euro für KS 2. Ermitteln Sie die primären Kosten der KS 2.

b) Weiterhin teilt man Ihnen mit, dass die Hauptkostenstelle 3.500 Einheiten der Leistung von KS 1, 40% der Leistung von KS 2 und 20% der Leistung von KS 3 in Anspruch genommen hat und hierfür mit sekundären Kosten i.H. von insgesamt 7.750 Euro belastet wurde. Der normalisierte Verrechnungssatz je Leistungseinheit der KS 1 betrug 1,50 Euro. KS 3 weist eine Über-/Unterdeckung von Null auf. Ermitteln Sie die Gesamtkosten der KS 3.

c) Zusätzlich zu den oben angegebenen Informationen wissen Sie, dass die Gesamtkosten der KS 1 um 250 Euro höher waren als die Entlastungen der KS 1 (= Unterdeckung). Die primären Kosten der KS 3 betrugen 550 Euro. Ermitteln Sie die primären Kosten der KS 1.

Aufgabe 3.5 (***)

Die Lösung zu Aufgabe 3.5 finden Sie ab Seite 325.

Die Deutschland AG ist in zwei Hilfs- und drei Hauptkostenstellen gegliedert. Zur Beschleunigung der monatlich durchzuführenden Kostenstellenrechnung werden normalisierte Verrechnungspreise eingesetzt. Die durchschnittlichen Gesamtkosten und die durchschnittlichen Bezugsgrundlagen der Hilfskostenstellen sind in folgender Tabelle gegeben:

	KS 1	KS 2
Durchschnittliche Gesamtkosten [€]	4.680	6.372
Durchschnittliche Bezugsgrundlage [LE]	780	11.800

Im Juni sind primäre Gemeinkosten i.H. von 2.947 Euro (5.373 Euro, 3.485 Euro, 5.766 Euro, 1.250 Euro) für KS 1 (KS 2, KS 3, KS 4, KS 5) angefallen. Die innerbetrieblichen Leistungen des Monats Juni können der folgenden Tabelle entnommen werden (alle Angaben in Leistungseinheiten [LE]):

		Leistende Kostenstelle				
		KS 1	KS 2	KS 3	KS 4	KS 5
Empfangende Kostenstelle	KS 1	0	3.500	0	0	0
	KS 2	150	0	0	0	0
	KS 3	430	2.800	0	0	0
	KS 4	200	5.000	0	0	0
	KS 5	30	300	0	0	0

a) Berechnen Sie die normalisierten Verrechnungspreise.

b) Führen Sie in der unten angegebenen Tabelle die innerbetriebliche Leistungsverrechnung mit den normalisierten Verrechnungspreisen durch.

	KS 1	KS 2	KS 3	KS 4	KS 5
Summe primäre Gemeinkosten	2.947	5.373	3.485	5.766	1.250
KS 1					
KS 2					
Gesamtkosten (bzw. Endkosten bei den HaKo)					
anderen Stellen zugerechnete Kosten (Summe der Entlastungen)				-	-
Über-/Unterdeckung (Differenz aus zugerechneten Kosten und Gesamtkosten)				-	-

Alle Angaben in Euro [€].

Die Deutschland AG führt ihre Kostenträgerstückrechnung mit einer Zuschlagskalkulation auf Basis von Normalkosten durch. Aus Vergangenheitswerten wurden die durchschnittlichen Zuschlagsgrundlagen und die durchschnittlichen Gemeinkostenbeträge (Endkosten) der verschiedenen Hauptkostenstellen ermittelt (siehe Tabelle unten). Für Produkt A sind Materialeinzelkosten i.H. von 10 Euro und Fertigungseinzelkosten von 15 Euro je Stück angefallen.

c) Berechnen Sie die Selbstkosten des Absatzproduktes A.

	Kostenstelle Material	Kostenstelle Fertigung	Kostenstelle V&V
Durchschnittliche Gemeinkosten (Endkosten)	9.500 €	7.800 €	1.558 €
Durchschnittliche Zuschlagsgrundlage	(FM) 19.000 €	(FL) 26.000 €	(HK) 62.300 €
Normalisierter Zuschlagssatz			

3.2 Plankosten- und Planleistungsrechnung

Die in diesem Kapitel angesprochenen Inhalte werden in dem Lehrbuch Schildbach/Homburg, Kosten- und Leistungsrechnung, im Abschnitt III behandelt.

3.2.1 Starre Plankostenrechnung

Aufgabe 3.6

Die Lösung zu Aufgabe 3.6 finden Sie ab Seite 327.

Geben Sie an, ob folgende Aussagen richtig oder falsch sind.

Aussage		Richtig/Falsch
a)	Das interne Rechnungswesen befasst sich mit der Beurteilung des mengen- und wertmäßigen Güterverzehrs zum Zweck der Leistungserstellung.	
b)	In der starren Plankostenrechnung werden deterministische Zusammenhänge unterstellt.	
c)	Eine starre Plankostenrechnung ist mit dem Nachteil verbunden, dass keine differenzierte Abweichungsanalyse durchgeführt werden kann.	
d)	Die starre Plankostenrechnung auf Vollkostenbasis ist zur Planung des Produktionsprogramms ungeeignet, weil alternative Beschäftigungen nicht analysiert werden können.	
e)	Eine starre Plankostenrechnung geht von einer fest vorgegebenen Planbeschäftigung aus.	
f)	Die starre Plankostenrechnung sollte immer sowohl auf Vollkostenbasis als auch auf Teilkostenbasis durchgeführt werden.	

Aufgabe 3.7 (***)

Die Lösung zu Aufgabe 3.7 finden Sie ab Seite 328.

Ein Unternehmen ist in die fünf Kostenstellen Kantine (KS 1), Instandhaltung (KS 2), Material (KS 3), Fertigung (KS 4) und Verwaltung/Vertrieb (KS 5) gegliedert. Es werden die Produkte A und B hergestellt.

Für die Kostenplanung der nächsten Periode seien folgende Daten gegeben:

- Geplante Produktionsmengen:

  Produkt A: 60.000 Mengeneinheiten [ME]

  Produkt B: 50.000 ME

- In der Personalabteilung wird mit folgenden Lohn- und Gehaltskosten geplant:

Kantine	40.000 €
Instandhaltung	110.000 €
Material	156.000 €
Fertigung	480.000 €
Verwaltung/Vertrieb	500.000 €

  Von den Lohnkosten in der Fertigung ergeben sich 270.000 Euro aus dem Geldakkord von 2 Euro/ME für Produkt A und 3 Euro/ME für Produkt B. Diese Lohnkosten dienen auch als Zuschlagsbasis für die Fertigungsgemeinkosten.

- Weiterhin wird mit folgenden Materialkosten gerechnet:

Kantine	20.000 €
Instandhaltung	112.000 €
Material	390.000 €
Verwaltung/Vertrieb	60.000 €

  Bei den Materialkosten in der Kostenstelle Material handelt es sich um Materialeinzelkosten, die auch als Zuschlagsbasis für die Materialgemeinkosten dienen. Sie ergeben sich durch Materialeinzelkosten von 4 Euro/ME für Produkt A und von 3 Euro/ME für Produkt B.

- Zudem sind folgende Abschreibungen geplant:

Kantine	5.000 €
Instandhaltung	20.000 €
Material	25.000 €
Fertigung	545.000 €
Verwaltung/Vertrieb	45.000 €

- Die sonstigen Kosten sind mit folgenden Beträgen in der Planung zu berücksichtigen:

Kantine	10.000 €
Instandhaltung	25.000 €
Material	70.000 €
Fertigung	75.000 €
Verwaltung & Vertrieb	150.000 €

Im Rahmen des innerbetrieblichen Leistungsaustausches wird von folgenden Planbeziehungen ausgegangen:

		Leistende Kostenstelle				
		KS 1	KS 2	KS 3	KS 4	KS 5
Empfangende Kostenstelle	KS 1	0	0	0	0	0
	KS 2	1.000	0	0	0	0
	KS 3	2.000	750	0	0	0
	KS 4	6.000	15.000	0	0	0
	KS 5	1.000	250	0	0	0

Alle Angaben in Leistungseinheiten [LE].

Von den Endkosten der KS 4 Fertigung sind 50% abhängig von der Laufzeit der dortigen Fertigungsmaschine. Diese Maschine ist voll ausgelastet und wird von Produkt A insgesamt 100.000 Min. und von Produkt B 116.000 Min. beansprucht.

a) Welche der geplanten Kosten sind Einzelkosten in Bezug auf die Kostenträger?

b) Übertragen Sie die geplanten (Kostenträger)Gemeinkosten der einzelnen Kostenstellen in die Zeilen 1-5 des beiliegenden Betriebsabrechnungsbogens.

c) Analysieren Sie die geplanten Leistungsverflechtungen zwischen den Kostenstellen. Welche Verfahren der Sekundärkostenrechnung führen zu exakten Ergebnissen?

d) Führen Sie die innerbetriebliche Leistungsverrechnung durch. Füllen Sie dazu die Zeilen 6 bis 9 des beiliegenden Betriebsabrechnungsbogens aus. Runden Sie erst beim Eintragen in den Betriebsabrechnungsbogen auf 2 Nachkommastellen.

e) Ermitteln Sie die Planzuschlagsbasen und Planzuschlagssätze für Materialgemeinkosten, Fertigungsgemeinkosten (maschinenzeitabhängig und –unabhängig) und Verwaltungs- und Vertriebskosten (Zeilen 11 bis 13 des BAB).

f) Ermitteln Sie mit Hilfe des beigefügten Schemas die Selbstkosten der Produkte A und B unter Verwendung der elektiven Zuschlagskalkulation auf Basis der Plandaten.

	Gemeinkosten	**Kostenstellen**					
		KS 1 Kantine	KS 2 Instandhaltung	KS 3 Material	KS 4 Fertigung		KS 5 V&V
1	Löhne & Gehälter						
2	Material						
3	Abschreibungen						
4	Sonstiges						
5	**Summe Gemeinkosten**						
6	Umlage Kantine						
7	Umlage Instandhaltung						
8	**Endkosten**						
9	Gesamtkosten						
10	-	-	-	-	maschinenzeitunabhängig	maschinenzeitabhängig	-
11	-	-	-	-			
12	Zuschlagsbasis						
13	**Planzuschlag**						

Kalkulation	**Produkt A**	**Produkt B**
Materialeinzelkosten		
Materialgemeinkosten		
Materialkosten		
Fertigungseinzelkosten		
Fertigungsgemeinkosten (maschinenlaufzeitunabhängig)		
Fertigungsgemeinkosten (maschinenlaufzeitabhängig)		
Fertigungskosten		
Herstellkosten		
Verwaltungs- und Vertriebsgemeinkosten		
Selbstkosten		

3.2.2 Flexible Plankostenrechnung auf Vollkosten- und Teilkostenbasis

Die in diesem Kapitel angesprochenen Inhalte werden in dem Lehrbuch Schildbach/Homburg, Kosten- und Leistungsrechnung, in den Abschnitten III.D und III.G behandelt.

Aufgabe 3.8

Die Lösung zu Aufgabe 3.8 finden Sie ab Seite 331.

Geben Sie an, ob folgende Aussagen richtig oder falsch sind.

Aussage		Richtig/Falsch
a)	Bei Anwendung der flexiblen Plankostenrechnung auf Vollkostenbasis werden alle Kosten verursachungsgerecht verrechnet.	
b)	In der flexiblen Plankostenrechnung auf Vollkostenbasis werden nur alle variablen, aber nicht alle fixen Kosten verrechnet.	
c)	Die flexible Plankostenrechnung auf Teilkostenbasis wird auch als Grenzplankostenrechnung bezeichnet.	
d)	Für die Ermittlung des Deckungsbeitrages sind fixe Kosten irrelevant.	
e)	Bei der flexiblen Plankostenrechnung auf Teilkostenbasis bilden die variablen Herstellkosten die Zuschlagsgrundlage für die variablen Verwaltungs- und Vertriebskosten.	
f)	Die flexible Plankostenrechnung kann sowohl auf Voll- als auch auf Teilkostenbasis durchgeführt werden.	

Aufgabe 3.9 (**)

Die Lösung zu Aufgabe 3.9 finden Sie ab Seite 332.

Die Tanzmaus GmbH stellt Tanzschuhe in den Varianten Standard und Latein her. Im folgenden Quartal sollen, zumindest nach der aktuellen Planung, folgende Mengen (in Paar) der beiden Modelle hergestellt werden:

Modell	Anzahl [Paar]	Einzelkosten [€/Paar]
Standard	1.215	10,50
Latein	2.100	8,70

Die Tanzmaus GmbH ist in vier Kostenstellen gegliedert. Die insgesamt in jeder Kostenstelle anfallenden und nach Kostenarten gegliederten Gemeinkosten können folgender Übersicht entnommen werden:

Gemeinkosten	Kostenstelle			
	KS 1	KS 2	KS 3	KS 4
Löhne	15.000	11.000	21.000	35.000
Gehälter	2.500	10.440	5.000	20.000
Material	30.000	35.525	15.000	0
Abschreibungen	5.000	8.460	10.000	80.000
Sonstiges	2.500	6.500	9.235	13.000
Summe primäre Gemeinkosten	55.000	71.925	60.235	148.000

Alle Angaben in Euro [€].

Der Kostenstelle 4, einer Fertigungskostenstelle, sind unter anderem die Nähmaschinen zugeordnet. Um eine einwandfreie Verarbeitung zu gewährleisten, müssen die Nähmaschinen regelmäßig gewartet werden. Pro Wartungsstunde fallen für diese von der Kostenstelle 2 vorgenommene Wartung 15 Euro an Materialkosten an. Insgesamt fallen für alle Paare beider Sorten 1.035 Wartungsstunden an. Diese Kosten sind in der entsprechenden Position in der obigen Tabelle bereits enthalten. Alle anderen Gemeinkosten können als fix angesehen werden.

Insgesamt wird in der kommenden Periode von den folgenden innerbetrieblichen Leistungen ausgegangen, die für die Verteilung der fixen Gemeinkosten herangezogen werden (alle Angaben in Leistungseinheiten):

		Leistende Kostenstelle			
		KS 1	KS 2	KS 3	KS 4
Empfangende Kostenstelle	KS 1	0	0	0	0
	KS 2	800	0	0	0
	KS 3	600	965	0	0
	KS 4	1.100	1.035	400	0

a) Welche der in der mittleren Tabelle enthaltenen Gemeinkosten sind in Bezug auf die Ausbringungsmenge variabel?

b) Führen Sie die innerbetriebliche Leistungsverrechnung mit einem für die vorliegenden Leistungsbeziehungen geeigneten Verfahren durch. Unterscheiden Sie dabei zwischen in Bezug auf die Ausbringungsmenge fixen und variablen Gemeinkosten.

		KS 1	KS 2		KS 3	KS 4	
		fix	fix	variabel	fix	fix	variabel
Primäre GK		55.000	56.400	15.525	60.235	148.000	0
KS 1							
KS 2	fix						
	variabel						
KS 3							
Endkosten		0	0	0	0		

Alle Angaben in Euro [€].

Aufgabe 3.10 (**)

Die Lösung zu Aufgabe 3.10 finden Sie ab Seite 333.

Um die Kosten auch abhängig von der Beschäftigungsmenge analysieren zu können, soll die in Aufgabe 3.9 beschriebene Plankostenrechnung in eine flexible Plankostenrechnung überführt werden. Hierfür werden alle anfallenden Gemeinkosten noch einmal daraufhin untersucht, ob sie von der Produktionsmenge abhängen oder nicht. Im Gegenzug wird die Zurechnung auf Basis der Maschinenlaufzeiten abgeschafft, da bei der Erfassung der Laufzeiten zu viele Fehler aufgetreten sind.

Es wird festgestellt, dass die Gemeinkosten für Material der Kostenstelle 2 (Instandhaltung) 90.000 Euro variable Gemeinkosten enthalten, da das Aufkommen eines Teils der für die Kostenstelle 4 (Fertigung) geleisteten Reparaturen mit der Ausbringungsmenge steigt. Diese 90.000 Euro werden in der innerbetrieblichen Leistungsverrechnung voll der Kostenstelle 4 angelastet. Durch die Überwälzung dieser variablen Gemeinkosten auf die Kostenstelle 4 sind 6.000 LE der innerbetrieblichen Leistungen von Kostenstelle 2 an Kostenstelle 4 bereits erfasst, so dass für die Verrechnung der fixen Gemeinkosten folgende Leistungsbeziehungen berücksichtigt werden müssen:

		Leistende Kostenstelle				
		KS 1 Kantine	KS 2 Instand-haltung	KS 3 Material	KS 4 Fertigung	KS 5 V&V
Empfangende Kostenstelle	KS 1	0	0	0	0	0
	KS 2	1.000	0	0	0	0
	KS 3	2.000	750	0	0	0
	KS 4	6.000	9.000	0	0	0
	KS 5	1.000	250	0	0	0

Alle Angaben in Leistungseinheiten [LE].

Außerdem werden 245.000 Euro der Abschreibungen in Kostenstelle 4 (Fertigung) als variabel eingestuft.

Auf Grundlage dieser Änderungen erstellen Sie den auf der folgenden Seite abgebildeten Betriebsabrechnungsbogen. Am nächsten Tag kommt Ihr Chef in Ihr Büro und möchte einige Positionen des Bogens erläutert haben. Erklären Sie ihm, wie Sie folgende Werte ermittelt haben:

a) Zeile 7 und 8, die Umlagen für die variablen und fixen Kosten der Instandhaltung.

b) Zeile 11 und hier insbesondere die Zuschlagsbasis für die (fixen) Verwaltungs- und Vertriebskosten

Gemeinkosten		Kostenstellen						
		KS 1 Kantine	KS 2 Instandhaltung		KS 3 Material	KS 4 Fertigung		KS 5 V&V
		fix	variabel	fix	fix	variabel	fix	fix
1	Löhne & Gehälter	40.000	-	110.000	156.000	-	210.000	500.000
2	Material	20.000	90.000	22.000	-	-	-	60.000
3	Abschreibungen	5.000	-	20.000	25.000	245.000	300.000	45.000
4	Sonstiges	10.000	-	25.000	70.000	-	75.000	150.000
5	**Summe Gemeinkosten**	**75.000**	**90.000**	**177.000**	**251.000**	**245.000**	**585.000**	**755.000**
6	Umlage Kantine	-75.000	-	7.500	15.000	-	45.000	7.500
7	Umlage Instandhaltung variabel		-90.000	-	-	90.000	-	-
8	Umlage Instandhaltung fix		-	-184.500	13.837,50	-	166.050	4.612,50
9	**Endkosten**	**0**	**0**	**0**	**279.837,50**	**335.000**	**796.050**	**767.112,50**
10	Gesamtkosten	75.000	90.000	184.500	279.837,50	335.000	796.050	767.112,50
11	Zuschlagsbasis				390.000	270.000	270.000	2.070.887,50
12	**Planzuschlagssatz**				**71,75%**	**124,07%**	**294,83%**	**37,04%**

c) Ermitteln Sie mithilfe des folgenden Schemas die Selbstkosten auf Vollkostenbasis von Produkt A und B.

Kalkulation	**Produkt A**	**Produkt B**
Materialeinzelkosten		
Materialgemeinkosten variabel		
Materialgemeinkosten fix		
Materialkosten		
Fertigungseinzelkosten		
Fertigungsgemeinkosten variabel		
Fertigungsgemeinkosten fix		
Fertigungskosten		
Herstellkosten		
V&V-Gemeinkosten variabel		
V&V-Gemeinkosten fix		
Selbstkosten		

Auf Basis der flexiblen Plankostenrechnung können die Selbstkosten auch auf Teilkostenbasis berechnet werden.

d) Ermitteln Sie anhand des folgenden Schemas die Selbstkosten von Produkt A und Produkt B (Selbstkosten auf Teilkostenbasis).

Kalkulation	**Produkt A**	**Produkt B**
Materialeinzelkosten		
Materialgemeinkosten variabel		
Materialkosten variabel		
Fertigungseinzelkosten		
Fertigungsgemeinkosten variabel		
Fertigungskosten variabel		
Herstellkosten variabel		
V&V-Gemeinkosten variabel		
Selbstkosten variabel		

e) Angenommen, Produkt A kann zu einem Preis von 20 Euro verkauft werden. Würden Sie Ihrem Chef dazu raten, das Produkt weiter anzubieten oder dessen Produktion einzustellen? Begründen Sie Ihre Meinung.

Aufgabe 3.11 (**)

Die Lösung zu Aufgabe 3.11 finden Sie ab Seite 335.

Das Unternehmen von Herrn Zimmermann stellt Tische (Produkt A) und Stühle (Produkt B) her. Für diese Produkte sind ihm folgende Informationen bekannt:

	Tische (Produkt A)	Stühle (Produkt B)
Materialeinzelkosten insgesamt	300.000	400.000
Materialgemeinkosten insgesamt (Endkosten der Materialkostenstellen)	420.000	
Fertigungseinzelkosten insgesamt	650.000	800.000
Fertigungsgemeinkosten insgesamt (Endkosten der Fertigungskostenstellen)	580.000	
Verwaltungs- und Vertriebsgemeinkosten insgesamt	378.000	

Es werden 20.000 Tische (Produkt A) und 40.000 Stühle (Produkt B) hergestellt.

a) Bestimmen Sie die Stückselbstkosten eines Tisches und eines Stuhles auf Vollkostenbasis mithilfe der elektiven Zuschlagskalkulation. Dokumentieren Sie Ihren Rechenweg ausführlich und nachvollziehbar mit den entsprechenden Zwischenergebnissen.

   Hinweis: Verwenden Sie die Materialeinzelkosten als Zuschlagsgrundlage für die Materialgemeinkosten. Die Fertigungseinzelkosten dienen als Grundlage für die Fertigungsgemeinkosten. Die Verwaltungs- und Vertriebsgemeinkosten werden den Herstellkosten zugeschlagen.

Weiterhin weiß Herr Zimmermann, dass 40% der gesamten Materialgemeinkosten variabel und 70% der gesamten Fertigungsgemeinkosten variabel sind. Die Verwaltungskosten und die Vertriebskosten stellen ausschließlich fixe Gemeinkosten dar.

b) Bestimmen Sie die Stückselbstkosten von Produkt A auf Teilkostenbasis gemäß der elektiven Zuschlagskalkulation.

Aufgabe 3.12 (**)

Die Lösung zu Aufgabe 3.12 finden Sie ab Seite 337.

Die JKL KG ist in vier Kostenstellen gegliedert, in denen zwei Produkte gefertigt werden. Nachfolgende Tabelle gibt die geplanten Produktionsmengen, die voraussichtlichen Bearbeitungszeiten und die erwarteten Einzelkosten an. Aus der darauf folgenden Tabelle gehen die geplanten und nach Kostenarten gegliederten Gemeinkosten der einzelnen Kostenstellen hervor.

Produkt	Produktionsmenge [Stück]	Bearbeitungszeit [Min/ME]	Einzelkosten [€/ME]
Produkt 1	1.200	75	24,80
Produkt 2	1.500	45	21,50

Gemeinkosten	Kostenstelle			
	KS 1	KS 2	KS 3	KS 4
Löhne & Gehälter	65.500	35.000	40.000	75.000
Material	45.250	14.000	10.000	40.000
Abschreibungen	25.000	22.500	35.225	0
Energie	10.000	7.000	12.500	20.000
Sonstiges	5.500	4.000	7.000	113.000
Summe primäre Gemeinkosten	151.250	82.500	104.725	248.000

Alle Angaben in Euro [€].

Bei Kostenstelle 4 handelt es sich um eine Fertigungskostenstelle, der alle Maschinen zugeordnet sind. Damit eine einwandfreie Verarbeitung der Produkte gewährleistet werden kann, müssen die Maschinen regelmäßig gewartet werden. Pro Fertigungsstunde fallen für diese Wartungsarbeiten, die von der Kostenstelle 1 vorgenommen werden, Materialkosten für Ersatzteile i.H. von 10 Euro an. Diese Kosten sind in der entsprechenden Position in der obigen Tabelle noch enthalten. Alle anderen Gemeinkosten können als fix angesehen werden.

In der nachfolgenden Tabelle sind die für die nächste Periode geplanten innerbetrieblichen Leistungen gegeben. Diese Leistungsbeziehungen liegen der Verteilung der fixen Gemeinkosten zugrunde.

		Leistende Kostenstelle			
		KS 1	KS 2	KS 3	KS 4
Empfangende Kostenstelle	KS 1	0	0	0	0
	KS 2	1.000	0	0	0
	KS 3	1.375	1.300	0	0
	KS 4	2.625	1.200	15.000	0

Alle Angaben in geeigneten Leistungseinheiten [LE].

a) Welche der in der mittleren Tabelle enthaltenen Gemeinkosten sind in Bezug auf die Ausbringungsmenge variabel und wie hoch sind diese Kosten?

b) Führen Sie die innerbetriebliche Leistungsverrechnung unter Verwendung eines Verfahrens durch, das für die vorliegenden Leistungsbeziehungen zu exakten Ergebnissen führt. Unterscheiden Sie dabei zwischen in Bezug auf die Ausbringungsmenge fixen und variablen Gemeinkosten.

Hinweis: Tragen Sie Ihre Ergebnisse in den folgenden Betriebsabrechnungsbogen ein.

		KS 1		KS 2	KS 3	KS 4	
		variabel	fix	fix	fix	variabel	fix
Primäre GK				82.500	104.725	0	248.000
KS 1	variabel						
	fix						
KS 2							
KS 3							
Endkosten		0	0	0	0		

Alle Angaben in Euro [€].

Aufgabe 3.13 (**)

Die Lösung zu Aufgabe 3.13 finden Sie ab Seite 338.

Ihnen liegt folgender Auszug aus dem BAB mit den Plandaten für September 2018 vor:

	Hilfskostenstellen		Material		Fertigung		V&V	
	variabel	fix	variabel	fix	variabel	fix	variabel	fix
Endkosten [€]	0	0	25.000	50.000	80.000	400.000	43.000	132.000
Zuschlagsbasis (Einzel-/Herstell-kosten) [€]			125.000	125.000	200.000	200.000	???	880.000
Plan-Zuschlag			???	40%	40%	200%	???	15%

Sie erhalten eine Anfrage für einen im September 2018 auszuführenden Auftrag, der zu Materialeinzelkosten i.H. von 350 Euro und zu Fertigungseinzelkosten i.H. von 400 Euro führen würde. Sondereinzelkosten fallen nicht an.

a) Bestimmen Sie die fehlenden Plan-Zuschlagssätze.

b) Ermitteln Sie auf Basis der Plandaten die Selbstkosten des Auftrags auf Teilkostenbasis unter Verwendung der elektiven Zuschlagskalkulation. Weisen Sie als Zwischenergebnisse die gesamten variablen Materialkosten, die gesamten variablen Fertigungskosten und die variablen Herstellkosten des Auftrags aus.

Aufgabe 3.14 (*)

Die Lösung zu Aufgabe 3.14 finden Sie ab Seite 338.

In der Hansen AG wurde im Rahmen der Plankalkulation bereits die innerbetriebliche Leistungsrechnung durchgeführt und es liegt folgender Auszug des Betriebsabrechnungsbogens vor, in dem jedoch einige Werte fehlen. Ihre Aufgabe als Controller der Hansen AG ist es, die fehlenden Werte zu ermitteln.

	Hilfskostenstellen		Materiallager	Fertigung		V&V
	variabel	fix	fix	variabel	fix	fix
Endkosten [€]	A	B	100.000	100.000	50.000	300.000
Zuschlagsbasis [€]			80.000	200.000	200.000	600.000
Plan-Zuschlag			125%	50%	25%	C

Neben dem Betriebsabrechnungsbogen liegen Ihnen außerdem folgende Informationen vor:

- Die Fertigungsgemeinkosten werden jeweils auf Basis der Fertigungseinzelkosten zugeschlagen, die Materialgemeinkosten auf Basis der Materialeinzelkosten.
- Die Verwaltungs- & Vertriebskosten werden auf Basis der Herstellkosten zugeschlagen.

- Die Sondereinzelkosten der Fertigung betragen 70.000 Euro.

a) Welche Endkosten entfallen auf die Hilfskostenstellen (Felder A und B)?

b) Führen Sie eine Produktkalkulation durch.

  b1) Welcher Plan-Zuschlagssatz ergibt sich für die Verwaltungs- und Vertriebskostenstellen (Feld C)?
  Für ein Produkt der Hansen AG liegen folgende Informationen vor:

Materialeinzelkosten:	2 €
Fertigungseinzelkosten:	4 €
Sondereinzelkosten der Fertigung:	1 €

  b2) Wie hoch sind die Herstellkosten und die Selbstkosten dieses Produktes?

  b3) Wie hoch ist der Stückdeckungsbeitrag bei einem Preis von 11,00 Euro pro Stück?

Aufgabe 3.15 (**)

Die Lösung zu Aufgabe 3.15 finden Sie ab Seite 340.

Herr Geizkragen hat als Mitarbeiter des Elektronik-Herstellers Jupiter die Aufgabe, die Kosten der Produktion und des Absatzes verschiedener hochwertiger Kopfhörer zu kalkulieren. Herr Geizkragen plant für den Kopfhörer Classic folgende Kosten:

Plan-Einzelkosten pro Stück:

- Materialeinzelkosten 60 Euro
- Fertigungseinzelkosten 100 Euro

Plan-Zuschlagssätze:

- Variable Materialgemeinkosten 10%
- Variable Fertigungsgemeinkosten 15%
- Variable Verwaltung- und Vertriebsgemeinkosten 2%

Herr Geizkragen weiß, dass sich für den Kopfhörer Classic ein Preis von 200 Euro erzielen lässt.

a) Ermitteln Sie auf Basis der Plandaten unter Verwendung der elektiven Zuschlagskalkulation die Selbstkosten des Kopfhörers Classic auf Teilkostenbasis. Weisen Sie Ihre Zwischenergebnisse aus.

b) Wie hoch ist der Deckungsbeitrag für den Kopfhörer Classic?

Neben dem Kopfhörer Classic stellt der Elektronik-Hersteller Jupiter noch den Kopfhörer DeLuxe her. Der Kopfhörer DeLuxe erzielt einen Deckungsbeitrag von 20 Euro.

Die Produktion der beiden Kopfhörer Classic und DeLuxe beansprucht die Ressource R unterschiedlich stark.

Die Maximalkapazität der Ressource R beträgt 1.000 ME (Engpass).

Die Produktion von einem Kopfhörer Classic erfordert 2 ME von R.

Die Produktion von einem Kopfhörer DeLuxe erfordert 4 ME von R.

Die Absatzobergrenze für den Kopfhörer Classic beträgt 220 Stück und für den Kopfhörer DeLuxe 400 Stück.

c) Berechnen Sie die spezifischen Deckungsbeiträge der beiden Kopfhörer. Das heißt ermitteln Sie, wie viele Euro Deckungsbeitrag die Produkte jeweils pro Mengeneinheit Ressource erwirtschaften.

d) Wie viele Kopfhörer Classic und DeLuxe sollten produziert werden, um den gesamten Deckungsbeitrag des Unternehmens zu maximieren?

Aufgabe 3.16 (**)

Die Lösung zu Aufgabe 3.16 finden Sie ab Seite 340.

Im folgenden finden Sie eine Übersicht über die Plan-Gemeinkosten der Kostenstellen. Diese sind – in Bezug auf die Ausbringungsmenge – in variable und fixe Gemeinkosten getrennt:

Kostenstelle	Primäre Gemeinkosten gesamt	davon variabel	davon fix
KS 1 - Werkstatt	52.500	31.500	21.000
KS 2 - Transport	65.500	20.500	45.000
KS 3 - Material	567.000	0	567.000
KS 4 - Fertigung	505.700	93.700	412.000
KS 5 – V&V	22.010	20.760	1.250

Alle Angaben in Euro [€].

a) Übertragen Sie diese Gemeinkosten in den beiliegenden BAB.

In Bezug auf die fixen primären Gemeinkosten werden folgende innerbetrieblichen Leistungsverflechtungen geplant (alle Angaben in Leistungseinheiten [LE]):

Innerbetriebliche Leistungsverflechtung der fixen Kosten		Empfangende Kostenstelle				
		KS 1 Werkstatt	KS 2 Transport	KS 3 Material	KS 4 Fertigung	KS 5 V&V
Leistende Kostenstelle	KS 1 Werkstatt	2	5	3	23	0
	KS 2 Transport	2	0	2	2	4

Des Weiteren verfügen Sie über folgenden Auszug aus einem Bericht der Controllingabteilung:

[...] „Die variablen (beschäftigungsabhängigen) Kosten der Werkstatt können zu 80% der Fertigung und zu 20% dem Materiallager zugeschlagen werden. Die variablen Kosten im Transport können in voller Höhe dem Vertrieb zugeschlagen werden.“ [...]

b) Ermitteln Sie die geplanten Verrechnungssätze der Hilfskostenstellen für die fixen Gemeinkosten und die Höhe der variablen Gemeinkosten, die den Hauptkostenstellen zugeschlagen werden können.

c) Führen Sie anhand des beiliegenden BAB und mit Hilfe der in b) errechneten Verrechnungssätze die innerbetriebliche Leistungsverrechnung durch.

d) Die folgende Tabelle gibt Ihnen Auskunft über die zu verwendenden Zuschlagsbasen für die verschiedenen Gemeinkosten. Ermitteln Sie zunächst die Höhe der fehlenden Zuschlagsbasen und bestimmen Sie anschließend die Plan-Zuschlagssätze des Unternehmens:

Gemeinkosten	Zuschlagsbasis	Wert der Zuschlagsbasis
Variable Materialgemeinkosten	Materialeinzelkosten	500.000 €
Fixe Materialgemeinkosten	Materialeinzelkosten	500.000 €
Variable Fertigungsgemeinkosten	Fertigungszeit	100.800 Min.
Fixe Fertigungsgemeinkosten	Fertigungseinzelkosten	300.000 €
Variable V&V-Gemeinkosten	Variable Herstellkosten	?
Fixe V&V-Gemeinkosten	Herstellkosten auf Vollkostenbasis	?

e) Bestimmen Sie anhand der elektiven Zuschlagskalkulation die variablen und die gesamten (Voll-)Plan-Kosten eines Bleches, das Materialeinzelkosten i.H. von 0,60 Euro verursacht. In der Fertigung fällt für die Qualitätskontrolle ein Akkordlohn i.H. von 0,20 Euro pro Blech an. Ein Blech hat eine geplante Fertigungszeit von 1,2 Minuten.

Den Betriebsabrechnungsbogen zum Eintragen der Lösungen finden Sie hier:

	Kostenstelle									
	Werkstatt		Transport		Material		Fertigung		Verwaltung & Vertrieb	
	variabel	fix	variabel	fix	variabel	fix	variabel	fix	variabel	fix
Primäre Gemeinkosten gesamt										
Umlage Werkstatt variabel										
Umlage Werkstatt fix										
Umlage Transport variabel										
Umlage Transport fix										
Endkosten										
Zuschlagsbasis										
Zuschlagssatz										

Aufgabe 3.17 (***)

Die Lösung zu Aufgabe 3.17 finden Sie ab Seite 343.

Für das bereits in der Fallstudie zur Istkostenrechung auf Vollkostenbasis (Aufgabe 2.95) vorgestellte Unternehmen soll nun für die kommende Periode eine Plankostenrechung auf Teilkostenbasis (Grenzplankostenrechnung) durchgeführt werden. Die geplanten Produktions- und Absatzzahlen der beiden Produktarten sowie die aus der Planerlösrechnung entnommenen geplanten Stückerlöse für die zukünftige Periode sind aus der nachfolgenden Tabelle ersichtlich:

	Produktart	
	n = 1	n = 2
Plan-Produktionsmenge [ME]	2.100	4.400
Plan-Absatzmenge [ME]	2.100	4.400
Plan-Stückerlöse [€]	95,00	130,00

Die geplanten Stückfertigungszeiten je ME der n-ten Produktart betragen:

	Produktart	
	n = 1	n = 2
Plan-Stückfertigungszeit [min/ME]	2,4	1,8

Für die Fertigung der beiden Produktarten ($n = 1, 2$) werden drei Rohstoffe ($m = 1, 2, 3$) sowie sonstige Betriebs- und Hilfsstoffe ($m = 4$) verwendet. Nachstehend sind die Plan-Direktverbrauchskoeffizienten v_{mn}^P dieser Kostenarten bezüglich der n-ten Produktart aufgeführt. (Der Direktverbrauchskoeffizient v_{mn}^P besagt, wie viele Mengeneinheiten der jeweiligen Kostenart pro ME der jeweiligen Produktart planmäßig benötigt werden).

Kostenart	Plan-Direktverbrauchskoeffizienten	
	n = 1	n = 2
m = 1 [kg/ME]	3	2
m = 2 [kg/ME]	5	0,5
m = 3 [kg/ME]	1	5
m = 4 [kg/ME]	0,1	0,15

Die Plan-Einstandspreise r_m^P dieser Kostenarten lauten:

Kostenart	Ist-Einstandspreis
m = 1 [€/kg]	4,60
m = 2 [€/kg]	2,60
m = 3 [€/kg]	11,20
m = 4 [€/kg]	0,20

Die Plan-Lohnkosten [€/h] für die in KS 4 eingesetzten Arbeiter ($m = 5$) und Gesellen ($m = 6$) können folgender Tabelle entnommen werden:

Kostenart	variable Lohnkosten
m = 5 [€/h]	21,50
m = 6 [€/h]	31,00

Für die Fertigung der ersten Produktart werden plangemäß 1 Arbeiter und 1 Geselle gleichzeitig benötigt, für die Fertigung der zweiten Produktart 2 Arbeiter und 1 Geselle:

Kostenart	Anzahl Arbeitskräfte je Produktart	
	n = 1	n = 2
m = 5 (Arbeiter)	1	2
m = 6 (Geselle)	1	1

Auf der folgenden Seite ist der Betriebsabrechnungsbogen (BAB) des Unternehmens abgebildet, dem Sie die restlichen Kostengrößen (jeweils in Euro) entnehmen können.

In der Fertigungskostenstelle KS 4 fallen zusätzlich noch Kosten für Fremdreparaturen und Schutzkleidung an. Bezüglich dieser beiden Kostenarten wurden in der bereits durchgeführten Primärkostenrechnung anhand vorliegender historischer Kostendaten und deren zugehörigen Beschäftigungsgraden die variablen und fixen Plan-Gemeinkosten ermittelt und bereits in den Betriebsabrechnungsbogen (BAB) übertragen.

Die geplanten Beziehungen zwischen den Kostenstellen bezüglich der Lieferungen von innerbetrieblichen Gütern können Sie nachfolgender Verflechtungsmatrix entnehmen (die innerbetrieblichen Leistungen von KS 2 sind für die Planung irrelevant, da in der Kostenstelle 2 nur fixe Kosten anfallen).

Leistende Kostenstelle	Empfangende Kostenstelle							
	KS 1	KS 2	K2 3	KS 4	KS 5	KS 6	KS 7	Summe
KS 1 [h]	-	-	13,00	97,50	19,50	-	-	130,00
KS 2 [kWh]	-	-	-	-	-	-	-	-
KS 3 [km]	8,52	-	-	55,38	71,00	-	7,10	142,00
KS 4	-	-	-	-	-	-	-	-
KS 5	-	-	-	-	-	-	-	-
KS 6	-	-	-	-	-	-	-	-
KS 7	-	-	-	-	-	-	-	-

Alle Angaben in geeigneten Leistungseinheiten [LE].

a) Ermitteln Sie die Material- und Fertigungseinzelkosten je ME der beiden Produktarten.

b) Verteilen Sie die Gebäude- und Heizkosten möglichst beanspruchungsgerecht auf die Kostenstellen und ermitteln Sie dann die gesamten primären Gemeinkosten der einzelnen Kostenstellen.

c) Bestimmen Sie zur Durchführung der Sekundärkostenrechnung mittels des BAB unter Anwendung eines geeigneten Verfahrens die Gesamtkosten und anschließend die Endkosten der einzelnen Kostenstellen.

d) Ermitteln Sie nun anhand des BAB die Zuschlagssätze für die Kostenträgerrechnung. Als Zuschlagsbasis für die Materialgemeinkosten sollen die Materialeinzelkosten, als Zuschlagsbasis für die Fertigungsgemeinkosten die Fertigungseinzelkosten und als Zuschlagsbasis für die Verwaltungs- und Vertriebsgemeinkosten jeweils die Herstellkosten des Umsatzes (entspricht den Herstellkosten der abgesetzten Produkte) dienen. Sind diese Zuschlagsgrundlagen Ihrer Meinung nach geeignet, die Gemeinkosten beanspruchungsgerecht auf die Produkte zu verrechnen?

e) Bestimmen Sie anhand der elektiven Zuschlagskalkulation die Selbstkosten der beiden Produkte.

f) Ermitteln Sie anhand der Ihnen vorliegenden Daten den Periodenerfolg des Unternehmens (wobei die ggf. zu berücksichtigenden Lagerbestandsveränderungen zu Herstellkosten bewertet werden sollen) nach dem Gesamtkostenverfahren und dem Umsatzkostenverfahren.

Betriebsabrechnungsbogen (Plan-Teilkostenrechnung)		**Kostenstellen**													
		Servicebereich						Fertigungsbereich				Allg. Bereich			
		Werkstatt		Kraftwerk		Transport		Fertigung		Materiallager		Verwaltungsstelle		Vertriebsstelle	
Kostenarten	Betrag	KS 1		KS 2		KS 3		KS 4		KS 5		KS 6		KS 7	
		Prop.	Fix	Prop.	Fix	Prop.	Fix	Prop.	Fix	Prop.	Fix	Prop.	Fix	Prop.	Fix
Summe primäre GK (ohne Kosten für Fremdreparaturen und Schutzkleidung)	255.633	9.000	3.500	-	22.640	7.000	6.000	80.280	18.213	19.000	15.000	4.000	44.000	10.000	17.000
Fremdreparaturen	4.550							3.240	1.310						
Schutzkleidung	10.957							6.480	4.477						
Summe primäre GK Gesamt	271.140	9.000	3.500	-	22.640	7.000	6.000	90.000	24.000	19.000	15.000	4.000	44.000	10.000	17.000
Sekundärkostenrechnung															
Umlage KS 1															
Umlage KS 2															
Umlage KS 3															
Gesamtkosten															
Entlastung KS															
Endkosten															

Alle Angaben in Euro [€].

Aufgabe 3.18 (***)

Die Lösung zu Aufgabe 3.18 finden Sie ab Seite 348.

Sie haben folgenden Auszug aus dem Betriebsabrechnungsbogen mit den Plandaten für September 2018:

	Material		Fertigung		V&V	
	variabel	fix	variabel	fix	variabel	fix
Endkosten in [€]	40.000	250.000	???	200.000	94.500	139.500
Zuschlagsbasis in [€]	MEK ???	MEK ???	FEK 625.000	FEK 625.000	var. Herstellkosten ???	gesamte Herstellkosten 1.395.000
Plan-Zuschlag	???	125%	???	???	???	???

Hinweis: Es fallen weder Sondereinzelkosten der Fertigung noch Sondereinzelkosten des Vertriebs an.

a) Wie hoch sind die variablen Herstellkosten?

b) Wie hoch sind die Materialeinzelkosten?

c) Wie hoch sind die variablen Endkosten der Fertigung?

d) Bestimmen Sie die fehlenden Plan-Zuschlagssätze.

Sie erhalten eine Anfrage für einen im September 2018 auszuführenden Auftrag, der zu Materialeinzelkosten (MEK) i.H. von 200 Euro und zu Fertigungseinzelkosten (FEK) i.H. von 400 Euro führen würde. Sondereinzelkosten fallen nicht an.

e) Ermitteln Sie auf Basis der Plandaten die Selbstkosten des Auftrags auf Teilkostenbasis unter Verwendung der elektiven Zuschlagskalkulation.

Kapitel 4

Lösungen

4.1 Grundlagen der Kosten- und Leistungsrechnung

Lösung zu Aufgabe 1.1

Die Aufgabenstellung finden Sie ab Seite 1.

<table>
<tr><td colspan="2">Aussage</td><td>Richtig/Falsch</td></tr>
<tr><td rowspan="2">a)</td><td>Die Kosten- und Leistungsrechnung richtet sich ausschließlich an interne Adressaten.</td><td>Falsch</td></tr>
<tr><td colspan="2">Die KuL hat auch externe Aufgaben. Beispielsweise dient sie als Grundlage zur Berechnung der Anschaffungs- und Herstellungskosten für die Bilanzierung selbst erstellter Vermögensgegenstände.</td></tr>
<tr><td rowspan="2">b)</td><td>Zahlungsrechnungen reichen zur Gewinnermittlung aus.</td><td>Falsch</td></tr>
<tr><td colspan="2">Zahlungsrechnungen dienen hauptsächlich der Finanz- und Investitionsrechnung. Die Gewinnermittlung findet anhand der Gewinn- und Verlustrechnung statt. Diese orientiert sich nicht nur an den Zahlungen des Unternehmens, sondern ist auf die Abbildung der Prozesse des Faktorverzehrs und des Entstehens betrieblicher Güter ausgerichtet.</td></tr>
</table>

c)	Die Gewinn- und Verlustrechnung würde zur Unterstützung innerbetrieblicher Entscheidungen ausreichen, falls sie häufiger als einmal im Jahr, beispielsweise quartalsweise oder monatlich, ermittelt würde.	Falsch
	Die GuV dient im Wesentlichen der externen Gewinnermittlung und orientiert sich an gesetzlichen Vorschriften. Für innerbetriebliche Entscheidungen reicht sie aber alleine nicht aus, auch wenn sie häufiger als einmal jährlich ermittelt werden würde. Für innerbetriebliche Entscheidungen sind weitere Faktoren von Bedeutung, die in der internen Kosten- und Leistungsrechnung berücksichtigt werden.	
d)	Kostenrechnungsinformationen dienen z.B. der Unterstützung von Produktionsprogrammentscheidungen.	Richtig
	Vgl. Lehrbuch Abschnitt I.C.2.	
e)	Kosten lassen sich nach der Übereinstimmung der Kosten mit dem Aufwand, nach der Veränderung der Kosten bei Beschäftigungsänderungen, nach der Zurechnung der Kosten zu Kostenträgern und nach den den Kosten zugrunde liegenden Güterverzehrsarten gliedern.	Richtig
	Vgl. Lehrbuch Abschnitt I.F.	
f)	Die Kosten- und Leistungsrechnung stellt hauptsächlich unternehmensexternen Adressaten Informationen zur Verfügung.	Falsch
	Die Kosten- und Leistungsrechnung stellt hauptsächlich unternehmensinternen Adressaten Informationen zur Verfügung.	

4.1.1 Kosten und Leistungen und weitere grundlegende Begriffe

Lösung zu Aufgabe 1.2

Die Aufgabenstellung finden Sie ab Seite 3.

Aussage		Richtig/Falsch
a)	Die Inanspruchnahme einer Dienstleistung im Rahmen der Produktion führt zu Kosten.	Richtig
	Kosten sind definiert als bewerteter, sachzielbezogener Güterverzehr innerhalb einer Periode. Die Sachzielbezogenheit ergibt sich dadurch, dass die Dienstleistung „im Rahmen der Produktion“ in Anspruch genommen wird.	

b)	Der Kauf von Rohstoffen auf Ziel und der anschließende sofortige Verbrauch in der Produktion führen zu einer Ausgabe, zu einem Aufwand und zu Kosten.	Richtig
	Ausgaben umfassen alle Abnahmen des Fonds „liquide Mittel plus Forderungen abzüglich Verbindlichkeiten“ (Geldvermögen) eines Unternehmens. Dieser Fonds nimmt beim Rohstoffkauf auf Ziel ab. Aufwand ist der entsprechend gesetzlicher Regeln bewertete Güterverzehr einer Periode. Kosten sind der bewertete, sachzielbezogene Güterverzehr einer Periode. Der hier fällige Buchungssatz lautet: Rohstoffaufwand an Verbindlichkeiten.	
c)	Ein Verkauf von Waren im Wert von 50.000 €, wovon 20.000 € sofort angezahlt werden und der Restbetrag im nächsten Jahr überwiesen wird, führt zu einer Einnahme von 50.000 €.	Richtig
	Einnahmen umfassen alle Erhöhungen des Fonds „liquide Mittel plus Forderungen abzüglich Verbindlichkeiten“ eines Unternehmens. Dieser Fonds nimmt bei diesem Geschäftsvorfall zu. Der zugehörige Buchungssatz lautet: Forderungen 30.000 und Kasse 20.000 an Umsatzerlöse 50.000	
d)	Kosten sind definiert als bewertete, leistungsbezogene Gütererstellung einer Periode.	Falsch
	Kosten sind definiert als bewerteter, leistungsbezogener Güterverzehr einer Periode.	
e)	Die Barbegleichung einer Lieferantenverbindlichkeit stellt eine Auszahlung und eine Ausgabe dar.	Falsch
	Auszahlungen umfassen alle Abnahmen des Bestandes an liquiden Mitteln eines Unternehmens. Ausgaben umfassen alle Abnahmen des Fonds „liquide Mittel plus Forderungen abzüglich Verbindlichkeiten“. Da bei dem beschriebenen Vorgang eine Bilanzverkürzung vorliegt und der o.g. Fonds nicht abnimmt, handelt es sich nur um eine Auszahlung, nicht aber um eine Ausgabe. Der zugehörige Buchungssatz lautet: Verbindlichkeiten aus Lieferung und Leistung an Kasse.	
f)	Die liquiden Mittel am Ende einer Periode ergeben sich als Summe aus Cash Flow der Periode und Bestand der liquiden Mittel zu Periodenbeginn.	Richtig
	Vgl. Lehrbuch Abschnitt I.E.1.	

<table>
<tr><td rowspan="2">g)</td><td>Eine Kapitalerhöhung führt zu einer Einzahlung, einer Einnahme und einem Ertrag.</td><td>Falsch</td></tr>
<tr><td colspan="2">Eine Kapitalerhöhung ist eine Eigenkapitaleinnahme. Diese führt zwar zu einer Mehrung des Reinvermögens ist aber dennoch kein Ertrag, denn Erträge liegen vor bei Erhöhungen des Fonds „liquide Mittel plus Forderungen plus Sachvermögen abzüglich Verbindlichkeiten abzüglich Eigenkapitaleinnahmen“.Es liegen eine Einzahlung und eine Einnahme vor, nicht jedoch ein Ertrag.</td></tr>
<tr><td rowspan="2">h)</td><td>Der Beschluß einer Dividendenzahlung und deren Ausschüttung führen nicht zu einer Ausgabe.</td><td>Falsch</td></tr>
<tr><td colspan="2">Die Gewinnausschüttung stellt eine Verminderung des Eigenkapitals und der Kasse dar. Somit handelt es sich um eine Auszahlung und eine Ausgabe, aber nicht um einen Aufwand, da eine EK-Ausgabe vorliegt.</td></tr>
<tr><td rowspan="2">i)</td><td>Die Differenz aus Ein- und Auszahlungen eines Unternehmens einer Periode entspricht stets dem Bestand an liquiden Mitteln am Periodenende.</td><td>Falsch</td></tr>
<tr><td colspan="2">Die Differenz aus Ein- und Auszahlungen (Cash Flow) eines Unternehmens einer Periode plus den Bestand an liquiden Mitteln am Periodenanfang entspricht stets dem Bestand an liquiden Mitteln am Periodenende.</td></tr>
<tr><td rowspan="2">j)</td><td>Werden Rohstoffe in derselben Periode gekauft und verbraucht, liegen eine Ausgabe und ein Aufwand vor.</td><td>Richtig</td></tr>
<tr><td colspan="2">Vgl. Lehrbuch Abschnitt I.E.</td></tr>
<tr><td rowspan="2">k)</td><td>Bezahlt ein Kunde eine bestehende Forderung in bar, so stellt dieser Geschäftsvorfall eine Einzahlung, eine Einnahme und einen Ertrag dar.</td><td>Falsch</td></tr>
<tr><td colspan="2">Bei dem beschriebenen Vorgang liegt lediglich eine Einzahlung vor. Der Geschäftsvorfall stellt weder Einnahme noch Ertrag dar, da die Zunahme des Kontos „Kasse“ durch die Abnahme des Kontos „Forderungen“ ausgeglichen wird.</td></tr>
<tr><td rowspan="2">l)</td><td>Eine Dividendenzahlung an die Anteilseigner stellt eine Einzahlung dar.</td><td>Falsch</td></tr>
<tr><td colspan="2">Eine Dividendenzahlung an die Anteilseigner stellt eine Auszahlung dar.</td></tr>
</table>

<table>
<tr><td rowspan="2">m)</td><td>Eine Spende über 1.000 € eines Unternehmens an einen wohltätigen Verein stellt zugleich eine Auszahlung, eine Ausgabe und einen Aufwand dar.</td><td>Richtig</td></tr>
<tr><td colspan="2">Es verringert sich der Bestand an liquiden Mitteln (Auszahlung), während weitere Positionen unberührt bleiben. Daher verringern sich auch der Fonds „liquide Mittel plus Forderungen abzüglich Verbindlichkeiten“ (Ausgabe) und der Fonds „liquide Mittel plus Forderungen plus Sachvermögen abzüglich Verbindlichkeiten zuzüglich Eigenkapitalausgaben“ (Aufwand).</td></tr>
<tr><td rowspan="2">n)</td><td>Leistet ein Kunde eine Anzahlung (Vorauszahlung) für eine noch nicht erbrachte Leistung an ein Unternehmen in bar, so stellt dieser Geschäftsvorfall für das Unternehmen eine Einzahlung und eine Einnahme dar.</td><td>Falsch</td></tr>
<tr><td colspan="2">Durch die Anzahlung entsteht eine Verbindlichkeit in gleicher Höhe, deshalb handelt es sich nicht um eine Einnahme, da der Saldo des Fonds „liquide Mittel plus Forderungen abzüglich Verbindlichkeiten“ gleich null ist.</td></tr>
<tr><td rowspan="2">o)</td><td>Der wertmäßige Kostenbegriff ist umfassender als der pagatorische Kostenbegriff.</td><td>Richtig</td></tr>
<tr><td colspan="2">Der wertmäßige Kostenbegriff (Bewertung nach Grenznutzen) erlaubt Entscheidungen ohne zusätzliche Berücksichtigung des Entscheidungsfeldes. Er kann also sowohl bei knappen als auch bei nicht knappen Gütern verwendet werden. Der rein pagatorische Wertansatz ohne Berücksichtigung des Entscheidungsfeldes (Bewertung nach Preisen des Beschaffungsmarkts) ist dagegen nur bei nicht knappen Gütern sinnvoll.</td></tr>
<tr><td rowspan="2">p)</td><td>Die wertmäßigen Kosten unterscheiden sich immer dann von den pagatorischen Kosten, wenn kein Engpass vorliegt.</td><td>Falsch</td></tr>
<tr><td colspan="2">Gerade bei Vorliegen eines Engpasses kann der Wert eines Gutes steigen und der wertmäßige von dem pagatorischen Wertansatz abweichen.</td></tr>
<tr><td rowspan="2">q)</td><td>Eine Gewerbesteuernachzahlung für die letzte Periode stellt keine Kosten dar, da sie sachzielfremd ist.</td><td>Falsch</td></tr>
<tr><td colspan="2">Eine Gewerbesteuernachzahlung für die letzte Periode stellt keine Kosten dar, da sie periodenfremd ist. Die Zahlung von Steurn impliziert die Inanspruchnahme des Rechtssystems und öffentlicher Güter. Somit stellen Steuern bewerteten (ordentlichen) sachzielbezogenen Güterverzehr einer Periode dar.</td></tr>
</table>

Lösung zu Aufgabe 1.3

Die Aufgabenstellung finden Sie ab Seite 4.

Fall	Ein-zahlung	Ein-nahme	Ertrag	Leistung	Aus-zahlung	Ausgabe	Aufwand	Kosten
a)						24.000		
b)	14.000	14.000	2.000	2.000				
c)					16.700	13.400	13.400	13.400
d)							15.000	15.000
e)	30.000							
f)	70.000	70.000						
g)			100.000	100.000				
h)							20.000	20.000
i)	50.000	50.000	50.000					
j)	70.000	70.000	70.000					
k)							500.000	
l)					10.000	10.000	10.000	10.000

Alle Angaben in Euro [€].

Die Antworten ergeben sich aus folgendem Schema (LM = Liquide Mittel, SV = Sachvermögen, Ek = Eigenkapital):

LM + Ford. – Verbindlichk. – Rückst. + SV – Ek – Einnahmen + Ek – Ausgaben

LM: Erhöhung: Einzahlung/ Verringerung: Auszahlung

LM + Ford. – Verbindlichk.: Erhöhung: Einnahme / Verringerung: Ausgabe

Gesamt: Erhöhung: Ertrag / Verringerung: Aufwand

a) Verbindlichkeit (+24.000); nur Ausgabe, da Zielkauf und noch keine Produktion. (Noch kein Güterverbrauch; es erfolgt Aktivierung zum Kaufpreis).

b) LM (+14.000), SV (–12.000, da Aktivierung); Ertrag als auch Leistung, da der Verkaufserlös höher ist als der Wertansatz der Vorräte.

c) LM (–16.700), Verbindlichkeiten (–3.300), daher beträgt die Ausgabe:
–16.700 - (–3.300) = –13.400. Nur Kosten i.H. von 13.400, da 3.300 periodenfremd.

d) SV (–15.000); Produktionsvorgang, aber keine Beschaffung

e) LM (+30.000), Forderung (–30.000); keine Leistung, da keine Gütererstellung

f) LM (+70.000), Ek-Einnahmen (+70.000); da Eigenkapitalzunahme weder Ertrag noch Leistung

g) SV (+100.000)

h) SV ($-a_t = -\frac{A}{T} = -20.000$ für t = 1,. . . ,5)

Abschreibung stellt Werteverzehr dar und damit Aufwand. Da kalkulatorische Abschreibung der bilanziellen Abschreibung entspricht: Zweckaufwand = Grundkosten

i) LM (+50.000); keine Leistung, da keine Gütererstellung und sachzielfremd

j) LM (+70.000); keine Leistung, da keine Gütererstellung und sachzielfremd

k) SV (–500.000); außerordentlicher Güterverzehr = Zusatzaufwand, keine Kosten, da nicht ordentlich

l) LM (–10.000); Zweckaufwand = Grundkosten (sachzielbezogen)

(Alle Angaben in Euro [€])

Lösung zu Aufgabe 1.4

Die Aufgabenstellung finden Sie ab Seite 6.

a) Falsch! Richtig wäre: umgekehrt; Auszahlung, keine Ausgabe

Wird eine Lieferantenverbindlichkeit bar beglichen, so liegt eine Auszahlung vor und keine Ausgabe.

b) Falsch! Richtig wäre: erfolgsneutral; erfolgswirksam erst beim Verbrauch; Beschaffungsvorgänge sind erfolgsneutral.

c) Richtig!

d) Falsch! Richtig wäre: Zusatzkosten, da intern kalkulatorische Miete angesetzt wird. Werden private Räume betrieblich genutzt, so handelt es sich um Zusatzkosten.

e) Falsch! Richtig wäre: Zusatzkosten

Durch kalkulatorische Zinsen auf das Eigenkapital entstehen Zusatzkosten.

f) Falsch! Richtig wäre: Personengesellschaften (GbR, OHG, KG)

Der kalkulatorische Unternehmerlohn stellt Zusatzkosten bei Personengesellschaften dar.

g) Falsch! Richtig wäre: nur Auszahlung

Bei der Rückzahlung eines Darlehens liegt eine Auszahlung vor.

h) Falsch! Abschreibungen stellen z.B. einen Aufwand aber keine Ausgabe dar.

Richtig wäre: Ein Aufwand ist nicht immer auch eine Ausgabe.

i) Falsch! Kalkulatorische Kosten lassen sich in Anderskosten und Zusatzkosten aufgliedern. Anderskosten steht Andersaufwand gegenüber, Zusatzkosten steht kein Aufwand gegenüber.

Kalkulatorische Kosten sind nicht immer zugleich auch Aufwand.

j) Richtig! Es gilt die Annahme, dass der erzielte Preis der Ware oberhalb der Kosten liegt.

k) Falsch! Es entsteht keine Einnahme, sondern lediglich ein Ertrag.

l) Falsch! Richtig wäre: Bei dem Verkauf von Waren auf Ziel entsteht eine Einnahme, nicht aber eine Einzahlung.

m) Richtig!

n) Falsch! Richtig wäre: Einzahlung, Einnahme, aber kein Ertrag, da es sich um eine Eigenkapital-Einnahme handelt.

Eine Kapitalerhöhung führt zu einer Einzahlung und einer Einnahme, aber nicht zu einem Ertrag.

o) Richtig!

Lösung zu Aufgabe 1.5

Die Aufgabenstellung finden Sie ab Seite 6.

a) Zweckaufwand/Grundkosten, da eine AG eine Kapitalgesellschaft ist.

b) Zusatzkosten, da im externen Rechnungswesen keine Eigenkapitalzinsen angesetzt werden dürfen.

c) Zusatzkosten, da eine OHG eine Personengesellschaft ist (kalkulatorischer Unternehmerlohn).

d) Kein Begriff zutreffend! Ein Aktivtausch in der Bilanz ist nicht erfolgswirksam.

e) Andersertrag und Andersleistung. Andersertrag steht Andersleistung gegenüber. In der KuL kann mit voraussichtlich erzielbaren Verkaufserlösen bewertet werden. Im Handelsrecht gilt dagegen das Realisationsprinzip.

f) Zusatzertrag, da Spekulationsgewinne sachzielfremd sind.

g) Andersaufwand/Anderskosten, da unterschiedliche Höhen.

Lösung zu Aufgabe 1.6

Die Aufgabenstellung finden Sie ab Seite 7.

Fall	Ein-zahlung	Ein-nahme	Ertrag	Leistung	Aus-zahlung	Ausgabe	Aufwand	Kosten
a)						100.000		
b)	200.000							
c)								40.000
d)					100.000	100.000		
e)					500	500	500	
f)	100.000	300.000	50.000	50.000				
g)	20.000	20.000	20.000					
h)	200.000	200.000						
i)							10.000	
j)					50,000	50,000	50.000	50.000

Alle Angaben in Euro [€].

Die Antworten ergeben sich aus folgendem Schema (LM = Liquide Mittel, SV = Sachvermögen, Ek = Eigenkapital):

$$\underbrace{\underbrace{\underbrace{LM}_{\substack{\text{Erhöhung:}\\ \text{Einzahlung/}\\ \text{Verringerung:}\\ \text{Auszahlung}}} + \text{Ford.} - \text{Verbindlichk.}}_{\text{Erhöhung: Einnahme / Verringerung: Ausgabe}} - \text{Rückst.} + \text{SV} - \text{Ek} - \text{Einnahmen} + \text{Ek} - \text{Ausgaben}}_{\text{Erhöhung: Ertrag / Verringerung: Aufwand}}$$

a) Verbindlichkeiten (+100.000); nur Ausgabe, da Zielkauf und noch keine Produktion. Keine Kosten, da noch kein Güterverzehr; es erfolgt Aktivierung zum Kaufpreis.

b) LM (+200.000), Verbindlichkeiten (+200.000)

c) Nur Kosten, da Unternehmerlohn kalkulatorisch.

d) LM (–100.000), da Eigenkapitalausgabe liegen weder Aufwand noch Kosten vor

e) LM (–500); keine Kosten, da sachzielfremd

f) LM (+100.000), Forderungen (+200.000), SV (–250.000; da Aktivierung); Ertrag als auch Leistung, da der Verkaufserlös höher ist als der Wertansatz der Produkte.

g) LM (+20.000); keine Leistung, da sachzielfremd

h) LM (+200.000), Ek-Einnahmen (+200.000); da Eigenkapitalzunahme liegen weder ein Ertrag noch eine Leistung vor

i) SV (–10.000), keine Kosten, da sachzielfremd

j) LM (–50.000), keine Veränderung der Verbindlichkeiten, wenn Zinsverbindlichkeiten direkt überwiesen und nicht gesondert bilanziert werden. Zweckaufwand = Grundkosten (sachzielbezogen)

Lösung zu Aufgabe 1.7

Die Aufgabenstellung finden Sie ab Seite 8.

GV	Einzahlung (+) Auszahlung (–)	Einnahme (+) Ausgabe (–)	Ertrag (+) Aufwand (–)	Leistung (+) Kosten (–)	Ggf. ergänzende Angaben
a)	-130.000	-130.000	-	-	keine Kosten, da kein Güterverbrauch
b)	-	-75.000	-	-	keine Kosten, da kein Güterverbrauch
c)	+125.000			-	keine Leistung, da keine Gütererstellung
d)		-	-50.000	-50.000	Kosten und zugleich Aufwand
e)	-	-	-	-36.000	kein Aufwand, da Zinsen auf das Eigenkapital
f)	-	-75.000	-	-	Eigneraus-zahlung
g)	-2.500	-2.500	-2.500	-	keine Kosten,da sachzielfremd

h)	+75.000	+450.000	+25.000	+25.000	Ertrag und Leistung in Höhe der Differenz zwischen dem Verkaufspreis und dem kalkulatorischen bzw. bilanziellen Wert
i)	-500	-500	-500	-	keine Kosten,da sachzielfremd
j)	+75.000	+75.000	-	-	Eignereinzahlung

Lösung zu Aufgabe 1.8

Die Aufgabenstellung finden Sie ab Seite 9.

a) Falsch! Richtig wäre: Auszahlung statt Einnahme oder Erhöhung des Fonds LM + Forderungen – Verbindlichkeiten

Eine Auszahlung stellt eine Verringerung liquider Mittel dar.

b) Falsch! Richtig wäre: Einnahme statt Erträge

Einzahlungen und Einnahmen einer Periode unterscheiden sich immer dann, wenn sich die Differenz aus Forderungen und Verbindlichkeiten der Periode verändert hat.

c) Falsch! Richtig wäre: Zweckaufwand statt Aufwand

Die Kosten unterscheiden sich vom Zweckaufwand ausschließlich durch die kalkulatorischen Kosten.

d) Falsch! Richtig wäre: statt „nur“: „hauptsächlich“

Die Kosten- und Leistungsrechnung kann auch externen Zwecken dienen, so z.B. der Ermittlung der Herstellungskosten, die handelsrechtlich angesetzt werden müssen, der Ermittlung von Kostenverrechnungspreisen innerhalb von Konzernen oder der Preisbildung bei öffentlichen Aufträgen.

Die Kosten- und Leistungsrechnung dient hauptsächlich internen Zwecken.

e) Falsch! Richtig wäre: statt „die liquiden Mittel am Ende der Periode“: „den Cash-Flow der Periode“ (die Aussage wäre ansonsten nur richtig, wenn die liquiden Mittel zum Periodenbeginn = 0 wären).

Werden von den Einzahlungen die Auszahlungen des Unternehmens einer Periode abgezogen, so erhält man den Cash-Flow der Periode.

f) Falsch! Denn auch ein wertmäßiger Ansatz ist möglich, wenn wie z.B. bei kalkulatorischem Unternehmerlohn keine Preise des Beschaffungsmarktes verfügbar sind.

Kosten werden nicht immer mit den Preisen des Beschaffungsmarktes bewertet.

g) Falsch! Richtig wäre: statt „Gewinn“: „kalkulatorisches Betriebsergebnis“, da unterschiedliche Erfolgsbegriffe existieren, wie z.B. Totalerfolg, bilanzieller Erfolg oder ökonomischer Erfolg.

Leistungen minus Kosten einer Periode ergeben das kalkulatorische Betriebsergebnis des Unternehmens.

4.1.2 Abgrenzungsrechnung

Lösung zu Aufgabe 1.9

Die Aufgabenstellung finden Sie ab Seite 11.

Aussage		Richtig/Falsch
a)	Als Andersaufwand werden jene Aufwendungen bezeichnet, denen keine Kosten gegenüberstehen.	Falsch
	Als Andersaufwand werden jene Aufwendungen bezeichnet, denen Kosten in anderer Höhe gegenüberstehen.	
b)	Der Unternehmerlohn stellt für Unternehmen ohne eigene Rechtspersönlichkeit Grundkosten dar.	Falsch
	Das Gehalt eines Gesellschafters einer Personengesellschaft (ohne eigene Rechtspersönlichkeit, wie z.B. OHG, KG, GbR) stellt ein typisches Beispiel für Zusatzkosten dar.	
c)	Abschreibungen für eine Maschine stellen Anderskosten dar, sofern bilanzieller und kalkulatorischer Wertansatz übereinstimmen.	Falsch
	Aufwendungen, bei denen der Wertansatz nicht mit dem der Kostenrechnung übereinstimmt, stellen Anderskosten dar.	
d)	Miet- und Pachtkosten sind immer von den periodisch anfallenden Miet- und Pachtaufwendungen verschieden.	Falsch
	Kosten und Aufwand können in Mengen- und Wertkomponenten übereinstimmen; in diesem Fall spricht dann von Grundkosten bzw. Zweckaufwand.	

e)	Der handelsrechtliche Periodenerfolg laut GuV ist in den kalkulatorischen Periodenerfolg laut Kostenrechnung überführbar.	Richtig
	Die Abgrenzungsrechnung bildet die Schnittstelle zwischen der GuV-Rechnung und der KuL-Rechnung. Sie filtert die Differenzen beider Rechnungskreise heraus und mündet im Abgrenzungsergebnis. Es gilt: Gewinn der GuV = Abgrenzungsergebnis + kalkulatorisches Betriebsergebnis	
f)	Der Begriff der Andersleistung umfaßt sowohl Leistungen, denen Erträge in anderer Höhe gegenüberstehen als auch Leistungen, denen keine Erträge gegenüberstehen.	Falsch
	Leistungen, denen keine Erträge gegenüberstehen, sind Zusatzleistungen.	
g)	Sind das bewertungsbedingte und das ansatzbedingte Abgrenzungsergebnis null, so stimmen das kalkulatorische Betriebsergebnis und das Ergebnis aus der Gewinn- und Verlustrechnung überein.	Richtig
	Vgl. Lehrbuch Abschnitt I.E.5.	
h)	Die Berücksichtigung eines kalkulatorischen Unternehmerlohns für den Inhaber einer Personengesellschaft führt zu Kosten.	Richtig
	Der kalkulatorische Unternehmerlohn in einer Personengesellschaft ist ein typisches Beispiel für Zusatzkosten.	
i)	Ein Abgrenzungsergebnis von Null bedeutet stets, daß der Erfolg nach GuV und das kalkulatorische Betriebsergebnis identisch sind.	Richtig
	Es gilt: Ergebnis der GuV Rechnung = Abgrenzungsergebnis + kalkulatorisches Betriebsergebnis. Ist das Abgrenzungsergebnis gleich null, so gilt automatisch: Ergebnis der GuV Rechnung = kalkulatorisches Betriebsergebnis.	
j)	Ein Abgrenzungsergebnis von Null bedeutet stets, daß jedem einzelnen Aufwand und jedem einzelnen Ertrag eine Kostenposition bzw. eine Leistung in derselben Höhe gegenübersteht.	Falsch
	Dies muss nicht zwingend der Fall sein. Ein Gegenbeispiel: Fallen im Rahmen der Abgrenzungsrechnung nur ein Zusatzertrag i.H. von 30.000 Euro sowie zwei Zusatzaufwendungen i.H. von je 15.000 Euro an, führt dies ebenfalls zu einem Abgrenzungsergebnis von null, obwohl die oben genannte Bedingung nicht erfüllt ist.	
k)	Versicherte Einzelwagnisse führen zu Anderskosten.	Falsch
	Versicherte Einzelwagnisse führen zu Grundkosten in Höhe der Versicherungsprämie.	

l)	Die Zusatzkosten setzen sich aus den Anderskosten und den kalkulatorischen Kosten zusammen.	Falsch
	Die kalkulatorischen Kosten setzen sich aus den Anderskosten und den Zusatzkosten zusammen.	
m)	Unterscheidet sich die Höhe der Abschreibungen in der Kostenrechnung von der Höhe in der Finanzbuchhaltung, so führt dies zwangsläufig zu einer bewertungsbedingten Abgrenzung.	Falsch
	Dies ist nicht zwangsläufig der Fall, da sich der Unterschied zwischen Kosten und Aufwand auch aus der ansatzbedingten Abgrenzung ergeben kann.	
n)	Fallen die tatsächlich eingetretenen Wagnisverluste in anderer Höhe an als im Rahmen der kalkulatorischen Wagnisse kalkuliert, so handelt es sich um einen Zweckaufwand.	Falsch
	Da gerade keine Übereinstimmung von Aufwand und Kosten vorliegt, handelt es sich um Anderskosten bzw. Andersaufwand und nicht um einen Zweckaufwand, dem Grundkosten in gleicher Höhe gegenüber stehen würden.	
o)	Die Differenz aus Zweckertrag und Grundleistung beträgt null.	Richtig
	Dem Zweckertrag steht eine Grundleistung in gleicher Höhe gegenüber.	
p)	Das Ergebnis aus bewertungsbedingter Abgrenzung wird anhand der Formel: *Andersleistungen+Andererträge+Andersaufwendungen -Anderskosten* ermittelt.	Falsch
	Das Ergebnis aus bewertungsbedingter Abgrenzung wird anhand der Formel: *-Andersleistungen+Andererträge-Andersaufwendungen+Anderskosten* ermittelt.	
q)	Abschreibungen für ein vermietetes Gebäude stellen bei einem Produktionsunternehmen einen Zusatzaufwand dar.	Richtig
	Gebäudevermietungen sind bei einem Produktionsunternehmen nicht sachzielbezogen.	

Lösung zu Aufgabe 1.10

Die Aufgabenstellung finden Sie ab Seite 12.

a) Anderskosten/Andersaufwand, da unterschiedliche Höhe.

b) Grundleistung = Zweckertrag

c) Grundleistung = Zweckertrag

d) Zusatzertrag (keine Leistung, da nicht sachzielbezogen)

e) Zusatzaufwand (keine Kosten, da periodenfremd)

f) Zusatzertrag (keine Leistung da außerordentlich/nicht sachzielbezogen)

g) Anderskosten/Andersaufwand (in KuL Normierung der Wagniskosten; in GuV Aufwand in Höhe der tatsächlichen Wagnisse)

h) Zusatzkosten

i) Andersleistung/Andersertrag

j) Grundkosten = Zweckaufwand

k) Zusatzertrag (keine Leistung, da periodenfremd)

l) Anderskosten/Andersaufwand

m) Zusatzaufwand (keine Kosten, da sachzielfremd)

n) Grundkosten = Zweckaufwand

o) Grundleistung = Zweckertrag

Lösung zu Aufgabe 1.11

Die Aufgabenstellung finden Sie ab Seite 13.

a) Kosten = (Ordentlicher), bewerteter, sachzielbezogener Güterverzehr einer Periode
Grundkosten = Kosten, die in der Höhe mit dem Aufwand übereinstimmen (Kosten = Aufwand)

b) Kalkulatorische Kosten = Kosten, denen gar kein Aufwand oder Aufwand in nicht gleicher Höhe gegenüber steht; setzen sich aus Anders- und Zusatzkosten zusammen

Anderskosten = Kosten, denen Aufwand in anderer Höhe gegenübersteht
Zusatzkosten = Kosten, denen kein Aufwand gegenübersteht

c)

1) Kalkulatorische Miete für die Büroräume: Zusatzkosten (Opportunitätskosten nur in KuL)

2) Gehalt eines Vorstandsvorsitzenden einer AG: Zweckaufwand/Grundkosten, da eine AG eine KapG ist.

3) Unternehmerlohn eines OHG-Gesellschafters: Zusatzkosten, da eine OHG eine PersG ist (kalk. Unternehmerlohn)

4) Abschreibung einer Maschine, wobei handelsrechtliche und kalkulatorische Bewertung voneinander abweichen: Andersaufwand/Anderskosten, da unterschiedliche Höhe

5) Lotteriegewinn des Unternehmens: Zusatzertrag (keine Leistung, da nicht sachzielbezogen)

6) Verkauf einer Maschine zum Buchwert: Kein Begriff zutreffend. Ein Aktivtausch in der Bilanz ist nicht erfolgswirksam.

Lösung zu Aufgabe 1.12

Die Aufgabenstellung finden Sie ab Seite 13.

zu a)

Kalkulatorisches Betriebsergebnis + Abgrenzungsergebnis = Ergebnis GuV

359.000 + Abgrenzungsergebnis = 554.000 €

Abgrenzungsergebnis = 195.000 €

zu b)

Zusatzertrag i.H. von 4.000 Euro für betriebsfremde Mieterträge und Zusatzkosten i.H. von 80.000 Euro für kalkulatorischen Unternehmerlohn

→ Ergebnis aus ansatzbedingter Abgrenzung: 4.000 +80.000 = 84.000 €

→ Ergebnis aus bewertungsbedingter Abgrenzung: 195.000 - 4.000 - 80.000 = 111.000 €

zu c)

Zusammensetzung des Ergebnisses aus bewertungsbedingter Abgrenzung ohne Zinsen:

RHB: (1.300.000 – 1.200.000)	= 100.000 €
Abschreibung: (125.000 – 150.000)	= – 25.000 €
Summe:	75.000 €

Auf Zinsen entfallender Unterschied zwischen beiden Rechnungen:

111.000 – 75.000 = 36.000 €

36.000 Euro entsprechen den 30%, um die die kalkulatorischen Zinsaufwendungen höher sind als die handelsrechtlichen Zinsaufwendungen.

→ handelsrechtlicher Zinsaufwand: $36.000/0,3 = 120.000$ €

→ kalkulatorische Zinskosten: 120.000 + 36.000 = 156.000 €

Lösung zu Aufgabe 1.13

Die Aufgabenstellung finden Sie ab Seite 14.

zu a)

G = (GL - GK) + (kL - kK) + Abgrenzungsergebnis

⇔ Abgrenzungsergebnis = G - (GL - GK) - (kL - kK)

zu b)

Kalkulatorische Zinsen:	65.000 · 0,08 = 5.200 €
Ergebnis aus ansatzbedingter Abgrenzung:	8.790 €
Ergebnis aus bewertungsbedingter Abgrenzung:	31.700 €
Abgrenzungsergebnis:	(8790 + 31.700) = 40.490 €
Kalk. Betriebsergebnis = Gewinn – Abgrenzungsergebnis:	290.490 – 40.490 = 250.000 €

Die Lösung kann folgender Tabelle entnommen werden:

Ergebnistabelle								
	Gesamtergebnisrechnung der FiBu		Abgrenzungsrechnung: Ansatzbedingte Abgrenzung		Abgrenzungsrechnung: Bewertungsbedingte Abgrenzung		Kosten- und Leistungsrechnung	
Konto	Aufwand	Ertrag	ZL/ZA	ZE/ZK	AL/AA	AE/AK	Kosten	Leistungen
Umsatz		k.A.						k.A.
Bestandsveränderung UFE+FE		k.A.						k.A.
Zinserträge		k.A.						k.A.
Rohstoffaufwand	410.000				410.000	436.000	436.000	
Hilfsstoffaufwand	k.A.						k.A.	
Löhne & Gehälter	k.A.						k.A.	
Soziale Abgaben	k.A.						k.A.	
Abschreibungen auf Sachanlagen	56.210		6.210		50.000	55.000	55.000	
Miet- u. Pachtaufwand	k.A.						k.A.	
Zinsaufwand	4.500				4.500	5.200	5.200	
Betriebliche Steuern	k.A.						k.A.	
Unternehmerlohn				15.000			15.000	
			6.210	15.000	464.500	496.000		
			Ergebnis ansatzbedingter Abgrenzung = 8.790		Ergebnis bewertungsbedingter Abgrenzung = 31.700			
	Gewinn= 290.490		Abgrenzungsergebnis= 40.490				kalk. Betriebsergebnis = 250.000	

ZK=Zusatzleistung, ZA=Zusatzaufwand, ZE=Zusatzertrag, ZK=Zusatzkosten, AL=Andersleistung, AA=Andersaufwand, AE=Andersertrag, AK=Anderskosten k.A. = keine Angabe

Lösung zu Aufgabe 1.14

Die Aufgabenstellung finden Sie ab Seite 17.

zu a)

Abschreibungen

Zusatzaufwand:	35.000 €, denn die vermietete Lagerhalle dient nicht dem Betriebszweck
Zusatzkosten:	keine Zusatzkosten bei den Abschreibungen
Andersaufwand:	285.000 € (320.000 € - Zusatzaufwand = 35.000 €)
Anderskosten:	375.000 €

zu b) – c)

Die Lösung kann folgender Ergebnistabelle entnommen werden:

Ergebnistabelle								
	Gesamtergebnis-rechnung der FiBu		Abgrenzungsrechnung				Kosten- und Leistungsrechnung	
			Ansatzbedingte Abgrenzung		Bewertungsbedingte Abgrenzung			
Konto	Aufwand	Ertrag	ZL/ZA	ZE/ZK	AL/AA	AE/AK	Kosten	Leistungen
Umsatzerlöse		2.500.000						2.500.000
Mieterträge		60.000		60.000				
Zinserträge		80.000		80.000				
Bestandsveränd. FE		200.000			240.000	200.000		240.000
Rohstoffaufwand	100.000				100.000	90.000	90.000	
Hilfsstoffaufwand	55.000						55.000	
Aufwand für Fertigteile	70.000						70.000	
Löhne	240.000						240.000	
Gehälter	180.000						180.000	
Betriebliche Steuern	80.000		8.000				72.000	
Abschreibungen	320.000		35.000		285.000	375.000	375.000	
Unternehmerlohn				58.000			58.000	
kalk. EK Zinsen				56.000			56.000	
	1.045.000	2.840.000	43.000	254.000	625.000	665.000	1.196.000	2.740.000
			Ergebnis ansatzbedingter Abgrenzung = 211.000		Ergebnis bewertungsbedingter Abgrenzung = 40.000			
	Gewinn= 1.795.000		Abgrenzungsergebnis= 251.000				kalk. Betriebserg.= 1.544.000	

ZK=Zusatzleistung, ZA=Zusatzaufwand, ZE=Zusatzertrag, ZK=Zusatzkosten, AL=Andersleistung, AA=Andersaufwand, AE=Andersertrag, AK=Anderskosten k.A. = keine Angabe

zu d)

Gewinn aus ansatzbedingter Abgrenzung	211.000 €
+ Gewinn aus bewertungsbedingter Abgrenzung	40.000 €
= Abgrenzungsergebnis	251.000 €
+ kalkulatorisches Betriebsergebnis	1.544.000 €
= Gewinn nach GuV	1.795.000 €

Lösung zu Aufgabe 1.15

Die Aufgabenstellung finden Sie ab Seite 19.

Die Lösung kann folgender Tabelle entnommen werden:

Ergebnistabelle								
	Gesamtergebnis-rechnung der FiBu		Abgrenzungsrechnung				Kosten- und Leistungsrechnung	
			Ansatzbedingte Abgrenzung		Bewertungsbedingte Abgrenzung			
Konto	Aufwand	Ertrag	ZL/ZA	ZE/ZK	AL/AA	AE/AK	Kosten	Leistungen
Umsatzerlöse		2.000.000						2.000.000
Mehrbestand fertige Erzeugnisse		70.000						70.000
Mieterträge		55.000		55.000				
Zinserträge		20.000		20.000				
Aufwendungen für Roh-, Hilfs- und Betriebsstoffe	750.000				750.000	600.000	600.000	
Abschreibungen	240.000		24.000		216.000	200.000	200.000	
Löhne	420.000						420.000	
Gehälter	50.000						50.000	
Soziale Abgaben	130.000						130.000	
Zinsaufwendungen	11.000				11.000	12.500	12.500	
Betriebliche Steuern	60.000		10.000		50.000	45.000	45.000	
Unternehmerlohn				65.000			65.000	
	1.661.000	2.145.000	34.000	140.000	1.027.000	857.500	1.522.500	2.070.000
			Ergebnis ansatzbedingter Abgrenzung = 106.000		Ergebnis bewertungsbedingter Abgrenzung = -169.500			
	Gewinn = 484.000		Abgrenzungsergebnis= -63.500				kalk. Betriebserg.= 547.500	

ZK=Zusatzleistung, ZA=Zusatzaufwand, ZE=Zusatzertrag, ZK=Zusatzkosten, AL=Andersleistung, AA=Andersaufwand, AE=Andersertrag, AK=Anderskosten k.A. = keine Angabe

Lösung zu Aufgabe 1.16

Die Aufgabenstellung finden Sie ab Seite 21.

zu a)

Kalkulatorisches Betriebsergebnis + Abgrenzungsergebnis = Ergebnis GuV

625.000 + Abgrenzungsergebnis = 700.000 €

Abgrenzungsergebnis = 75.000 €

zu b)

- Zusatzertrag i.H. von 25.000 € für betriebsfremde Mieterträge
- Zusatzkosten i.H. von 80.000 € für kalkulatorischen Unternehmerlohn
- Zusatzaufwand i.H. von 15.000 € für Abschreibung auf vermietetes, nicht betriebsnotwendiges Gebäude
- Andersaufwand i.H. von 75.000 € für Abschreibung in der Finanzbuchhaltung
- Anderskosten i.H. von 60.000 € für Abschreibung in der Kostenrechnung

→ Ergebnis aus ansatzbedingter Abgrenzung: 25.000 € + 80.000 € - 15.000 € = 90.000 €

→ Ergebnis aus bewertungsbedingter Abgrenzung: -75.000 € + 60.000 € = -15.000 €

Lösung zu Aufgabe 1.17

Die Aufgabenstellung finden Sie ab Seite 21.

Fall	Einzahlung (+) / Auszahlung (−)	Einnahme (+) / Ausgabe (−)	Ertrag (+) / Aufwand (−)	Leistung (+) / Kosten (−)	Ist eine Abgrenzung notwendig ?		
					Ja ansatzbedingte Abgrenzung i.H.v.	Ja bewertungsbedingte Abgrenzung i.H.v.	Nein
a)	-500.000	-500.000	-500.000	-500.000			X
b)	-	-	-90.000	-100.000		+10.000	
c)	+25.000	+25.000	+25.000		+25.000		
d)	-50.000	-50.000	-50.000		-50.000		
e)	150.000	200.000	-50.000	-50.000			X

Lösung zu Aufgabe 1.18

Die Aufgabenstellung finden Sie ab Seite 22.

zu a) und b):

siehe Tabelle nächste Seite

zu b) Teil 2:

Gewinn nach GuV	691.000 €
- Gewinn aus ansatzbedingter Abgrenzung	54.000 €
- Gewinn aus bewertungsbedingter Abgrenzung	213.000 €
= kalkulatorisches Betriebsergebnis	424.000 €

Ergebnistabelle								
	Gesamtergebnis-rechnung der FiBu		Abgrenzungsrechnung				Kosten- und Leistungsrechnung	
			Ansatzbedingte Abgrenzung		Bewertungsbedingte Abgrenzung			
Konto	Aufwand	Ertrag	ZL/ZA	ZE/ZK	AL/AA	AE/AK	Kosten	Leistungen
Umsatzerlöse		2.875.000						2.875.000
Bestandsveränderung UFE		250.000						250.000
Bestandsveränderung FE		25.000						25.000
Mieterträge		36.000		36.000				
Erträge Abgang von Vermögensgegenständen		5.000		5.000				
Zinserträge		2.000		2.000				
Rohstoffaufwand	1.200.000				1.200.000	1.360.000	1.360.000	
Hilfsstoffaufwand	245.000						245.000	
Löhne	300.000						300.000	
Gehälter	200.000						200.000	
Soziale Abgaben	110.000						110.000	
Abschreibungen auf Sachanlagen	325.000		20.000		305.000	355.000	355.000	
Miet- und Pachtaufwand	75.000						75.000	
Verluste Abgang von Vermögensgegenständen	19.000		19.000					
Zinsaufwand	2.000				2.000	5.000	5.000	
Betriebliche Steuern	26.000		10.000				16.000	
Unternehmerlohn				60.000			60.000	
	2.502.000	3.193.000	49.000	103.000	1.507.000	1.720.000	2.726.000	3.150.000
			Ergebnis ansatzbedingter Abgrenzung = 54.000		Ergebnis bewertungsbedingter Abgrenzung = 213.000			
	Gewinn = 691.000		Abgrenzungsergebnis= 267.000				kalk. Betriebserg.= 424.000	

ZK=Zusatzleistung, ZA=Zusatzaufwand, ZE=Zusatzertrag, ZK=Zusatzkosten, AL=Andersleistung, AA=Andersaufwand, AE=Andersertrag, AK=Anderskosten k.A. = keine Angabe

4.1.3 Gliederung von Kosten

4.1.3.1 Gliederung nach Kostenverhalten bei Beschäftigungsänderungen

Lösung zu Aufgabe 1.19

Die Aufgabenstellung finden Sie ab Seite 25.

<table>
<tr><th colspan="2">Aussage</th><th>Richtig/Falsch</th></tr>
<tr><td rowspan="2">a)</td><td>Bei progressivem Kostenverlauf mit Fixkosten nähern sich mit zunehmender Produktionsmenge die durchschnittlichen Stückkosten von oben kommend den variablen Stückkosten an.</td><td>Richtig</td></tr>
<tr><td colspan="2">Vgl. Lehrbuch Abschnitt I.F.1.</td></tr>
<tr><td rowspan="2">b)</td><td>Bei degressiven Kostenverläufen sind die Grenzkosten immer niedriger als die variablen Kosten.</td><td>Falsch</td></tr>
<tr><td colspan="2">Korrekt wäre z.B.: Bei degressiven Kostenverläufen sind die Grenzkosten immer niedriger als die durchschnittlichen variablen Kosten.</td></tr>
<tr><td rowspan="2">c)</td><td>Fixe Kosten K_f fallen unabhängig von der Ausbringungsmenge an.</td><td>Richtig</td></tr>
<tr><td colspan="2">Fixe Kosten sind stets unabhängig von der produzierten Ausbringungsmenge, d.h. sie verändern sich bei Variation der Ausbringungsmenge nicht.</td></tr>
<tr><td rowspan="2">d)</td><td>Gilt $K''(x) < 0$ für die variablen Kosten der Kostenfunktion $K(x) = K_v(x) + K_f(x)$, so liegt ein progressiver Kostenverlauf vor.</td><td>Falsch</td></tr>
<tr><td colspan="2">Ein Beispiel für eine typische progressive Kostenfunktion ist: $K(x) = ax^2 + bx + c$ (mit $a > 0, b > 0$ und $c = K_f$). Somit ist $K'(x) = 2ax + b$ (und damit > 0) und $K''(x) = 2a$ (und damit ebenfalls > 0).</td></tr>
<tr><td rowspan="2">e)</td><td>Ein degressiver Verlauf der Gesamtkosten kann z.B. auf die Existenz von Skaleneffekten zurückgeführt werden.</td><td>Richtig</td></tr>
<tr><td colspan="2">Die Definition von Skaleneffekten (Economies of scale) besagt allgemein, dass die Stückkosten bei steigender Produktionsmenge sinken. Ein Grund für Skaleneffekte können z.B. Lerneffekte oder bessere Einkaufskonditionen für Rohstoffe in Form von Mengenrabatten sein.</td></tr>
<tr><td rowspan="2">f)</td><td>Bei progressiven Kostenverläufen sind die Grenzkosten immer niedriger als die durchschnittlichen variablen Kosten.</td><td>Falsch</td></tr>
<tr><td colspan="2">Dies gilt für degressive Kostenverläufe. Bei progressiven Kostenverläufen verhält es sich genau umgekehrt.</td></tr>
</table>

g)	Bei degressivem Kostenverlauf und positiven Fixkosten K_f nähern sich mit zunehmender Produktionsmenge die Stückkosten von oben kommend den variablen Stückkosten an.	Richtig
	Dargestellt ist das allgemeine Phänomen der Fixkostendegression. Beachte: Dies ist keine typische Eigenschaft des degressiven Kostenverlaufs sondern gilt z.B. auch beim progressiven und beim linearen Kostenverlauf mit Fixkosten.	
h)	Ein s-förmiger Kostenverlauf mit anfangs progressivem Verlauf spiegelt einen Wechsel von Lerneffekten zu negativen Effekten einer hohen Auslastung wider.	Falsch
	Ein progressiver Kostenverlauf spiegelt überproportional steigende Kosten wieder. Würden bei der Produktion Lerneffekte erzielt, würden die Kosten nur unterproportional ansteigen. Der Satz ist also richtig, wenn „progressiv" mit „degressiv" ausgetauscht wird.	
i)	Aufgrund der Berücksichtigung von Fixkosten stellen sowohl die Stückkosten als auch die Grenzkosten eine langfristige Beurteilungsgröße dar.	Falsch
	An den Grenzkosten erkennt man, wie sich die Gesamtkosten bei einer geringfügigen Veränderung der Ausbringung kurzfristig ändern. Die Grenzkostenfunktion ist die 1. Ableitung der Kostenfunktion. Da die Ableitung der fixen Kosten stets gleich null ist, werden sie bei den Grenzkosten nicht berücksichtigt und somit handelt es sich bei den Grenzkosten um eine kurzfristige Beurteilungsgröße. Die Stückkosten hingegen berücksichtigen Fixkosten und stellen eine langfristige Beurteilungsgröße dar.	
j)	Liegt ein linearer Kostenverlauf vor, dann nähern sich die variablen Stückkosten von oben kommend den Durchschnittskosten an, falls $K_f > 0$ gilt.	Falsch
	In diesem Fall nähern sich die Durchschnittskosten (Stückkosten) den variablen Stückkosten von oben kommend an.	
k)	Die fixen Stückkosten nähern sich unabhängig vom vorliegenden Verlauf der Gesamtkosten mit zunehmender Produktionsmenge asymptotisch dem Wert null an, falls $K_f \neq 0$.	Richtig
	Vgl. Lehrbuch Abschnitt I.F.1.	

<table>
<tr><td rowspan="2">l)</td><td>Liegen lineare Kosten vor, so sind die Grenzkosten und die Durchschnittskosten pro Stück stets identisch.</td><td>Falsch</td></tr>
<tr><td colspan="2">Dies gilt nur für lineare Kosten ohne Fixkosten (auch proportionale Kosten genannt). Bei positiven Fixkosten und linearem Verlauf sind die Grenzkosten stets geringer als die Durchschnittskosten.</td></tr>
<tr><td rowspan="2">m)</td><td>Sofern näherungsweise ein proportionaler Zusammenhang zwischen Gemeinkosten und einer Bezugsgröße besteht, ist eine Zurechnung von Gemeinkosten bei kurzfristigen Entscheidungen stets sinnvoll.</td><td>Falsch</td></tr>
<tr><td colspan="2">Ein Beispiel hierfür ist die Maschinenstundensatzkalkulation. Dieses Kalkulationsverfahren ist sinnvoll, wenn in einer Kostenstelle verschiedene Produkte auf verschiedenen Maschinen produziert werden. Die Überwälzung der gesamten Gemeinkosten einer solchen Stelle auf die Kostenträger anhand eines Wertschlüssels würde jene Produkte zu hoch belasten, die auf den günstigeren Maschinen gefertigt werden, und jene Produkte zu wenig belasten, welche die teurere Maschine in Anspruch nimmt. Dies könnte auch bei kurzfristigen Produktionsentscheidungen zu Fehlentscheidungen führen.</td></tr>
<tr><td rowspan="2">n)</td><td>Sprungfixe Kosten sind von der Beschäftigung unabhängig.</td><td>Falsch</td></tr>
<tr><td colspan="2">Sprungfixe Kosten ergeben sich dann, wenn aufgrund höherer Ausbringungen Kapazitätsanpassungen nur in groben Schritten erfolgen können. Daher sind die sprungfixen Kosten nur „innerhalb einer Stufe“ wirklich fix. Über mehrere Stufen gesehen bilden sie variable Kosten i.w.S. und sind damit beschäftigungsabhängig.</td></tr>
<tr><td rowspan="2">o)</td><td>Durch Multiplikation des Grads der Nichtauslastung mit den anfallenden Fixkosten erhält man die Leerkosten.</td><td>Richtig</td></tr>
<tr><td colspan="2">$K - L = \frac{1-B}{\bar{B}} \cdot a$, wobei a= Fixkosten, B= genutzte Kapazität, $\bar{B}$= max. Kapazität. (Vgl. Lehrbuch Abschnitt I.F.1.)</td></tr>
<tr><td rowspan="2">p)</td><td>Die Höhe der fixen Stückkosten hängt von der Ausbringungsmenge ab.</td><td>Richtig</td></tr>
<tr><td colspan="2">Fixe Stückkosten geben Auskunft darüber, wie die gesamten Fixkosten auf die Ausbringungsmenge verteilt werden. Somit sind sie von der Ausbringungsmenge abhängig.</td></tr>
</table>

Lösung zu Aufgabe 1.20

Die Aufgabenstellung finden Sie ab Seite 26.

zu a)

Bei progressiven Gesamtkosten gilt: $K'(x) > k_v(x)$ bzw. $K''(x) < 0$.

Bei der Kostenfunktion A handelt es sich um die Grenzkosten, da Funktion A linear ist und ansteigt. Zudem steigt Funktion A stärker als Funktion C (die variablen Stückkosten), was kennzeichnend für einen progressiven Kostenverlauf ist.

Bei der Kostenfunktion B handelt es sich um die Stückkosten (Durchschnittskosten). Diese sinken zunächst aufgrund der Fixkostendegression und steigen dann wieder an, weil der Anstieg der variablen Stückkosten die Fixkostendegression überwiegt. Für $x \to \infty$ nähert sich Funktion B an Funktion C (die variablen Stückkosten) an, da die fixen Stückkosten bei großen Produktionsmengen gegen 0 konvergieren.

Bei der Kostenfunktion C handelt es sich um variable Stückkosten, da diese mit zunehmender Ausbringungsmenge ansteigen, aber unter den Grenzkosten (Funktion A) verlaufen.

Bei der Kostenfunktion D handelt es sich um fixe Stückkosten, da diese sich mit zunehmender Ausbringungsmenge asymptotisch der x-Achse annähern.

zu b)

Ausschluss anderer Kostenverläufe

Argumentation über Grenzkosten:

- Die Grenzkosten entsprechen nicht den variablen Stückkosten und sind nicht konstant. $\to$ Es liegt keine lineare Funktion vor.
- Grenzkosten steigen an $\to$ Es liegt keine degressive Funktion vor.

Argumentation über Durchschnittskosten:

- Die variablen Durchschnittskosten sind nicht konstant $\to$ Es liegt keine lineare Funktion vor.
- Die Durchschnittskosten sinken nicht über den ganzen Funktionsbereich $\to$ Es liegt keine degressive Funktion vor.

Lösung zu Aufgabe 1.21

Die Aufgabenstellung finden Sie ab Seite 27.

zu a)

grafische Begründung:

Die Steigung einer Gerade durch den Ursprung und die Kostenfunktion entspricht den Stückkosten der Funktion. Um die Produktionsmenge mit minimalen Stückkosten x^* zu ermitteln, benötigt man demnach die Gerade durch diese beiden Punkte mit der geringsten Steigung und erhält somit die Tangente durch den Ursprung an die Funktion. Analog ist die Überlegung zur Ermittlung von x^{**}, nur dass die Gerade (Tangente) durch Punkt $(0; K_f)$ verlaufen muss, damit ihre Steigung den variablen Stückkosten entspricht.

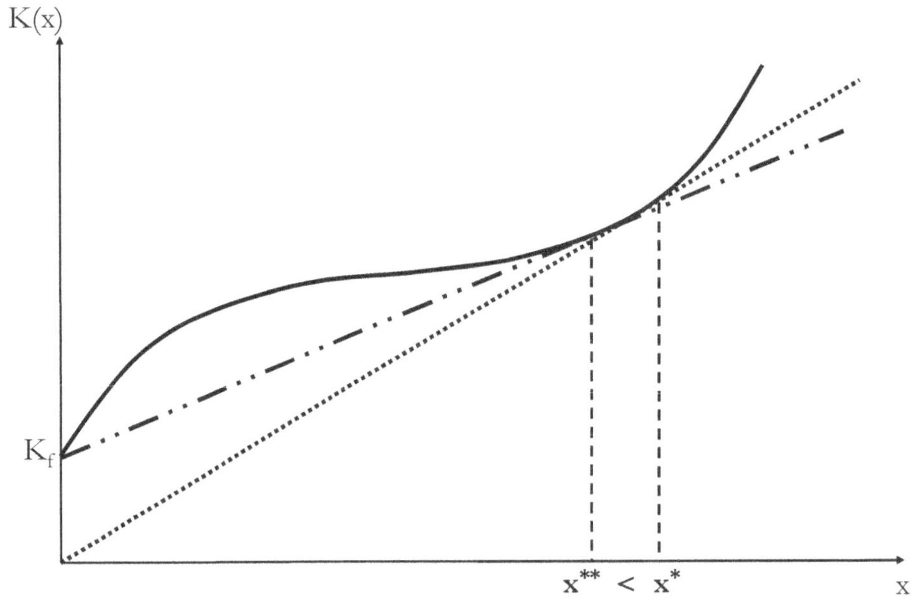

Beachte: x^* und x^{**} liegen immer im progressiven Bereich der Funktion (d.h. $K''(x) > 0$).

zu b)

Bei minimalen variablen Stückkosten entsprechen die Grenzkosten den variablen Stückkosten:

$K'(x) = k_v(x)$

$30 \cdot x^2 - 120 \cdot x + 120 = 10 \cdot x^2 - 60 \cdot x + 120$

$\Leftrightarrow 20 \cdot x^2 - 60 \cdot x = 0$

$\Leftrightarrow x \cdot (20 \cdot x - 6) = 0$

$\Leftrightarrow x = 0 \vee (20 \cdot x - 6) = 0$

$20 \cdot x - 60 = 0$

$\Leftrightarrow x^{**} = 3$

$x^{**} = 3$, da eine Produktionsmenge von Null für die vorliegende Fragestellung uninteressant ist.

Alternativer Ansatz: Minimiere die variable Stückkostenfunktion:

$k_v(x) = 10 \cdot x^2 - 60 \cdot x + 120 \rightarrow \min$

notwendige Bedingung:

$k_v'(x) = 20 \cdot x - 60 \Leftrightarrow x^{**} = 3$

hinreichende Bedingung:

$k_v''(x) = 20 > 0 \rightarrow$ Es liegt ein Minimum vor.

Lösung zu Aufgabe 1.22

Die Aufgabenstellung finden Sie ab Seite 27.

zu a)

$$K(x) = 20 \cdot x^2 + 35 \cdot x + 3.000$$

$$k(x) = \frac{K(x)}{x} = 20 \cdot x + 35 + \frac{3.000}{x}$$

$$k_v(x) = \frac{K_v(x)}{x} = 20 \cdot x + 35$$

$$K'(x) = 40 \cdot x + 35$$

zu b)

Es liegt keine lineare Funktion vor, da die Grenzkosten positiv sind.

Ob es sich um eine degressive oder progressive Funktion handelt, kann man anhand der Grenzkosten erkennen: Bei progressiven Gesamtkosten steigen die Grenzkosten, bei degressiven sinken sie. Folglich Untersuchung der zweiten Ableitung der Kostenfunktion:

$K''(x) = 40 > 0 \rightarrow$ steigende Grenzkosten $\rightarrow$ Es handelt sich um progressive Gesamtkosten.

zu c)

Die Vermutung basiert auf Szenario 1 für s-förmige Kostenfunktionen, da einem degressiven Verlauf Lerneffekte zugrunde liegen können und ein progressiver Verlauf durch einen ansteigenden durchschnittlichen Ressourcenverbrauch zustande kommt.

zu d)

Minimierung der variablen Stückkosten:

$$K(x) = 0,04 \cdot x^3 - 3,6 \cdot x^2 + 100 \cdot x$$

$$k_v(x) = 0,04 \cdot x^2 - 3,6 \cdot x + 100$$

$$k_v'(x) = 0,08 \cdot x - 3,6$$

$$k_v''(x) = 0,08$$

notwendige Bedingung: $k_v'(x) = 0$

$k_v'(x) = 0,08 \cdot x - 3,6 = 0$

$\rightarrow x^{**} = 45$ ME

hinreichende Bedingung:

$k_v''(x^{**} = 45) = 0,08 > 0 \rightarrow$ Es handelt sich um ein Minimum

Gesamtkosten:

$K(x^{**} = 45) = 0,04 \cdot 45^3 - 3,6 \cdot 45^2 + 100 \cdot 45 = 855$ €

variable Stückkosten:

$k_v(x^{**} = 45) = 0,04 \cdot 45^2 - 3,6 \cdot 45 + 100 = 19$ €/ME $= K'(x^{**} = 45)$,

da Menge mit minimalen $k_v(x)$

Lösung zu Aufgabe 1.23

Die Aufgabenstellung finden Sie ab Seite 28.

variable Stückkosten: $k_v(x) = \dfrac{200 \cdot \sqrt{x} - x}{x} = \dfrac{200}{\sqrt{x}} - 1 \quad \rightarrow k_v(\bar{x} = 400) = 9$

Grenzkosten: $K'(x) = \dfrac{200}{2 \cdot \sqrt{x}} - 1 = \dfrac{100}{\sqrt{x}} \cdot 1 \quad \rightarrow K'(\bar{x} = 400) = 4$

$K''(x = 400) < 0$ degressiver Verlauf

Da die Grenzkosten unter den variablen Stückkosten liegen, handelt es sich um degressive Kosten.

Lösung zu Aufgabe 1.24

Die Aufgabenstellung finden Sie ab Seite 28.

zu a)

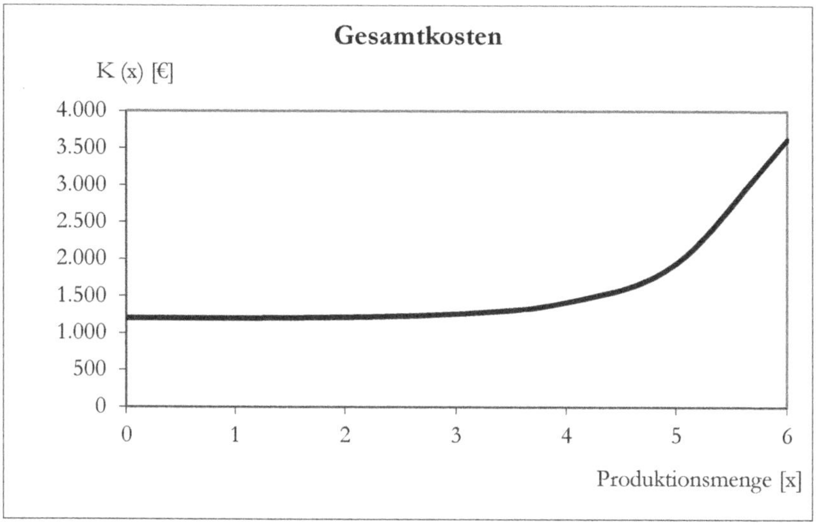

zu b)

b1) Fixkosten: $K_f = 1.200$

b2) Variable Kosten: $K_v(x) = e^x \cdot x$

b3) Stückkosten: $k(x) = \frac{1.200}{x} + e^x$

b4) Variable Stückkosten: $k_v(x) = e^x$

b5) Fixe Stückkosten: $k_f(x) = \frac{1.200}{x}$

b6) Grenzkosten: $K'(x) = e^x + e^x \cdot x = e^x \cdot (x + 1)$

zu c)

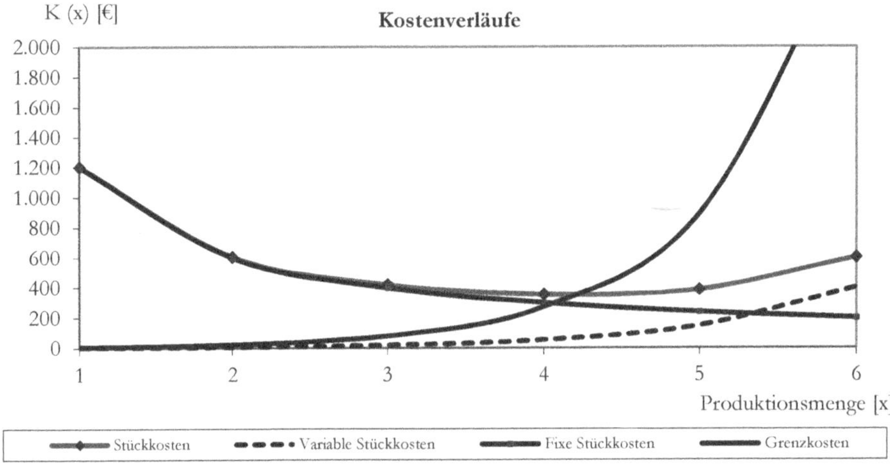

zu d)

Entwicklung bei großen Produktionsmengen:

1. Stückkosten werden unendlich groß: $\lim_{x\to\infty} \frac{1.200}{x} + e^x = \lim_{x\to\infty} e^x = \infty$

Dies ist typisch für progressive Kosten.

2. Fixe Stückkosten gehen gegen Null: $\lim_{x\to\infty} \frac{1.200}{x} = 0$

Bezüglich der Grenzkosten und der variablen Stückkosten gilt:

Sowohl die variablen Stückkosten als auch die Grenzkosten steigen. Die Grenzkosten verlaufen jedoch oberhalb der variablen Stückkosten, da es sich um progressive Kosten handelt.

Lösung zu Aufgabe 1.25

Die Aufgabenstellung finden Sie ab Seite 29.

zu a)

Bei kleineren Produktionsmengen treten Lerneffekte auf, bei höheren kommt es dann zu Verschleiß, Überlastung etc.

zu b)

b1) Bei der Produktionsmenge x^*, die die Stückkosten minimiert, entsprechen die GK genau den Stückkosten an dieser Stelle. Die nächste Einheit kostet genau so viel wie die vorherigen im Durchschnitt.

Bei $x < x^*: \ k(x) > K'(x) \rightarrow$ Es ist noch Einsparpotential vorhanden. Die nächste Einheit verringert die Stückkosten.

b2) Bei $x > x^*$: $k(x) < K'(x) \rightarrow$ Die nächste Einheit erhöht die Stückkosten.

zu c)

G = Deckungsbeitrag · Menge − Fixkosten

G = 5.000 · x − 1.000.000 = 100.000

$\rightarrow x = 220$

Lösung zu Aufgabe 1.26

Die Aufgabenstellung finden Sie ab Seite 30.

zu a)

Bei der Kostenfunktion A handelt es sich um Stückkosten (Durchschnittskosten), da sie oberhalb der Kostenfunktionen B und C verläuft. Die Stückkosten sinken durchweg aufgrund der Fixkostendegression und der Degressivität der Kostenfunktion.

Bei der Kostenfunktion B handelt es sich um die variablen Stückkosten. Diese verlaufen bei degressiven Gesamtkosten unterhalb der Stückkosten, aber oberhalb der Grenzkosten.

Bei der Kostenfunktion C handelt es sich um die Grenzkosten. Diese verlaufen unterhalb der variablen Stückkosten.

zu b)

Es handelt sich nicht um progressive Kosten:

- Bei progressivem Kostenverlauf müssten die Grenzkosten steigen und es müsste gelten: $K'(x) > k_v(x)$.
- Die Durchschnittskosten müssten für steigendes x zunächst sinken und danach wieder ansteigen.

Es handelt sich nicht um lineare Kosten:

- Bei linearem Kostenverlauf müsste gelten: $K'(x) = k_v(x) =$ konstant.

Lösung zu Aufgabe 1.27

Die Aufgabenstellung finden Sie ab Seite 30.

zu a)

Es handelt sich um eine degressive Kostenfunktion (konkaver Verlauf):

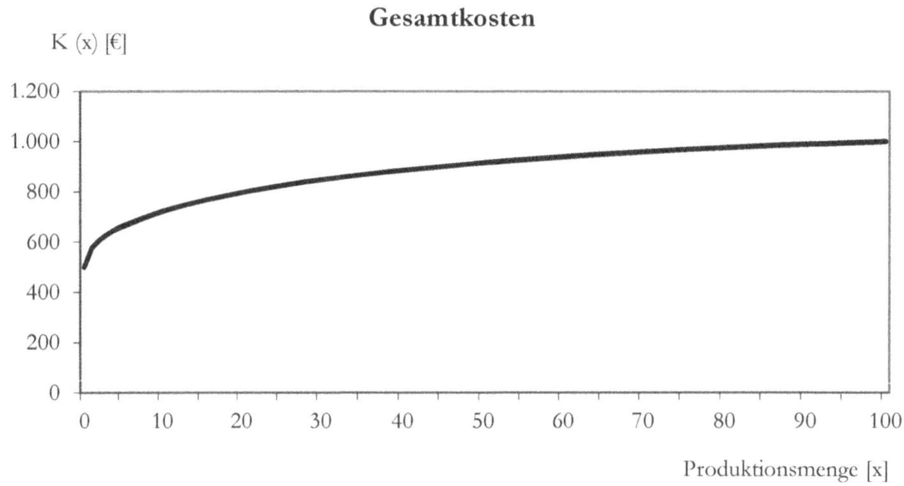

zu b)

b1) Fixkosten: $K_f = 500$

b2) Variable Kosten: $K_v(x) = 80\sqrt{x} - 3x$

b3) Stückkosten: $k(x) = \frac{500}{x} + \frac{80}{\sqrt{x}} - 3$

b4) Variable Stückkosten: $k_v(x) = \frac{80}{\sqrt{x}} - 3$

b5) fixe Stückkosten: $k_f(x) = \frac{500}{x}$

b6) Grenzkosten: $K'(x) = 80 \cdot \frac{1}{2} \cdot x^{-\frac{1}{2}} - 3 = \frac{40}{\sqrt{x}} - 3$

zu c)

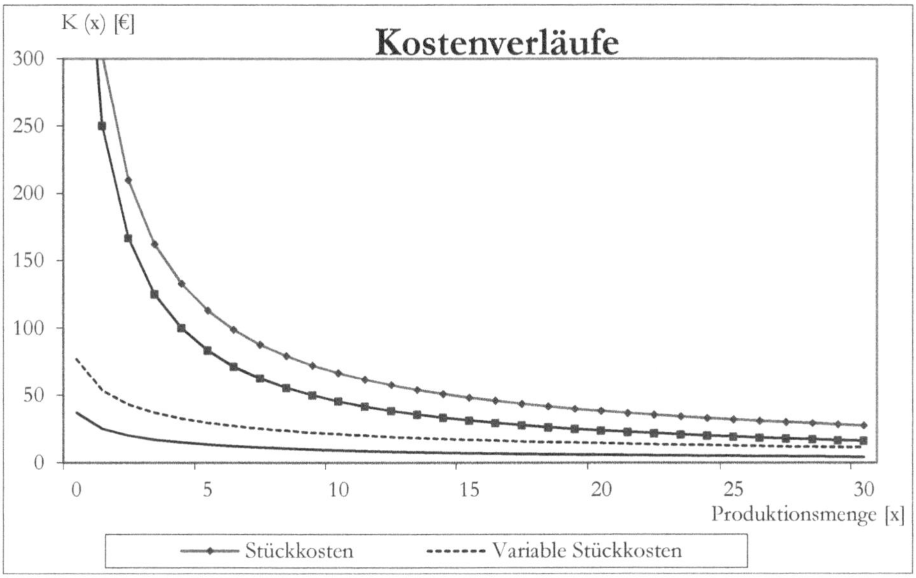

zu d)

d1)

Fixe Stückkosten: $\lim_{x\to\infty} \frac{500}{x} = 0$

Stückkosten: $\lim_{x\to\infty} \frac{500}{x} + \frac{80}{x^{1/2}} - 3 = -3$

Da negative Stückkosten nicht realistisch sind, konvergieren die Stückkosten gegen 0.

Hier wird deutlich, dass die Kostenfunktion bei großen Produktionsmengen nicht mehr zutreffend ist (Inhaltlich: Irgendwann sind keine weiteren Lerneffekte mehr möglich).

d2)

Typisch für degressive Kostenfunktionen sind mit zunehmender Ausbringungsmenge sinkende Grenzkosten, die sich aber stets im positiven Bereich der Funktion bewegen. Die Produktion der nächsten Einheit ist preiswerter als jene der vorherigen Einheit. Analytisch muss die 1. Ableitung positiv und die 2. Ableitung negativ sein, da die Grenzkosten sinken. (Bsp: Lerneffekte)

$K'(x) = \frac{40}{\sqrt{x}} - 3 = 40 \cdot x^{-1/2} - 3 \quad (\text{für } 0 < x < 177)$

Für Produktionsmengen ab $x > 177$ ist die Funktion ökonomisch nicht mehr sinnvoll.

$K''(x) = \frac{1}{2} \cdot 40 \cdot x^{-3/2} = -20 \cdot x^{-3/2} < 0 \quad \text{q.e.d.}$

d3)

Variable Stückkosten und Grenzkosten:

$k_v(x) = \frac{80}{\sqrt{x}} - 3 > K'(x) = \frac{40}{\sqrt{x}} - 3$

Die variablen Stückkosten liegen bei degressiven Kostenfunktionen stets über den Grenzkosten.

zu e)

e1)

$B(\hat{x}) = db \cdot x - K_F$

$B(x) = 5 \cdot \hat{x} - 5.000 = 0$

$\hat{x} = 1.000$

e2)

$B(x) = (55 - k_v) \cdot 40 - 5.000 = 900$

$\Leftrightarrow (55 - k_v) \cdot 400 = 5.900$

$\Leftrightarrow (55 - k_v) = \dfrac{5.900}{400} = 14,75$

$\rightarrow k_v = (55 - 14,75) = 40,25$ €

Lösung zu Aufgabe 1.28

Die Aufgabenstellung finden Sie ab Seite 31.

zu a)

Stückkosten: $k(x) = \frac{7.000}{x} + \frac{200\sqrt{x}}{x} - \frac{x}{x} = \frac{7.000}{x} + \frac{200}{\sqrt{x}} - 1$

Variable Kosten: $K_v(x) = 200\sqrt{x} - x$

variable Stückkosten: $k_v(x) = \frac{200}{\sqrt{x}} - 1$

Grenzkosten: $K'(x) = \frac{100}{\sqrt{x}} - 1$

zu b)

Kalkulatorischer Erfolg = Leistung − Kosten

Prod.verfahren A: $10.000 \cdot 40 - (1.000 + 3 \cdot 10.000) = 369.000$

Prod.verfahren B: $10.000 \cdot 40 - (7.000 + 200\sqrt{10.000} - 10.000) = 383.000$

zu c)

Verfahren B sollte angewendet werden, weil hier ein höherer jährlicher kalkulatorischer Erfolg erzielt werden kann.

zu d)

Gewinn $= E - K_B(x)$

Ableiten: $(40 \cdot x - 7.000 - 200\sqrt{x} + x)'$

$$40 - \frac{100}{\sqrt{x}} + 1 = 0$$
$$\frac{100}{\sqrt{x}} = 41$$
$$\frac{100}{41} = \sqrt{x}$$
$$x = 5,95$$

Lösung zu Aufgabe 1.29

Die Aufgabenstellung finden Sie ab Seite 32.

zu a)

Kalkulatorischer Erfolg = Leistungen - Kosten

Produktionsverfahren A

$\rightarrow$ 14.400 Stück $\cdot\, 40 \frac{€}{\text{Stück}} - (40.000\text{ €} + 10 \cdot 14.400) = 392.000\text{ €}$

Produktionsverfahren B

$\rightarrow$ 14.400 Stück $\cdot\, 40 \frac{€}{\text{Stück}} - (100.000\text{ €} + 2.400 \cdot \sqrt{14.400}) = 188.000\text{ €}$

zu b)

Unter der gegebenen Absatzmenge x und dem gegebenen Absatzpreis p ist es für das Unternehmen vorteilhaft das Produktionsverfahren A anzuwenden, da dieses zu einem höheren jährlichen kalkulatorischen Erfolg führt.

zu c)

Degressiver Kostenverlauf, da

$K_B'(x) = \frac{2.400}{2 \cdot \sqrt{x}} = \frac{1.200}{\sqrt{x}} > 0$ und $K_B''(x) = -\frac{1}{2} \cdot 1.200 \cdot x^{-\frac{3}{2}} = -\frac{600}{\sqrt{x^3}} < 0$

alternative Lösung:

$K_B'(x) = \frac{1.200}{\sqrt{x}} < k_v^B(x) = \frac{2.400 \cdot \sqrt{x}}{x} = \frac{2.400}{\sqrt{x}}$

zu d)

$k_v^B(x) = \frac{K_v^B(x)}{x}$

$\rightarrow k_v^B(x = 14.400) = \frac{2.400}{\sqrt{14.400}} = 20 \frac{€}{\text{Stück}}$

zu e)

$K_B'(x) = \frac{2.400}{2 \cdot \sqrt{x}} = \frac{1.200}{\sqrt{x}}$

$\rightarrow K'_B(x = 14.400) = \frac{1.200}{\sqrt{14.400}} = 10 \frac{€}{\text{Stück}}$

Lösung zu Aufgabe 1.30

Die Aufgabenstellung finden Sie ab Seite 32.

zu a)

Bei x^{**} muss gelten: $k'_v(x) = 0$

$K(x) = 20 \cdot x^3 - 60 \cdot x^2 + 140 \cdot x + 2.000$

$K_v(x) = 20 \cdot x^3 - 60 \cdot x^2 + 140 \cdot x$

$k_v(x) = 20 \cdot x^2 - 60 \cdot x + 140$

$k'_v(x) = 40 \cdot x^{**} - 60 \stackrel{!}{=} 0$

$x^{**} = 1,5$

$k''_v(x^{**} = 1,5) = 40 > 0 \rightarrow$ Es handelt sich um ein Minimum

Test:

$k_v(x^{**} = 1,5) = 95, \quad k_v(x = 1,49) = 95,002, \quad k_v(x = 1,51) = 95,002$

$K'(x^{**} = 1,5) = 60 \cdot 1,5^2 - 2 \cdot 60 \cdot 1,5 + 140 = 95$

somit gilt im Minimum

$k_v(x^{**}) = K'(x^{**})$

zu b)

Damit $x^{**} = 1,5$ im progressiven Bereich liegt, müssen an dieser Stelle die Grenzkosten steigen, also muss die zweite Ableitung der Kostenfunktion an der Stelle $x^{**} = 1,5$ größer als 0 sein.

$K(x) = 20 \cdot x^3 - 60 \cdot x^2 + 140 \cdot x + 2.000$

$K'(x) = 60 \cdot x^2 - 120 \cdot x + 140$

$K''(x) = 120 \cdot x - 120$

$K''(x^{**} = 1,5) = 120 \cdot 1,5 - 120 = 60 > 0$ q.e.d.

Lösung zu Aufgabe 1.31

Die Aufgabenstellung finden Sie ab Seite 33.

zu a)

Progressiver Kostenverlauf, da

$K'(x) = 30 \cdot x + a \quad > 0$, da $a > 0$ und $K''(x) = 30 > 0$

alternative Lösung:

$K'(x) = 30 \cdot x + a \; > \; k_v(x) = 15 \cdot x + a$

zu b)

Progressive Kosten entstehen beispielsweise im Rahmen der Lohnkosten, wenn die Steigerung der Ausbringungsmenge nur dadurch möglich ist, dass Überstunden eingeführt werden. Die Überstundenzuschläge lassen die Kosten dann progressiv ansteigen.

zu c)

$$B = p \cdot x - K(x) = p \cdot x - (K_v(x) + K_f)$$
$$\rightarrow 20.000 = 4.582 \cdot 300 - (15 \cdot 300^2 + a \cdot 300 + 1.000)$$
$$\Leftrightarrow 20.000 = 1.374.600 - 1.351.000 - 300 \cdot a$$
$$\Leftrightarrow 20.000 = 23.600 - 300 \cdot a$$
$$\Leftrightarrow 300 \cdot a = 3.600$$
$$\rightarrow a = 12$$

zu d)

Stückkosten

$$k(x) = \frac{K(x)}{x} = \frac{15 \cdot x^2 + 12 \cdot x + 1.000}{x} = 15 \cdot x + 12 + \frac{1.000}{x}$$
$$\rightarrow k(x = 100) = 15 \cdot 100 + 12 + \frac{1.000}{100} = 1.522 \, \frac{€}{\text{Stück}}$$

variable Stückkosten

$$k_v(x) = \frac{K_v(x)}{x} = \frac{15 \cdot x^2 + 12 \cdot x}{x} = 15 \cdot x + 12$$
$$\rightarrow k_v(x = 100) = 15 \cdot 100 + 12 = 1.512 \, \frac{€}{\text{Stück}}$$

Grenzkosten

$$K'(x) = 30 \cdot x + 12$$
$$\rightarrow K'(x = 100) = 30 \cdot 100 + 12 = 3.012 \, \frac{€}{\text{Stück}}$$

Lösung zu Aufgabe 1.32

Die Aufgabenstellung finden Sie ab Seite 33.

zu a)

$$K(x) = a \cdot x^3 + b \cdot x^2 + c \cdot x + d$$
$$k_v(x) = a \cdot x^2 + b \cdot x + c$$

Variable Stückkosten minimieren:

$k_v'(x) = 2 \cdot a \cdot x^{**} + b \stackrel{!}{=} 0$

$\rightarrow x^{**} = -\dfrac{b}{2a}$

zu b)

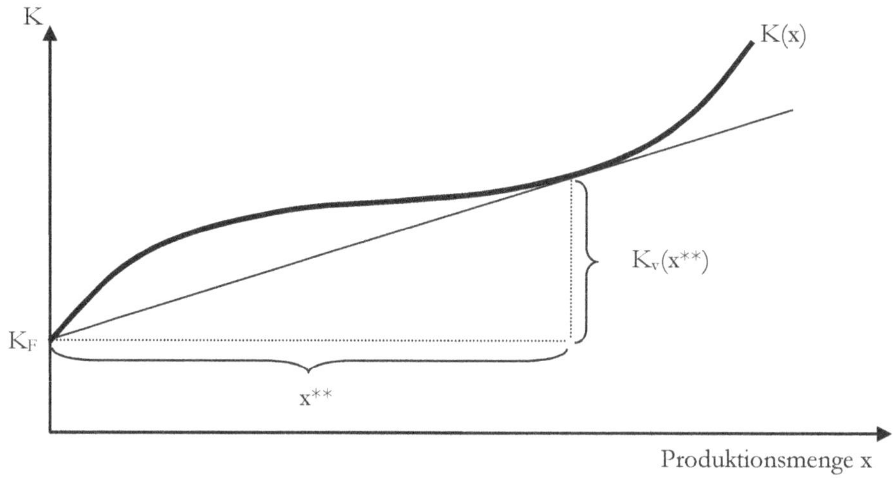

zu c)

$x^{**} < x^*$

In Bezug auf die durchschnittlichen Kosten spricht zusätzlich noch die Fixkostendegression für eine Erhöhung der Produktionsmenge. Diese kommt bei den variablen Stückkkosten nicht zum Tragen.

zu d)

Das Unternehmen befindet sich im progressiven Teil, da bei der beschriebenen Situation von steigenden Grenzkosten auszugehen ist.

Lösung zu Aufgabe 1.33

Die Aufgabenstellung finden Sie ab Seite 34.

Die Break-Even-Menge ist die Menge, bei welcher ein Gewinn in Höhe von Null erzielt wird bzw. Erlös gleich Kosten gilt.

$B = p \cdot x - k_v(x) \cdot x - K_f = 0$

$\rightarrow p \cdot x = k_v(x) \cdot x + K_f$

$\rightarrow 10 \cdot 400 = \left(\dfrac{70}{\sqrt{x}} - 3\right) \cdot x + K_f$

Bestimmung der variablen Kosten

$K_v(x) = k_v(x) \cdot x$

$\rightarrow K_v(x) = \left(\frac{70}{\sqrt{x}} - 3\right) \cdot x = 70 \cdot \sqrt{x} - 3 \cdot x$

Bestimmung der Fixkosten

$K_f = K(x) - K_v(x) \quad \text{und} \quad K(x) = p \cdot x$

$\rightarrow K_f = 4.000 - 70 \cdot \sqrt{400} + 3 \cdot 400$

$\rightarrow K_f = 3.800$

Bestimmung der Kostenfunktion

$\rightarrow K(x) = 70 \cdot \sqrt{x} – 3 \cdot x + 3.800$

Lösung zu Aufgabe 1.34

Die Aufgabenstellung finden Sie ab Seite 35.

zu a)

$q = \sqrt{\frac{2 \cdot 2.400 \cdot 225}{0,75}}$

Anzahl der Bestellungen: $\frac{2.400}{1.200} = 2$

zu b)

$K = 2 \cdot (\frac{1.200}{2} \cdot \frac{1}{2} \cdot 0,75 + 225) = 900$

4.1.3.2 Gliederung nach der Form der Zurechnung: Zurechnungsprinzipien

Lösung zu Aufgabe 1.35

Die Aufgabenstellung finden Sie ab Seite 35.

Aussage		Richtig/Falsch
a)	Zeitabhängige Abschreibungen für eine Maschine, die nur von einem Produkt genutzt wird, können nach dem Verursachungsprinzip zugerechnet werden.	Falsch
	Die Maschine müsste auch bei Verzicht auf das Produkt abgeschrieben werden, demnach ist das Verursachungsprinzip nicht anwendbar.	

b)	Beim Kostentragfähigkeitsprinzip werden die Einzelkosten mit Schlüsseln, die von den Absatzpreisen abhängen, auf Kalkulationsobjekte zugerechnet.	Falsch
	Einzelkosten können den Kostenträgern direkt zugerechnet werden. Daher ist eine Verrechnung oder Umlage nicht notwendig. Ersetzt man „Einzelkosten“ durch „Gemeinkosten“, so stimmt die Aussage.	
c)	Das Beanspruchungsprinzip besagt, dass sich der Umfang der Einwirkung des Güterverzehrs auf das Kalkulationsobjekt in der Kostenrechnung widerspiegeln soll.	Richtig
	Vgl. Lehrbuch Abschnitt I.F.2.	
d)	Der Unterschied zwischen echten und unechten Gemeinkosten besteht darin, dass bei den echten Gemeinkosten lediglich aus Wirtschaftlichkeitsgründen auf eine exakte Zurechnung der Kosten verzichtet wird, während bei unechten Gemeinkosten eine exakte Zurechnung grundsätzlich unmöglich ist.	Falsch
	Hier wurden die Begriffe vertauscht: Bei unechten Gemeinkosten wird aus Wirtschaftlichkeitsgründen auf eine exakte Zurechnung der Kosten verzichtet, echte Gemeinkosten sind den Kostenträgern hingegen nicht direkt zurechenbar.	
e)	Eine beanspruchungsgerechte Zurechnung von Gemeinkosten ist stets verursachungsgerecht.	Falsch
	Gemeinkosten können per Definition nicht verursachungsgerecht zugerechnet werden	
f)	Eine dem Durchschnittsprinzip entsprechende Schlüsselgröße kann gleichzeitig auch beanspruchungsgerecht sein.	Richtig
	Das Beanspruchungsprinzip ist eine konkrete Ausgestaltungsmöglichkeit des Durchschnittsprinzips, welches allgemein besagt, dass ein Kostenblock proportional zu einer Bezugsgröße aufgeteilt wird.	
g)	Das Verursachungsprinzip stellt einen Spezialfall des Beanspruchungsprinzips dar.	Richtig
	Vgl. Lehrbuch Abschnitt I.F.2.	

<table>
<tr><td rowspan="2">h)</td><td>Die auf dem Verursachungsprinzip basierende Definition von Einzel- und Gemeinkosten sollte nur in kurzfristigen Entscheidungsrechnungen verwendet werden.</td><td>Richtig</td></tr>
<tr><td colspan="2">Einzelkosten nach dem Verursachungsprinzip sind solche Kosten, die unmittelbar wegfallen, wenn der Kostenträger nicht mehr produziert wird. In langfristigen Entscheidungsrechnungen sind jedoch auch Kosten relevant, die nicht unmittelbar sondern erst langfristig oder in Zusammenhang mit der Nichtproduktion anderer Kostenträger wegfallen.</td></tr>
<tr><td rowspan="2">i)</td><td>Bei Zurechnung über das Tragfähigkeitsprinzip erfolgt eine Proportionalisierung über Schlüssel, die von den Beschaffungspreisen abhängen.</td><td>Falsch</td></tr>
<tr><td colspan="2">Die Schlüsselung erfolgt in Abhängigkeit von Absatzpreisen (Vgl. Lehrbuch Abschnitt I.F.2.)</td></tr>
<tr><td rowspan="2">j)</td><td>Kosten, die den Kostenträgern nach dem Beanspruchungsprinzip zugerechnet werden können, sind stets Einzelkosten.</td><td>Falsch</td></tr>
<tr><td colspan="2">Kosten, die den Kostenträgern nach dem Verursachungsprinzip zugerechnet werden können, sind stets Einzelkosten.</td></tr>
</table>

Lösung zu Aufgabe 1.36

Die Aufgabenstellung finden Sie ab Seite 36.

zu a)

Verwendung der Maschinenlaufzeit: Beanspruchungsprinzip, da die Laufzeit als Maß für die Inanspruchnahme der Maschine durch die einzelnen Produkte angesehen werden kann.

Verwendung des Gewichts: Durchschnittsprinzip, da das Gewicht kein Maß für Inanspruchnahme der Ressource darstellt und nicht von den Absatzpreisen abhängt.

zu b)

Zurechnung mit Gewicht als Schlüsselgröße:

Gesamte Bezugsgrößenmenge: $600 \cdot 3,5 + 50 \cdot 2 + 300 \cdot 4 = 3.400$ kg

Zugerechnete Gemeinkosten je kg Gewicht: $\frac{27.200}{3.400} = 8$ €/kg

Gemeinkosten je Stück für die einzelnen Produkte:

Produkt 1: $3,5 \cdot 8 = 28$ €

Produkt 2: $2 \cdot 8 = 16$ €

Produkt 3: $4 \cdot 8 = 32$ €

Lösung zu Aufgabe 1.37

Die Aufgabenstellung finden Sie ab Seite 36.

zu a)

Gesamte Maschinenlaufzeit: $27.750 \cdot 4 + 25.000 \cdot 5 + 15.200 \cdot 7,5 = 350.000$ Min.

Kosten je Minute: $\frac{525.000}{350.000} = 1,5$ €/Min.

Einer Einheit Gamma zugerechnete Gemeinkosten: $1,5 \cdot 7,5 = 11,25$ €

zu b)

Die Schlüsselgröße basiert auf dem Beanspruchungsprinzip, da die Bearbeitungszeit den Verbrauch der Ressource widerspiegelt.

Lösung zu Aufgabe 1.38

Die Aufgabenstellung finden Sie ab Seite 37.

zu a)

Deckungsbeitrag → Kostentragfähigkeitsprinzip

Bearbeitungszeit → Beanspruchungsprinzip

Gewicht → Durchschnittsprinzip

zu b)

Beim Verursachungsprinzip ist eine Schlüsselung nicht notwendig, da die Kosten nach dem Verursachungsprinzip direkt zugerechnet werden können.

zu c)

1. Anwendung des Kostentragfähigkeitsprinzips:

Summe der Deckungsbeiträge: 1.200.000 Euro

Produktart	1) Menge	2) DB pro Stück	3) Gesamt DB = 1) · 2)	Anteil an den Gesamtgemeinkosten = 3)/1.200.000
1	2.000 Stück	125 €	250.000 €	20,83%
2	4.000 Stück	150 €	600.000 €	50,00%
3	2.500 Stück	80 €	200.000 €	16,67%
4	1.500 Stück	100 €	150.000 €	12,50%
Summe			1.200.000 €	100,00%

Folglich würden der zweiten Produktart 50% der Gemeinkosten i.H. von 600.000 Euro, also 300.000 Euro zugerechnet. Analog werden der ersten Produktgruppe 20,83% (124.980 Euro), der dritten Produktgruppe 16,67% (100.020 Euro) und der vierten Produktgruppe 12,5% (75.000 Euro) der Gemeinkosten zugeordnet.

2. Anwendung des Beanspruchungsprinzips:

Wahl der Bezugsgröße Bearbeitungszeit, da diese laut Aufgabentext die Beanspruchung der Ressource widerspiegelt. Summe der Bearbeitungszeit: 78.500 Minuten

Produktart	1) Menge	2) Bearbeitungszeit pro Stück	3) Gesamte Bearbeitungszeit $= 1) \cdot 2)$	Anteil an den Gesamtgemeinkosten $= 3)/78.500$
1	2.000 Stück	6 Min.	12.000 Min.	15,29%
2	4.000 Stück	8 Min.	32.000 Min.	40,76%
3	2.500 Stück	12 Min.	30.000 Min.	38,22%
4	1.500 Stück	3 Min.	4.500 Min.	5,73%
Summe			78.500 Min.	100,00%

Bei Anwendung des Beanspruchungsprinzips werden der zweiten Produktgruppe nur noch 40,76% der Gesamtgemeinkosten i.H. von 600.000 Euro, also 244.586 Euro zugeordnet. Analog werden der ersten Produktgruppe nun 15,29% (91.720 Euro), der dritten Produktgruppe 38,22% (229.299 Euro) und der vierten Produktgruppe nur noch 5,73% (34.395 Euro) zugeordnet.

3. Anwendung des Durchschnittsprinzips:

Summe der Gewichte: 145.000 kg

Produktart	1) Menge	2) Gewicht pro Stück	3) Gesamtgewicht $= 1) \cdot 2)$	Anteil an den Gesamtgemeinkosten $= 3)/145.000$
1	2.000 Stück	30 kg	60.000 kg	41,38%
2	4.000 Stück	10 kg	40.000 kg	27,59%
3	2.500 Stück	15 kg	37.500 kg	25,86%
4	1.500 Stück	5 kg	7.500 kg	5,17%
Summe			145.000 kg	100,00%

Nun werden der zweiten Produktgruppe sogar nur noch 27,59% der Gesamtgemeinkosten i.H. von 600.000 Euro zugeordnet, also 165.517 Euro. Der ersten Produktgruppe hingegen nun 41,38% (248.276 Euro), der dritten Produktgruppe 25,86% (155.172 Euro) und der vierten Produktgruppe 5,17% (31.034 Euro).

Lösung zu Aufgabe 1.39

Die Aufgabenstellung finden Sie ab Seite 38.

zu a)

Kosten, die ursächlich durch ein Kalkulationsobjekt hervorgerufen werden und ohne dieses nicht entstanden wären, können diesem Kalkulationsobjekt nach dem **Verursachungsprinzip** zugeordnet werden. Sie sind Einzelkosten dieses Kalkulationsobjektes nach der strengen Definition. Bsp: Kosten für ein bestimmtes Holz, das ausschließlich für ein Produkt benötigt wird.

Nach der strengen/engen Definition sind alle Kosten, die nicht nach dem Verursachungsprinzip zurechenbar sind, Gemeinkosten in Bezug auf die Kalkulationsobjekte. Diese können auf die Kalkulationsobjekte geschlüsselt werden. Solch eine Schlüsselung erfolgt über das **Durchschnittsprinzip**, das heißt, es erfolgt eine Schlüsselung nach einer bestimmten Bezugsgröße.

Eine Möglichkeit ist es, nach einer Schlüsselgröße zu suchen, die den Güterverzehr widerspiegelt. Bei der Verteilung der Kosten nach solch einem beanspruchungsgerechten Schlüssel handelt es sich um eine Anwendung des **Beanspruchungsprinzips**. Bsp.: Zurechnung von Abschreibungskosten nach der Maschinenlaufzeit.

Eine andere Möglichkeit besteht darin, die Gemeinkosten in Abhängigkeit von den Absatzpreisen aufzuteilen. Hierbei handelt es sich um eine Anwendung des **Kostentragfähigkeitsprinzips** wie beispielsweise auf Basis des Deckungsbeitrags.

Da die enge Definition von Einzel- und Gemeinkosten nur in sehr kurzfristigen Entscheidungen sinnvoll ist, existiert zudem eine weite Definition. Nach der weiten Definition können auch solche Kosten Einzelkosten sein, die zwar nicht nach dem Verursachungsprinzip zugerechnet werden können, aber trotzdem dem Kalkulationsobjekt direkt zurechenbar sind und zwar, weil sie nur durch genau dieses Kalkulationsobjekt beansprucht wurden. Diese Zurechnung stellt auch eine Anwendung des **Beanspruchungsprinzips** dar.

Manchmal werden auch Kosten, die nach dem Verursachungsprinzip oder wie eben beschrieben, direkt zugerechnet werden können, approximativ als Gemeinkosten geschlüsselt. Dies geschieht dann, wenn deren genaue Zurechnung verhältnismäßig zu teuer wäre. Hier spricht man von unechten Gemeinkosten. Bsp.: Kosten für Schrauben, die ausschließlich für ein Produkt benötigt werden aber nur einen geringen Wert haben.

Grundsätzlich wird zwischen Einzelkosten und Gemeinkosten in Bezug auf Kostenträger, Kostenstellen und Perioden unterschieden.

zu b)

Insgesamt sind Gemeinkosten i.H. von 52.000 Euro zu verteilen.

Gesamtbearbeitungszeit aller Produkte

$$= \sum_{i=1}^{3} b_i = 1.500 \text{ ME} \cdot 4 \text{ Min./ME} + 2.500 \text{ ME} \cdot 2 \text{ Min./ME} + 3.000 \text{ ME} \cdot 5 \text{ Min./ME}$$

$$= 26.000 \text{ Min.}$$

b_i = gesamte Bezugsgrößenmenge des i-ten Kalkulationsobjektes

Gemeinkosten pro Minute: $\frac{\text{Gemeinkosten}}{\sum_{i=1}^{3} b_i} = \frac{52.000\text{ €}}{26.000\text{ Min.}} = 2\text{ €/Min.}$

zugerechnete Gemeinkosten pro Mengeneinheit:

Produktart 1: 4 Min./ME · 2 €/Min. = 8 €/ME

Produktart 2: 2 Min./ME · 2 €/Min. = 4 €/ME

Produktart 3: 5 Min./ME · 2 €/Min. = 10 €/ME

zu c)

Deckungsbeitrag = DB = Verkaufspreis – variable Stückkosten.

Der DB gibt an, welchen Beitrag ein Produkt zur Deckung der fixen Kosten leistet.

Deckungsbeitrag insgesamt für alle 3 Produkte:

$1.500\text{ ME} \cdot 10\text{ €/ ME} + 2.500\text{ ME} \cdot 20\text{ €/ME} + 3.000\text{ ME} \cdot 5\text{ €/ME} = 80.000\text{ €}$

Gemeinkosten pro Euro Deckungsbeitrag: $\frac{52.000\text{ €}}{80.000\text{ €}} = 0,65\text{ €}$

Zugerechnete Gemeinkosten pro ME:

Produktart 1: 10 €/ME · 0,65 = 6,50 €

Produktart 2: 20 €/ME · 0,65 = 13,00 €

Produktart 3: 5 €/ME · 0,65 = 3,25 €

4.2 Istkosten- und Istleistungsrechnung

4.2.1 Kostenartenrechnung

4.2.1.1 Erfassung von Arbeitskosten

Lösung zu Aufgabe 2.1

Die Aufgabenstellung finden Sie ab Seite 39.

zu a)

$$\text{Geldfaktor}\left[\frac{\text{GE}}{\text{ZE}}\right] = \text{Geldakkord}\left[\frac{\text{GE}}{\text{ME}}\right] : \text{Vorgabezeit}\left[\frac{\text{GE}}{\text{ZE}}\right]$$

$$\text{Geldfaktor} = \frac{3\,€/\text{ME}}{25\,\text{Min./ME}} = 3 \cdot \frac{€}{\text{ME}} \cdot \frac{1}{25}\frac{\text{ME}}{\text{Min.}} = 0,12 \cdot \frac{€}{\text{Min.}}$$

$$\text{Geldfaktor pro Stunde} = 7,20\frac{€}{\text{Stunde}}$$

zu b)

Arbeitskosten für Zeitlöhne:

3 Arbeitnehmer erhalten 20,00 Euro pro Stunde und 3 Arbeitnehmer erhalten 15,00 Euro/Stunde, dies ergibt pro Monat:

20 €/h· 160 h/Monat · 3 + 15 €/h · 160 h/Monat · 3	16.800,00 €
+32% Anteil an den Sozialabgaben (0,32 · 16.800 €)	5.376,00 €
= Zeitlöhne pro Monat	22.176,00 €
+ Weihnachtsgeld & Urlaubsgeld für ein halbes Jahr ((1.200 € · 6)/2))	3.600,00 €
=Zeitlöhne pro Periode (6 Monate)	136.656,00 €

Arbeitskosten für die Akkordlöhne der 5 Arbeiter:

Fixlohnanteil pro Monat: $5,00\,€/\text{h} \cdot 160\,\text{h/Monat} \cdot 5 = 4.000,00\,€$

Variable Vergütung pro Monat: $7,20\,€/\text{h} \cdot 160\,\text{h} \cdot 5 = 5.760,00\,€/\text{Monat}$

Gesamtlohn pro Monat (Summe fixe & variable Vergütung)	9.760,00 €
+32% Anteil an den Sozialabgaben (0,32 · 9.760 €)	3.123,20 €
= Akkordlöhne pro Monat	12.883,20 €
+ Weihnachtsgeld & Urlaubsgeld für ein halbes Jahr ((1.200 € · 5)/2))	3.000,00 €
=Akkordlöhne pro Periode (6 Monate)	80.229,20 €

Somit betragen die gesamten Arbeitskosten als Summe aus den Zeit- und Akkordlöhnen für eine Periode von 6 Monaten: 136.656,00 € + 80.299,20 € = 216.955,20 €.

Lösung zu Aufgabe 2.2

Die Aufgabenstellung finden Sie ab Seite 40.

zu a)

Der kalkulatorische Unternehmerlohn würde in Höhe des zur Zeit an die Geschäftsführerin zu zahlenden Betrages angesetzt werden, also i.H. von 100.000 Euro. Dies sind die durch eine Entlassung eingesparten Kosten und somit der Grenzgewinn der Entlassung. Allerdings müsste für diese Überlegung der Gewinn des Unternehmens annähernd gleich bleiben.

zu b)

Gehalt für Frau Steffens = Zweckaufwand / Grundkosten, da eine GmbH eine Kapitalgesellschaft ist und somit eine eigene Rechtspersönlichkeit besitzt. Mit dieser GmbH werden Arbeitsverträge geschlossen, auf deren Grundlage die Zahlung an Frau Steffens erfolgt, so wie für alle anderen Angestellten auch. Diese Gehaltszahlungen werden - wie jene an alle anderen Angestellten auch - in der Gewinn- und Verlustrechnung als Aufwand erfasst.

Eine KG ist eine Personengesellschaft, d.h. sie hat keine eigene Rechtspersönlichkeit. Daher handelt es sich bei dem kalkulatorischen Unternehmerlohn an den Professor um Zusatzkosten. In Personengesellschaften arbeiten häufig die Eigentümer mit, jedoch liegt dieser Arbeit kein Arbeitsvertrag/Dienstleistungsvertrag zugrunde. Laut handels- und steuerrechtlichen Vorschriften darf die Vergütung dieser Gesellschafter nicht als Aufwand erfasst werden. Vielmehr geht man davon aus, dass eine Vergütung aus dem Gewinn erfolgt.

In der Kalkulation wird man aber dennoch Kosten (Zusatzkosten) für den Unternehmerlohn ansetzen. Dieser Lohn muss nicht tatsächlich fließen, allerdings mit einkalkuliert (z.B. für die Ermittlung von geeigneten Produktpreisen)/mit verdient werden.

Lösung zu Aufgabe 2.3

Die Aufgabenstellung finden Sie ab Seite 40.

zu a)

Dieses System nennt man Geldakkord, da der Lohn direkt von der Produktionsmenge abhängt. Davon zu unterscheiden sind Zeitlöhne, bei denen die Arbeitnehmer proportional zur Arbeitszeit entlohnt werden (z.B. Euro/Stunde).

zu b)

$$\begin{aligned}\text{Zeitakkord} &= \text{Menge} \cdot \text{Vorgabezeit} \cdot \text{Geldfaktor}\\ &= \text{Menge} \cdot \text{Geldakkord}\\ &= 3\text{ ME} \cdot 4\text{ €/ME} = 12\text{ €}\end{aligned}$$

zu c)

$$\text{Wochenlohn} = 2,7 \text{ ME} \cdot 4 \text{ €/ME} \cdot 35 \text{ h} = 378 \text{ €}$$

Zusätzlich sind anteilige Sozialkosten und ggf. Zusatzlöhne (oder tarifliche Mindestlöhne) zu berücksichtigen (in dieser Aufgabe allerdings nicht relevant).

zu d)

<table>
<tr><th>Arbeitskraft</th><th>Zeitlohn</th><th>Akkordlohn</th><th></th></tr>
<tr><td>Pförtner</td><td>X</td><td></td><td>Die Arbeitsleistung des Pförtners ist die Dauer, für welche er die Türe bewacht. Somit sollte er nach dieser Dauer - nach Zeitlohn - bezahlt werden.</td></tr>
<tr><td>Fliesenleger</td><td></td><td>X</td><td rowspan="3">Die Leistung dieser Arbeiter ist leicht anhand der hergestellten oder verarbeiteten Stücke ermittelbar. Somit bietet sich auch eine Bezahlung in Abhängigkeit dieser Leistung an.</td></tr>
<tr><td>Dreher</td><td></td><td>X</td></tr>
<tr><td>Schleifer</td><td></td><td>X</td></tr>
</table>

4.2.1.2 Erfassung von Werkstoffkosten

Lösung zu Aufgabe 2.4

Die Aufgabenstellung finden Sie ab Seite 40.

<table>
<tr><th colspan="2">Aussage</th><th>Richtig/Falsch</th></tr>
<tr><td rowspan="2">a)</td><td>Ein Nachteil der Rückrechnung ist, dass Diebstahl und Schwund von Lagerbeständen nicht erfasst werden.</td><td>Richtig</td></tr>
<tr><td colspan="2">Nur die Befundrechnung erfasst Schwund.</td></tr>
<tr><td rowspan="2">b)</td><td>Bei der Befundrechnung ist eine Inventur erforderlich.</td><td>Richtig</td></tr>
<tr><td colspan="2">Bei der Befundrechnung wird der Werkstoffverbrauch mithilfe einer periodisch durchgeführten Inventur ermittelt.</td></tr>
<tr><td rowspan="2">c)</td><td>Die Ermittlung des Materialverbrauchs mittels der Befundrechnung kann z.B. deshalb zu einem anderen Ergebnis als die Materialverbrauchsermittlung anhand der Skontrationsrechnung führen, weil in der Skontrationsrechnung kein Schwund berücksichtigt wird.</td><td>Richtig</td></tr>
<tr><td colspan="2">Bei der Skontrationsrechnung wird der Materialverbrauch anhand von Lagerentnahmebelegen für Lagerabgänge berechnet. Typischerweise wird Schwund (z.B. Diebstahl) aber nicht per Beleg erfasst. Bei der Befundrechnung wird der Werkstoffverbrauch hingegen mithilfe einer periodisch durchgeführten Inventur ermittelt.</td></tr>
</table>

<table>
<tr><td>d)</td><td>Die Rückrechnung und die Befundrechnung führen zu unterschiedlichen Materialverbräuchen, wenn ein Teil der bereits dem Lager entnommenen Rohstoffe noch nicht in die Produktion eingegangen ist.</td><td>Richtig</td></tr>
<tr><td></td><td colspan="2">Bei dem Verfahren der Rückrechnung wird der Werkstoffverbrauch aus den Zahlen der in einer Periode erstellten Produkte und deren Werkstoffzusammensetzung ermittelt. Es wird also nur das Material als verbraucht erfasst, welches bereits zur Fertigstellung eines Produkts verwendet wurde. Im genannten Fall wird der Verbrauch anhand der Rückrechnung also nicht erfasst, anhand der Befundrechnung hingegen schon. Denn bei letzterer wird eine Inventur durchgeführt, in deren Rahmen die entnommenen Rohstoffe als Verbrauch aufgezeichnet werden.</td></tr>
<tr><td>e)</td><td>Das periodenbezogene LIFO-Verfahren und das permanente LIFO-Verfahren führen stets zu verschiedenen Ergebnissen.</td><td>Falsch</td></tr>
<tr><td></td><td colspan="2">Ist zum Beispiel der Fall gegeben, dass alle Zugänge stets auch genau verbraucht werden, führen die Verfahren zum gleichen Ergebnis.</td></tr>
<tr><td>f)</td><td>Das Verfahren der Rückrechnung eignet sich nicht zur Erfassung der Bestandsveränderungen von Leistungen.</td><td>Richtig</td></tr>
<tr><td></td><td colspan="2">Das Verfahren der Rückrechnung dient zur Berechnung des Werkstoffverbrauchs (= Kosten) aus den Zahlen der in einer Periode erstellten Produkte mithilfe von Stücklisten oder Produktformeln. Die Bestandsrechnung für Leistungen erfasst alle Bestandserhöhungen von gelagerten unfertigen und fertigen Erzeugnissen sowie von zu „aktivierenden“ innerbetrieblichen Gütern einer Periode. Dies kann anhand von Schätzverfahren sowie der Skontrations- oder Befundrechnung geschehen.</td></tr>
<tr><td>g)</td><td>Im Rahmen der Skontrationsrechnung wird neben der Erfassung aller Lagerzugänge auch eine periodische Inventur durchgeführt.</td><td>Falsch</td></tr>
<tr><td></td><td colspan="2">Bei der Skontrationsrechnung werden Lagerzugänge und -abgänge anhand von Belegen erhoben. Um den Endbestand zu ermitteln, ist bei bekanntem Anfangsbestand wie folgt zu rechnen:
Istendbestand = Istanfangsbestand + Istzugänge – Istverbrauch
Somit ist eine Inventur (theoretisch) nicht mehr erforderlich.</td></tr>
<tr><td>h)</td><td>Bei der permanenten LIFO Methode erfolgt die Bewertung des Werkstoffverbrauchs erst am Ende der Periode.</td><td>Falsch</td></tr>
<tr><td></td><td colspan="2">Bei der permanenten LIFO Methode erfolgt die Bewertung des Werkstoffverbrauchs nach jeder Entnahme der Verbrauchsgüter.</td></tr>
</table>

Lösung zu Aufgabe 2.5

Die Aufgabenstellung finden Sie ab Seite 41.

zu a)

Anschaffungspreis Y, der am 10.07.18 gezahlt wurde:

$$\frac{1.600 \cdot 35 + 500 \cdot Y + 400 \cdot 40}{1.600 + 500 + 400} = 36,40$$

$$\Leftrightarrow 72.000 + 500 \cdot Y = 91.000$$

$$\Leftrightarrow Y = 38 \text{ €}$$

zu b)

Entnahmemenge X vom 07.07.2018

Lagerendbestand < 400 ME

→ Die am 22.07.18 beschaffte Menge wird zumindest zum Teil benötigt.

→ Alle drei Zugänge sind für die FIFO-Methode relevant, weil am Ende der Periode weniger als 400 ME auf Lager liegen.

(1) Kosten nach FIFO-Methode:

$$1.600 \cdot 35 + 500 \cdot 38 + \underbrace{(\text{Gesamtverbrauch} - 1.600 - 500)}_{\text{Menge, die vom Zugang am 22.7. verbraucht wird}} \cdot 40$$

$$\Leftrightarrow 75.000 + (300 + 650 + X - 1.600 - 500) \cdot 40$$

$$\Leftrightarrow 75.000 + (X - 1.150) \cdot 40$$

(2) Kosten nach permanenter LIFO-Methode:

$$35 \cdot X + 500 \cdot 38 + 150 \cdot 35 + 300 \cdot 40$$

$$\Leftrightarrow 35 \cdot X + 36.250$$

Über die Kosten ist bekannt: (1) + 250 = (2)

$$75.000 + (X - 1.150) \cdot 40 + 250 = 35 \cdot X + 36.250$$

$$\Leftrightarrow 39.000 + (X - 1.150) \cdot 40 = 35 \cdot X$$

$$\Leftrightarrow -7.000 = -5 \cdot X$$

$$\Leftrightarrow X = 1.400 \text{ ME}$$

Lösung zu Aufgabe 2.6

Die Aufgabenstellung finden Sie ab Seite 42.

zu a)

Preis für die Rohstoffe auf Lager $= \frac{4.000\,€}{200\text{ ME}} = 20\frac{€}{\text{ME}}$

Berechnung von Preis X je ME am 3. April 2018 mit Hilfe des gewogenen Durchschnittspreises:

$$\frac{200 \cdot 20 + 2.000 \cdot 23,00 + 1.000 \cdot X + 200 \cdot 21,00}{200 + 2.000 + 1.000 + 200} = 22,00$$

$$\Leftrightarrow 200 \cdot 20 + 2.000 \cdot 23,00 + 1.000 \cdot X + 200 \cdot 21,00 = 22,00 \cdot 3.400$$

$$\Leftrightarrow 54.200 + 1.000 \cdot X = 74.800$$

$$\Leftrightarrow 1.000 \cdot X = 20.600$$

$$\rightarrow X = 20,60$$

zu b)

Kosten nach periodenbezogener LIFO-Methode:

Gesamtverbrauch: 3.000 ME

$$\text{Materialkosten}_{\text{LIFO}} = \underbrace{200 \cdot 21,00}_{\text{Zugang 28.8.2018}} + \underbrace{1.000 \cdot 20,60}_{\text{Zugang 3.4.2018}} + \underbrace{(\underbrace{3.000}_{\text{Gesamtverbrauch}} - 200 - 1.000)}_{\text{restl. Verbrauch der Periode}} \cdot 23,00$$

$$= 66.200\,€$$

zu c)

Kosten nach FIFO-Methode:

Gesamtverbrauch: 3.000 ME

$$\text{Materialkosten}_{\text{FIFO}} = \underbrace{200 \cdot 20,00 + 900 \cdot 23,00}_{\text{Verbrauch 10.3.2018}} + \underbrace{1.100 \cdot 23,00 + 300 \cdot 20,60}_{\text{Verbrauch 14.7.2018}} + \underbrace{500 \cdot 20,60}_{\text{Verbrauch 29.9.2018}}$$

$$= 66.480\,€$$

Lösung zu Aufgabe 2.7

Die Aufgabenstellung finden Sie ab Seite 43.

a)

Verbrauch der Periode = Summe der Entnahmen

$\rightarrow 650 + 200 + 600 = 1.450$ g

zu b)

Wert des Endbestandes bei Anwendung der FIFO-Methode:

$\rightarrow 150 \cdot Y + 150 \cdot 10 = 3.150$ €
$\rightarrow Y = 11$ €

Wert des Endbestandes bei Anwendung der Perioden-LIFO-Methode:

$\rightarrow 100 \cdot X + 200 \cdot 13 = 4.300$ €
$\rightarrow X = 17$ €

zu c)

Wert des Endbestandes bei Anwendung der permanenten LIFO-Methode:

$\rightarrow 150 \cdot 13 + 150 \cdot 10 = 3.450$ €

Lösung zu Aufgabe 2.8

Die Aufgabenstellung finden Sie ab Seite 43.

Plüschverbrauch des Monats Januar:

$1.150 \text{ ME} \cdot 1{,}2 \text{ m}^2/\text{ME} + 500 \text{ ME} \cdot 0{,}7 \text{ m}^2/\text{ME} = 1.730 \text{ m}^2$

Durchschnittspreis:

$$\frac{600 \cdot 10{,}70 + 350 \cdot 8{,}70 + 850 \cdot 11{,}10}{600 + 350 + 850} = \frac{18.900}{1.800} = 10{,}50 \text{ €/ m}^2$$

Materialkosten:

$1.730 \cdot 10{,}50 = 18.165$ €

Lösung zu Aufgabe 2.9

Die Aufgabenstellung finden Sie ab Seite 44.

zu a)

1) Skontrationsrechnung:

Addition der Lagerentnahmen lt. Entnahmeschein:

$70 \text{ t} + 140 \text{ t} + 100 \text{ t} = 310 \text{ t}$

2) Rückrechnung:

Ermittlung des Werkstoffverbrauchs durch Multiplikation der Produktionsmengen der jeweiligen Osterhasensorte mit den jeweiligen Kakaomengen pro Hase und anschließender Summenbildung über alle Osterhasenarten.

$20 \text{ g} \cdot 3 \text{ Mio.} + 70 \text{ g} \cdot 2 \text{ Mio.} + 300 \text{ g} \cdot 0,5 \text{ Mio.} = 350 \text{ Mio. g} = 350 \text{ t}$

3) Befundrechnung:

Berechnung des Werkstoffverbrauchs mit Hilfe einer permanenten Inventur.

Verbrauch einer Periode = Anfangsbestand + Zugang – Endbestand der Periode

$$30 \text{ t} + \underbrace{90 \text{ t} + 130 \text{ t} + 110 \text{ t}}_{\text{Zugänge}} - 50 \text{ t} = 310 \text{ t}$$

4) Schätzverfahren:

Kann hier nicht angewendet werden, da sich Lageranfangsbestand und Lagerendbestand nicht entsprechen.

zu b)

Gesamtverbrauch der Periode: 310 t (Summe der Entnahmen)

b1)

Periodenbezogene LIFO-Methode:

Betrachtungszeitpunkt: Periodenende (28. Februar 2018)

Verbrauchsbewertung:

110 t à 1.200 €/t	= 132.000 €	
130 t à 1.400 €/t	= 182.000 €	
70 t* à 1.280 €/t	= 89.600 €	*Rest= 310 t – 110 t – 130 t = 70 t
Summe	= 403.600 €	

kurz: 110 t · 1.200 € + 130 t · 1.400 € + (310 t – 110 t – 130 t) · 1.280 € = 403.600 €

b2)

Permanente LIFO-Methode:

Betrachtungszeitpunkt: nach jeder Entnahme

Verbrauchsbewertung:

70 t à 1.280 €/t	= 89.600 €
130 t à 1.400 €/t	= 182.000 €
10 t à 1.280 €/t	= 12.800 €
100 t à 1.200 €/t	= 120.000 €
Summe	= 404.400 €

kurz: $70\ \text{t} \cdot 1.280\ €/\text{t} + 130\ \text{t} \cdot 1.400\ €/\text{t} + 10\ \text{t} \cdot 1.280\ €/\text{t} + 100\ \text{t} \cdot 1.200\ €/\text{t} = 404.400\ €$

b3)

Gewogener Durchschnittspreis:

Betrachtungszeitpunkt: Periodenende (28. Februar 2018)

Gewogener Durchschnittspreis =

$$\frac{30\ \text{t} \cdot 1.300\ €/\text{t} + 110\ \text{t} \cdot 1.200\ €/\text{t} + 130\ \text{t} \cdot 1.400\ €/\text{t} + 90\ \text{t} \cdot 1.280\ €/\text{t}}{90\ \text{t} + 130\ \text{t} + 110\ \text{t} + 30\ \text{t}} = 1.300,56\ €$$

$310\ \text{t} \cdot 1.300,56\ €/\text{t} = 403.172,22\ €$

b4)

FIFO-Methode:

Verbrauchsbewertung:

Entnahme am 09.02. bewertet mit Preisen vom 01.02. und vom 03.02.:

30 t à 1.300 €/t = 39.000 €

40 t à 1.280 €/t = 51.200 €

Entnahme am 20.02. bewertet mit Preisen vom 03.02. und vom 14.02.:

50 t à 1.280 €/t = 64.000 €

90 t à 1.400 €/t = 126.000 €

Entnahme am 27.02. bewertet mit Preisen vom 14.02. und vom 24.02.:

40 t à 1.400 €/t = 56.000 €

60 t à 1.200 €/t = 72.000 €

Summe = 408.200 €

kurz:

$30\ \text{t} \cdot 1.300\ €/\text{t} + 90\ \text{t} \cdot 1.280\ €/\text{t} + 130\ \text{t} \cdot 1.400\ €/\text{t} + (310\ \text{t} - 30\ \text{t} - 90\ \text{t} - 130\ \text{t}) \cdot 1.200\ €/\text{t} = 408.200\ €$

zu c)

Eine Unterscheidung zwischen permanenter und periodenbezogener FIFO-Methode ist hier irrelevant, da beide Verfahren immer zum gleichen Ergebnis führen.

Lösung zu Aufgabe 2.10

Die Aufgabenstellung finden Sie ab Seite 45.

zu a)

Anwendbare Methoden:

1) Skontrationsrechnung/Fortschreibungsmethode

   Verbrauch = Menge der erfassten Entnahmen = 500 g + 300 g + 700 g = 1.500 g

2) Rückrechnung

$$\text{Verbrauch} = \sum_{i=1}^{3} \text{Produktionskoeffizient}_i \cdot \text{Produktionsmenge}_i$$

$$= 7{,}5 \text{ g/Ring} \cdot 50 \text{ Ringe} + 9 \text{ g/Ring} \cdot 72 \text{ Ringe} + 10{,}2 \text{ g/Ring} \cdot 35 \text{ Ringe} = 1.380 \text{ g}$$

3) Schätzverfahren

   Voraussetzung: Anfangsbestand und Endbestand sind ungefähr identisch.

   Verbrauch = Bestandszugänge der Periode= 600 g + 250 g + 750 g = 1.600 g

   Anmerkung: Bei relativ teuren Rohstoffen wie Gold oder wertvollen Bauteilen würde das Schätzverfahren sicherlich nicht angewandt. Vielmehr wird dieses nur für geringwertige Güter wie Sand, Schrauben, Nägel etc. eingesetzt.

4) Befundrechnung

   Die Befundrechnung kann hier nicht verwendet werden, da diese Methode eine periodische Inventur erfordert und in der Aufgabe nicht der Lagerendbestand ermittelt wurde.

Gründe für unterschiedliche Ergebnisse:

- Bei der Skontrationsrechnung und der Rückrechnung erfolgt keine Erfassung bereitstellungsabhängiger Wagniskosten (Schwund, Qualitätsminderung etc.).
- Wenn Rohstoffe zum Teil noch nicht in die Produktion eingegangen sind, führt dies zu unterschiedlichen Ergebnissen bei Skontrations- und Rückrechnung.
- Fertigungsabhängige Wagniskosten (Ausschuss, Verlust) sind bei der Rückrechnung häufig nicht in den Produktionskoeffizienten enthalten.
- Nicht identischer Anfangs- und Endbestand führt zur Verzerrung beim Schätzverfahren.
- Fehlerhafte Erfassung von Größen wie Entnahmen, Eingängen oder Produktionskoeffizienten kann bei allen drei Methoden vorliegen.

zu b)

Gesamtverbrauch der Periode: 1.500 g

b1)

Periodenbezogene LIFO-Methode

$$\underbrace{750 \text{ g} \cdot 11{,}50\,€/\text{g}}_{\text{vom 22. Oktober}} + \underbrace{250 \text{ g} \cdot 12{,}50\,€/\text{g}}_{\text{vom 12. Oktober}} + \underbrace{(1.500 \text{ g} - 750 \text{ g} - 250 \text{ g}) \cdot 11\,€/\text{g}}_{\text{vom 2. Oktober}} = 17.250\,€$$

b2)

Permanente LIFO-Methode

$$\underbrace{500\ \text{g} \cdot 11\,€/\text{g}}_{\text{vom 2. Oktober}} + \underbrace{50\ \text{g} \cdot 11\,€/\text{g} + 250\ \text{g} \cdot 12{,}50\ €/\text{g}}_{\text{vom 15. Oktober}} + \underbrace{700\ \text{g} \cdot 11{,}50\,€/\text{g}}_{\text{vom 29. Oktober}} = 17.225\,€$$

b3)

FIFO-Methode

$$\underbrace{600\ \text{g} \cdot 11\,€/\text{g}}_{\text{vom 2. Oktober}} + \underbrace{250\ \text{g} \cdot 12{,}50\ €/\text{g}}_{\text{vom 12. Oktober}} + \underbrace{(1.500\ \text{g} - 600\ \text{g} - 250\ \text{g}) \cdot 11{,}50\,€/\text{g}}_{\text{vom 22. Oktober}} = 17.200\ €$$

b4)

Gewogener Durchschnittspreis

$$\frac{750\ \text{g} \cdot 11{,}50\ €/\text{g} + 250\ \text{g} \cdot 12{,}50\ €/\text{g} + 600\ \text{g} \cdot 11\,€/\text{g}}{750\ \text{g} + 250\ \text{g} + 600\ \text{g}} = 11{,}47\,€/\text{g}$$

$\rightarrow 1.500\ \text{g} \cdot 11{,}47\,€/\text{g} = 17.205\,€$

Lösung zu Aufgabe 2.11

Die Aufgabenstellung finden Sie ab Seite 46.

zu a)

permanente LIFO: $300 \cdot 110 + 50 \cdot 102 + 50 \cdot 110 + 150 \cdot 99 = 58.450\,€$

zu b)

gewogene Durchschnittsmethode:

Durchschnittspreis: $= \frac{59.950\,€}{550\ \text{Reifen}} = 109 \cdot \frac{€}{\text{Reifen}} = p$

Preis des Lageranfangsbestandes $:= x$

$$109 = \frac{200 \cdot x + 350 \cdot 110 + 50 \cdot 102 + 600 \cdot 99}{1.200}$$

$x = 139\,€/\text{Reifen}$

zu c)

Da die Preise kontinuierlich fallen, ergeben sich die höchsten Gesamtkosten bei der FIFO-Methode.

4.2.1.3 Erfassung von Betriebsmittelkosten

Lösung zu Aufgabe 2.12

Die Aufgabenstellung finden Sie ab Seite 47.

Aussage		Richtig/Falsch
a)	Das arithmetisch-degressive Abschreibungsverfahren entspricht bei Verwendung eines sehr geringen Degressionsbetrages ($d \to 0$) näherungsweise dem linearen Abschreibungsverfahren.	Richtig
	Bei der arithmetisch-degressiven Abschreibung gilt: $a_t = (A - R)/T + d/2 \cdot (T - 2t + 1)$ Mit $d \to 0$ (Degressionsbetrag konvergiert gegen 0) konvergiert der zweite Summand gegen 0 und es verbleibt der Ausdruck der linearen Abschreibungsrate $(A - R)/T$.	
b)	Abschreibungsverfahren spiegeln Hypothesen über den Verlauf der Nutzungspotenzialzunahme wider.	Falsch
	Abschreibungsverfahren spiegeln Hypothesen über den Verlauf der Nutzungspotenzialabnahme wider.	
c)	Das Buchwertverfahren ist insofern ein Spezialfall des geometrisch-degressiven Abschreibungsverfahrens, als dass bei diesem Verfahren stets $\alpha = \sqrt[T]{\frac{R}{A}}$ gilt.	Richtig
	Genau diese Beziehung gilt beim Buchwertverfahren.	
d)	Der Begriff der Abschreibungsbasis bezeichnet die Differenz aus Anschaffungspreis und Restwert am Ende der Nutzungsdauer.	Richtig
	Vgl. Lehrbuch Abschnitt II.B.4.	
e)	Bei den geometrisch-degressiven Abschreibungsverfahren ist die Beziehung $\frac{a_{t+1}}{a_t} = \frac{R_{t+1}}{R_t}$ für $t = 1, ..., T - 1$ erfüllt.	Falsch
	Bei den geometrisch-degressiven Abschreibungsverfahren gilt grundsätzlich $a_{t+1} = \alpha \cdot a_t$, aber nur beim Buchwertabschreibungsverfahren als Sonderfall des geometrisch-degressiven Verfahrens gilt zusätzlich $R_{t+1} = \alpha \cdot R_t$ und damit auch $a_{t+1}/a_t = R_{t+1}/R_t$.	
f)	Die Restwerte R_t nehmen bei der Buchwertabschreibung im Zeitablauf linear ab.	Falsch
	Die Restwerte nehmen zwar ab, aber nicht linear, sondern geometrisch. Es gilt $R_{t+1} = \alpha \cdot R_t$, wobei α konstant ist.	

g)	Das digitale Abschreibungsverfahren stellt insofern einen Sonderfall des arithmetisch-degressiven Abschreibungsverfahrens dar, als dass die Abschreibungsbeträge a_t von Periode zu Periode um den Betrag a_t sinken.	Richtig
	Vgl. Lehrbuch Abschnitt II.B.4.b.	
h)	Der Unterschied zwischen arithmetisch-degressiven Abschreibungsverfahren und geometrisch-degressiven Abschreibungsverfahren besteht darin, dass beim geometrisch-degressiven Abschreibungsverfahren die Abschreibungsbeträge von Periode zu Periode um einen konstanten Betrag sinken, während beim arithmetisch-degressiven Abschreibungsverfahren der Quotient aus zwei unmittelbar aufeinander folgenden Abschreibungsbeträgen konstant bleibt.	Falsch
	Genau umgekehrt, d.h. beim arithmetisch-degressiven Verfahren sinkt a_t um einen konstanten Betrag d, während beim geometrisch-degressiven Verfahren $a_{t+1} = \alpha \cdot a_t$ gilt.	
i)	Das Nutzungspotenzial einer Maschine kann durch die Ausbringungsmenge, durch die Nutzungsdauer oder durch eine Kombination aus Ausbringungsmenge und Nutzungsdauer abgebildet werden.	Richtig
	Bildet man das Nutzungspotenzial allein anhand der Nutzungsdauer ab, so liegt die Hypothese zu Grunde, dass allein der Zeitablauf zum Wertverzehr der Maschine führt. Bildet man das Nutzungspotenzial hingegen allein anhand der Ausbringungsmenge ab, so geht man davon aus, dass der Gebrauchsverschleiss die dominante Ursache für den Wertverzehr der Maschine ist. Geht man sowohl von zeitabhängigem als auch gebrauchsabhängigen Wertverzehr aus, ist eine Kombination aus Ausbringungsmenge und Nutzungsdauer zur Abbildung des Nutzungspotenzials erforderlich.	
j)	Das Buchwertverfahren stellt insofern einen Sonderfall des geometrisch-degressiven Abschreibungsverfahrens dar, weil nicht nur der Quotient der Abschreibungsbeträge zweier aufeinander folgenden Perioden, sondern auch der Quotient der Restwerte zweier aufeinander folgenden Perioden konstant ist.	Richtig
	Bei den geometrisch-degressiven Abschreibungsverfahren gilt grundsätzlich $a_{t+1} = \alpha \cdot a_t$, aber nur beim Buchwertabschreibungsverfahren als Sonderfall des geometrisch-degressiven Verfahrens gilt $R_{t+1} = \alpha \cdot R_t$ und damit sind die Quotienten sogar gleich, d.h. $a_{t+1}/a_t = R_{t+1}/R_t$.	

<table>
<tr><td>k)</td><td>Das digitale Abschreibungsverfahren ist dadurch gekennzeichnet, dass der Abschreibungsbetrag der letzten Periode mit dem Restwert am Ende der Nutzungsdauer übereinstimmt.</td><td>Falsch</td></tr>
<tr><td></td><td colspan="2">Das digitale Abschreibungsverfahren ist dadurch gekennzeichnet, dass der Abschreibungsbetrag der letzten Periode mit dem Degressionsbetrag d übereinstimmt ($d = a_T$).</td></tr>
<tr><td>l)</td><td>Beim geometrisch-degressiven Abschreibungsverfahren sinken die Abschreibungsbeträge immer um einen festen Anteil $(1 - \alpha)$.</td><td>Richtig</td></tr>
<tr><td></td><td colspan="2">Vgl. Lehrbuch Abschnitt II.B.4.b.1.</td></tr>
</table>

Lösung zu Aufgabe 2.13

Die Aufgabenstellung finden Sie ab Seite 48.

zu a)

Es gilt: $a_t = \frac{A-R}{T}$

$\rightarrow a_t = \frac{500.000-20.000}{4} = 120.000\,€$

zu b)

Beim mengenorientierten Abschreibungsverfahren verhalten sich die Abscheibungsbeträge zweier Perioden wie die Ausbringungsmengen dieser zwei Perioden, d.h. $\frac{a_t}{a_{t-1}} = \frac{x_t}{x_{t-1}}$.

$$\rightarrow a_t = a_{t-1} \cdot \frac{x_t}{x_{t-1}} \quad \text{und} \quad x_t = 0,8 \cdot x_{t-1}$$

$\Leftrightarrow a_t = 40.000 \cdot 0,8$

$\rightarrow a_t = 32.000\,€$

zu c)

Beim geometrisch-degressiven Abschreibungsverfahren gilt: $a_{t+1} = \alpha \cdot a_t$

Ermittlung von α:

$a_{t-2} = \alpha \cdot a_{t-3}$
$\Leftrightarrow 45.000 = \alpha \cdot 50.000$
$\rightarrow \alpha = 0,9$

Ermittlung von a_t:

$\rightarrow a_t = \alpha^2 \cdot a_{t-2}$
$\Leftrightarrow a_t = 0,9^2 \cdot 45.000$
$\rightarrow a_t = 36.450\,€$

zu d)

Bei arithmetisch-degressiven Abschreibungsverfahren gilt: $a_t = a_{t+1} + d$

Ermittlung des Degressionsbetrages:

$\rightarrow a_{t-3} = a_{t-2} + d$
$\Leftrightarrow a_{t-3} = a_{t-1} + 2 \cdot d$
$\Leftrightarrow 100.000 = 80.000 + 2 \cdot d$
$\Leftrightarrow 2 \cdot d = 20.000$
$\rightarrow d = 10.000$ €

Ermittlung von a_t:

$\rightarrow a_t = a_{t-1} - d$
$\Leftrightarrow a_t = 80.000 - 10.000$
$\rightarrow a_t = 70.000$ €

Lösung zu Aufgabe 2.14

Die Aufgabenstellung finden Sie ab Seite 48.

zu a)

$A = \frac{250.000 - 40.000}{7} = 30.000$ €

zu b)

$A = 1{,}2 \cdot 35.000 = 42.000$ €

zu c)

$$\alpha = \frac{67.500}{75.000} = 0{,}9$$

$A = 67.500 \cdot 0{,}9 \cdot 0{,}9 = 54.675$ € (Abschreibung um 2 Perioden, um von t_2 auf t_0 zu kommen

zu d)

$d = 100.000 – 80.000 = 20.000$ €
$A = 80.000 – 20.000 = 60.000$ €

zu e)

Abschreibung auf Null in 2 weiteren Jahren (Abschreibung in $t+1$ in Höhe von 40.000 €, in $t+2$ in Höhe von 20.000 €)

Lösung zu Aufgabe 2.15

Die Aufgabenstellung finden Sie ab Seite 49.

zu a)

Kauf: 01.01.2015, Nutzung bis 31.12.2019 $\rightarrow$ Nutzungsdauer = 5 Jahre

zu b)

$a_T = a_{2019} = 10.000$ €
$d = 10.000$ €
$a_T = a_{t+1} + d$
$a_{2018} = 10.000$ € + 10.000 € = 20.000 €
$a_{2017} = 20.000$ € + 10.000 € = 30.000 €
$a_{2016} = 30.000$ € + 10.000 € = 40.000 €

zu c)

$a_{2015} = 40.000$ € + 10.000 € = 50.000 €

$$\sum_{t=2015}^{2019} a_t = 150.000 \text{ €}$$

$$R = A - \sum_{t=2015}^{2019} a_t = 200.000 \text{ €} - 150.000 \text{ €} = 50.000 \text{ €}$$

Lösung zu Aufgabe 2.16

Die Aufgabenstellung finden Sie ab Seite 50.

zu a)

Bei arithmetisch-degressiven Abschreibungsverfahren gilt: $a_t = a_{t+1} + d$

$\rightarrow a_2 = a_3 + d$
$\Leftrightarrow a_2 = \underbrace{a_4 + d}_{a_3} + d \quad \text{und} \quad a_4 = d$
$\Leftrightarrow a_2 = 3 \cdot d$
$\rightarrow d = 10.000$ €
$\rightarrow a_1 = a_2 + d = 30.000 + 10.000 = 40.000$ €
$\rightarrow a_3 = a_2 - d = 30.000 - 10.000 = 20.000$ €
$\rightarrow a_4 = d = 10.000$ €

zu b)

Beim geometrisch-degressiven Abschreibungsverfahren gilt: $a_{t+1} = \alpha \cdot a_t$

$\rightarrow a_3 = \alpha^2 \cdot a_1$
$\Leftrightarrow 12.800 = \alpha^2 \cdot 20.000$
$\rightarrow \alpha = 0,8$
$\rightarrow a_2 = \alpha \cdot a_1 = 0,8 \cdot 20.000 = 16.000$ €
$\rightarrow a_4 = \alpha \cdot a_3 = 0,8 \cdot 12.800 = 10.240$ €

zu c)

Bei geometrisch-degressiven Abschreibungsverfahren gilt: $a_{t+1} = \alpha \cdot a_t$

Zusätzlich gilt beim Buchwertverfahren: $R_{t+1} = \alpha \cdot R_t$

$\alpha = \frac{R_1}{R_0} \Leftrightarrow \frac{120.802,11}{220.000} = 0,5491$
$\rightarrow a_1 = A - R_1 = 220.000 - 120.802,11 = 99.197,89$ €
$\rightarrow a_2 = \alpha \cdot a_1 = 0,5491 \cdot 99.197,89 = 54.469,56$ €
$\rightarrow a_3 = \alpha^2 \cdot a_1 = 0,5491^2 \cdot 99.197,89 = 29.909,24$ €
$\rightarrow a_4 = \alpha^3 \cdot a_1 = 0,5491^3 \cdot 99.197,89 = 16.423,16$ €

Lösung zu Aufgabe 2.17

Die Aufgabenstellung finden Sie ab Seite 50.

zu a)

a1)

Wie in der Grafik zu erkennen, nehmen die Abschreibungsbeträge um konstante Degressionsbeträge ab. Weiterhin entspricht der Abschreibungsbetrag der letzten Periode nicht dem Degressionsbetrag, d.h. es liegt kein digitales Abschreibungsverfahren vor. Somit handelt es sich um eine arithmetisch-degressive Abschreibung.

a2)

$R_5 = R_3 - a_4 - a_5 = 9.300$ € $- 3.300$ € $- 2.000$ € $= 4.000$ €

a3)

Berechnung des Degressionsbetrags: $d = 3.300$ €–2.000 € $= 1.300$ €

$A = R_3 + a_3 + a_2 + a_1$
$R_3 + (a_4 + d) + (a_4 + 2 \cdot d) + (a_4 + 3 \cdot d) = 9.300$ € $+ 4.600$ € $+ 5.900$ € $+ 7.200$ €
$= 27.000$ €

zu b)

b1)

Die Abschreibungsbeträge nehmen nicht um einen festen Betrag, sondern vielmehr um einen bestimmten Anteil ab, somit handelt es sich um ein Verfahren aus der Gruppe der geometrisch-degressiven Abschreibungsverfahren.

b2)

a_4 berechnen:

Es gilt: $a_5 = a_3 \cdot \alpha^3$

$$\rightarrow \alpha^2 = \frac{a_5}{a_3} = \frac{12.960\,€}{36.000\,€} = 0,36$$

$$\Leftrightarrow \alpha = \sqrt{0,36} = 0,6$$

$$a_4 = \alpha \cdot a_3 = 0,6 \cdot 36.000\,€ = 21.600\,€$$

Der Restwert am Ende der Nutzungsdauer wird für die Berechung von a_4 nicht benötigt.

Lösung zu Aufgabe 2.18

Die Aufgabenstellung finden Sie ab Seite 52.

Lösungsweg 1:

Digitale Abschreibung für $t = 2$

Ermittlung des Degressionsbetrags d mit der Formel $d = \frac{A-R}{\sum_{t=1}^{T} t}$

$$d = \frac{230.000 - 20.000}{1+2+3+4+5} = 14.000\,€$$

$$\rightarrow a_2^{\text{digital}} = 4 \cdot d = 4 \cdot 14.000\,€ = 56.000\,€$$

Mengenorientierte Abschreibung für $t = 2$

Abschreibung je ME: $\frac{230.000-20.000}{4.750+3.250+4.000+4.250+3.750} = \frac{210.000}{20.000} = 10,50\,€/\text{ME}$

$$\rightarrow a_2^{\text{Menge}} = 3.250 \cdot 10,50 = 34,125\,€$$

Gesamte Abschreibung für $t = 2$

$$a_2^{\text{gesamt}} = 0,6 \cdot 56.000 + 0,4 \cdot 34.125 = 47.250\,€$$

Lösungsweg 2:

Anteilige digitale Abschreibung für $t = 2$

Ermittlung des Degressionsbetrags d mit der Formel $d = \frac{A-R}{\sum_{t=1}^{T} t}$, in diesem Fall multipliziert mit dem Faktor 0,6:

$$d = \frac{0,6 \cdot (230.000 - 20.000)}{1+2+3+4+5} = 8.400\,€$$

$\rightarrow a_2^{\text{digital}} = 4 \cdot d = 4 \cdot 8.400\,€ = 33.600\,€$

Anteilige mengenorientierte Abschreibung:

Abschreibung je ME: $\frac{0{,}4 \cdot (230.000-20.000)}{4.750+3.250+4.000+4.250+3.750} = \frac{84.000}{20.000} = 4,20\,€/\text{ME}$

$\rightarrow a_2^{\text{Menge}} = 3.250 \cdot 4,20 = 13.650\,€$

Gesamte Abschreibung für $t = 2$:

$a_2^{\text{gesamt}} = 33.600 + 13.650 = 47.250\,€$

Lösung zu Aufgabe 2.19

Die Aufgabenstellung finden Sie ab Seite 52.

zu a)

$\alpha = \frac{R_1}{R_0} = \frac{R_2}{R_1}$

Es gilt:

$$\rightarrow \frac{R_1}{240.000} = \frac{60.000}{R_1}$$

$\Leftrightarrow R_1 = 120.000$

$\rightarrow \alpha = 0,5$

$a_4 = R_3 - R_4 = 60.000\,€ \cdot 0,5 - 60.000\,€ \cdot 0,5^2 = 15.000\,€$

In diesem Beispiel sind die Restwerte der einzelnen Perioden identisch mit den Abschreibungsbeträgen der jeweiligen Perioden (da $\alpha = 0,5$), dies ist jedoch keine Voraussetzung des Buchwertverfahrens.

zu b)

$R_t = \alpha \cdot R_{t-1}$

$\rightarrow A = R_0 = q \cdot R_1 = q \cdot (q \cdot R_2) = \ldots = q^T R_T = q^T \cdot R$

$\Leftrightarrow A = q^T \cdot R$

$$\Leftrightarrow \frac{A}{R} = q^T$$

$$\Leftrightarrow q = \sqrt[T]{\frac{A}{R}}$$

Lösung zu Aufgabe 2.20

Die Aufgabenstellung finden Sie ab Seite 53.

$A_{2018} = a_3$

Lösungsweg 1:

Ermittlung des Abschreibungsbetrages a_t mit der Formel:

$a_t = (A - R) \cdot q^{T-t} \cdot \frac{q-1}{q^T-1}, \quad \text{für } t = 1, \ldots, T$

Ermittlung von q:

$q = \sqrt[T]{A/R} = \sqrt[5]{250.000/2.560} = 2,5$

Abschreibung für das Jahr 2018:

$a_3 = (250.000 - 2.560) \cdot 2,5^{5-3} \frac{2,5-1}{2,5^5-1} = 24.000\,€$

Lösungsweg 2:

Beim Buchwertverfahren gilt allgemein: $R_{t+1} = \alpha \cdot R_t$

Ermittlung von α:

$\alpha = \sqrt[T]{R/A} = \sqrt[T]{2.560/250.000} = 0,4$

Restwert nach 2 Jahren: $250.000 \cdot 0,4 \cdot 0,4 = 40.000\,€$

Restwert nach 3 Jahren: $250.000 \cdot 0,4 \cdot 0,4 \cdot 0,4 = 16.000\,€$

Abschreibung im Jahr 2018:

$a_3 = R_2 - R_3 = 40.000\,€ - 16.000\,€ = 24.000\,€$

Lösung zu Aufgabe 2.21

Die Aufgabenstellung finden Sie ab Seite 53.

zu a)

a1)

Das digitale Abschreibungsverfahren als Sonderfall des arithmetisch-degressiven Abschreibungsverfahrens, da eine konstante Differenz zwischen aufeinander folgenden Abschreibungsbeträgen besteht und der Abschreibungsbetrag der letzten Periode mit dem Degressionsbetrag übereinstimmt.

a2)

$a_4 = a_5 + d = d + d = 2d$
$d = 0,5 \cdot a_4 = 3.500\,€$
$a_3 = a_4 + d = 10.500\,€$

a3)

$$A = R + a_1 + a_2 + a_3 + a_4 + a_5$$
$$A = 8.100 + d + 2 \cdot d + 3 \cdot d + 4 \cdot d + 5 \cdot d$$
$$A = 8.100 + 15 \cdot d = 8.100 + 52.500 = 60.600\,€$$

zu b)

b1)

Es gehört zur Gruppe der geometrisch-degressiven Abschreibungsverfahren, da keine konstante Differenz zwischen aufeinander folgenden Abschreibungsbeträgen besteht. Das Ausmaß des Güterverzehrs einer Periode entspricht einem bestimmten Anteil α (mit $0 < \alpha < 1$) des Güterverbrauchs der Vorperiode.

Sind wie in der Aufgabenstellung nur die Abschreibungsbeträge bekannt, kann nicht entschieden werden, ob das Buchwertabschreibungsverfahren vorliegt. Um das Buchwertabschreibungsverfahren identifizieren zu können, müssen zusätzlich die Restwerte gegeben sein.

b2)

$$a_2 = \alpha \cdot a_1$$
$$a_3 = \alpha \cdot a_2 = \alpha^2 \cdot a_1$$
$$\Leftrightarrow \alpha^2 = \frac{a_3}{a_1} = \frac{24.010}{49.000} = 0,49 \rightarrow \alpha = \sqrt{0,49} = 0,7$$
$$a_4 = \alpha \cdot a_3 = 0,7 \cdot 24.010 = 16.807\,€$$

b3)

$$\begin{aligned} A &= R + a_1 + a_2 + a_3 + a_4 + a_5 \\ &= 4.128 + 49.000 + 49.000 \cdot \alpha + 24.010 + 49.000 \cdot \alpha^3 + 49.000 \cdot \alpha^4 \\ &= 4.128 + 49.000 + 34.300 + 24.010 + 16.807 + 11.764,90 \\ &= 140.009,90\,€ \end{aligned}$$

Lösung zu Aufgabe 2.22

Die Aufgabenstellung finden Sie ab Seite 54.

zu a)

Abschreibung der aktuellen Periode allgemein: $a_t = \frac{A-R}{T}$ für $t = 1, 2, \ldots T$

$a_t = \frac{400.000-40.000}{6} = 60.000\,€$ für $t = 1, 2, \ldots 6$

zu b)

Beim mengenorientierten Abschreibungsverfahren stehen die Abschreibungsbeträge zweier Perioden im selben Verhältnis zueinander wie die Ausbringungsmenge dieser zwei Perioden, d.h.

$$\frac{a_t}{a_{t+1}} = \frac{x_t}{x_{t+1}} \quad \text{für} \quad t = 1, \ldots T-1$$

$a_t = 0,9 \cdot 36.000 = 32.400\,€ \qquad t = \text{aktuelle Periode}$

zu c)

Beim geometrisch-degressiven Abschreibungsverfahren gilt: $a_t = a_{t-1} \cdot \alpha$

$$\alpha = \frac{85.000}{100.000} = 0,85$$

$a_t = 85.000 \cdot 0,85 = 72.250\,€ \qquad t = \text{aktuelle Periode}$

zu d)

Beim arithmetisch-degressiven Abschreibungsverfahren gilt: $a_{t+1} = a_t - d$, daraus folgt:

$d = a_t - a_{t+1}$

$d = 50.000–40.000 = 10.000\,€$

$a_t = 40.000–10.000 = 30.000\,€ \qquad t = \text{aktuelle Periode}$

zu e)

Das Anlagegut ist in 2 weiteren Jahren auf Null abgeschrieben, weil beim digitalen Abschreibungsverfahren der Degressionsbetrag d dem Abschreibungsbetrag in der letzten Periode entspricht ($d = a_T = 10.000\,€$).

Hier: Abschreibung in $t+1$ i.H. von 20.000 € und in $t+2$ i.H. von 10.000 € bei Abschreibung in t von 30.000 €.

Lösung zu Aufgabe 2.23

Die Aufgabenstellung finden Sie ab Seite 55.

zu a)

$$a_t = \frac{A-R}{T} = \frac{220.000 - 20.000}{4} = 50.000\,€$$

$a_1 = a_2 = a_3 = a_4 = 50.000\,€$

zu b)

Beim mengenorientierten Abschreibungsverfahren gilt allgemein:

$a_t = (A - R) \cdot \frac{x_t}{\bar{x}}$ für $t = 1, \ldots, T$

und für das Nutzungspotential der Maschine:

$\bar{x} = \sum_{t=1}^{T} x_t = \sum_{t=1}^{4} x_t = 1.000.000$ Stück.

Damit ergeben sich die einzelnen Abschreibungsbeträge wie folgt:

$$a_1 = (220.000 - 20.000) \cdot \frac{200.000}{1.000.000} = 40.000\,€$$

$$a_2 = (220.000 - 20.000) \cdot \frac{300.000}{1.000.000} = 60.000\,€$$

$$a_3 = (220.000 - 20.000) \cdot \frac{400.000}{1.000.000} = 80.000\,€$$

$$a_4 = (220.000 - 20.000) \cdot \frac{100.000}{1.000.000} = 20.000\,€$$

zu c)

Beim arithmetisch-degressiven Abschreibungsverfahren gilt allgemein: $a_{t+1} = a_t - d$, daraus folgt:

$a_{t+2} = a_{t+1} - d = (a_t - d) - d = a_t - 2 \cdot d$

$a_2 = 55.000\,€$

$a_4 = 35.000\,€$

$\rightarrow\ a_4 = a_2 - 2 \cdot d$

$\rightarrow\ 35.000\,€ = 55.000\,€ - 2 \cdot d$

$\rightarrow\ d = 10.000\,€$

Damit ergeben sich die einzelnen Abschreibungsbeträge wie folgt:

$a_4 = 35.000\,€$

$a_3 = 35.000 + 10.000 = 45.000\,€$

$a_2 = 45.000 + 10.000 = 55.000\,€$

$a_1 = 55.000 + 10.000 = 65.000\,€$

zu d)

Beim digitalen Abschreibungsverfahren entspricht der Degressionsbetrag d dem Abschreibungsbetrag der letzten Periode ($d = a_T$). Daraus folgt die Höhe der Abschreibungsbeträge:

$a_3 = a_4 + d = 40.000\,€$ und $a_4 = d$

$a_3 = a_4 + a_4 = 40.000\,€$

$\rightarrow a_4 = 20.000\,€ = d$

$a_2 = 40.000 + 20.000 = 60.000\,€$

$a_1 = 60.000 + 20.000 = 80.000\,€$

Alternativ über die Formel für d beim digitalen Abschreibungsverfahren:

$d = \frac{A-R}{\sum_{t=1}^{T} t} = \frac{220.000-20.000}{1+2+3+4} = 20.000\,€$

zu e)

Beim geometrisch-degressiven Abschreibungsverfahren gilt allgemein: $a_{t+1} = \alpha \cdot a_t$

$\alpha = 1 - 0,3 = 0,7$

$a_{t+1} = a_t \cdot 0,7$

$a_t = \frac{a_{t+1}}{0,7} \qquad (q = \frac{1}{0,7})$

$a_4 = 27.082,51\,€ = a_3 \cdot 0,7$

$a_3 = \frac{27.082,51}{0,7} = 38.689,30\,€$

$a_2 = \frac{38.689,30}{0,7} = 55.270,43\,€$

$a_1 = \frac{55.270,43}{0,7} = 78.957,76\,€$

zu f)

Das Buchwertverfahren ist ein Sonderfall des geometrisch degressiven Abschreibungsverfahrens. Zusätzliche Forderung: Die Restwerte zweier Perioden müssen auch mit dem Faktor α verknüpft sein: $R_{t+1} = \alpha \cdot R_t$

$R_1 = 120.802,11\,€ \qquad R_0 = A = 220.000\,€$

Es gilt: =

$a_{t+1} = a_t \cdot \alpha$

$R_{t+1} = R_t \cdot \alpha$

$R_0 \cdot \alpha = R_1$

$\rightarrow \alpha = \frac{R_1}{R_0} = \frac{120.802,11}{220.000} = 0,5491005 \approx 0,5491$

Außerdem gilt für den Restwert nach der 1. Periode:

$R_1 = A - a_1 = 120.802,11\,€$

Damit ergeben sich die einzelnen Abschreibungsbeträge wie folgt:

$\rightarrow a_1 = 220.000 - 120.802,11 = 99.197,89\,€$

$a_2 = a_1 \cdot \alpha$

$\rightarrow a_2 = 99.197,89 \cdot 0,5491 = 54.469,61\,€$

$\rightarrow a_3 = 54.469,61 \cdot 0,5491 = 29.909,29\,€$

$\rightarrow a_4 = 29.909,26 \cdot 0,5491 = 16.423,21\,€$

Lösung zu Aufgabe 2.24

Die Aufgabenstellung finden Sie ab Seite 55.

zu a)

digital: 120.000 Euro

$$a_1^d + a_2^d + a_3^d = 120.000$$
$$a_2^d = a_1^d - 20.000$$
$$a_3^d = a_1^d - 40.000$$
$$a_1^d + a_1^d - 20.000 + a_1^d - 40.000 = 12.000$$
$$a_1^d = 60.000$$
$$a_2^d = 40.000$$
$$a_3^d = 20.000$$

mengenmäßig: 120.000 Euro

Gesamtmenge: 15.000 ME

Abschreibung pro Mengeneinheit $= \frac{120.000\,€}{15.000\ \text{ME}} = 8\ €/\text{ME}$

$$a_1^m = 8 \cdot 5.000 = 40.000\,€$$
$$a_2^m = 8 \cdot 4.500 = 36.000\,€$$
$$a_3^m = 8 \cdot 5.500 = 44.000\,€$$

Gesamtabschreibungsbeträge:

$$a_1 = 100.000\,€$$
$$a_2 = 76.000\,€$$
$$a_3 = 64.000\,€$$
$$\sum = 240.000\,€$$

zu b)

$$R_2 = A \cdot \alpha \cdot \alpha$$
$$\alpha^2 = \frac{117.600}{240.000} = 0,49\ , \quad \alpha = 0,7$$

zu c)

$$R_4 = 240.000 \cdot 0,7^4 = 57.624\,€$$

zu d)

$$R_3 = 240.000 \cdot 0,7^3 = 82.320\,€$$

$a_4 = R_3 - R_4 = 24.696\,€$

Lösung zu Aufgabe 2.25

Die Aufgabenstellung finden Sie ab Seite 56.

zu a)

Abschreibungsbasis: $\sum_{t=1}^{T} a_t = A - R = 100.000 - 20.000 = 80.000\,€$

Produktionsmenge: $\sum_{t=1}^{T} x_t = 2.500 + 3.500 + 2.000 = 8.000$ ME

Abschreibungsbetrag je ME: $\frac{80.000\,€}{8.000\text{ ME}} = 10\,€/\text{ME}$

$\rightarrow a_1 = 2.500\,€ \cdot 10\,€/\text{ ME} = 25.000\,€$
$\rightarrow a_2 = 3.500\,€ \cdot 10\,€/\text{ ME} = 35.000\,€$
$\rightarrow a_3 = 2.000\,€ \cdot 10\,€/\text{ ME} = 20.000\,€$

zu b)

Beim arithmetisch-degressiven Abschreibungsverfahren gilt: $a_t = a_{t+1} + d$

Abschreibungsdifferenz zweier aufeinanderfolgenden Perioden entspricht dem Degressionsbetrag.

$\rightarrow d = 15.000\,€$

$$A = \sum_{t=1}^{T} a_t + R \Leftrightarrow A = \sum_{t=1}^{3} a_t + 0$$

$\Leftrightarrow 240.000 = a_1 + a_2 + a_3$
$\Leftrightarrow 240.000 = a_1 + a_1 - d + a_1 - 2 \cdot d$
$\Leftrightarrow 240.000 = 3 \cdot a_1 - 3 \cdot d$
$\Leftrightarrow 240.000 = 3 \cdot a_1 - 3 \cdot 15.000$
$\rightarrow a_1 = 95.000\,€$
$\rightarrow a_2 = a_1 - d = 95.000 - 15.000 = 80.000\,€$
$\rightarrow a_3 = a_1 - 2 \cdot d = 95.000 - 2 \cdot 15.000 = 65.000\,€$

zu c)

Bei geometrisch-degressiven Abschreibungsverfahren gilt: $a_{t+1} = \alpha \cdot a_t$

Zusätzlich gilt beim Buchwertverfahren: $R_{t+1} = \alpha \cdot R_t$

$\rightarrow R_3 = \alpha \cdot R_2$

$\Leftrightarrow R_3 = \alpha^2 \cdot R_1$

$\Leftrightarrow 37.500 = \alpha^2 \cdot 150.000$

$\rightarrow \alpha = 0,5$

$\rightarrow A = \frac{R_1}{\alpha} = \frac{150.000}{0,5} = 300.000\,€$

$\rightarrow R_2 = \alpha \cdot R_1 = 0,5 \cdot 150.000 = 75.000\,€$

$\rightarrow a_1 = A - R_1 = 300.000 - 150.000 = 150.000\,€$

$\rightarrow a_2 = R_1 - R_2 = 150.000 - 75.000 = 75.000\,€$

$\rightarrow a_3 = R_2 - R_3 = 75.000 - 37.500 = 37.500\,€$

4.2.1.4 Erfassung von Kapitalkosten

Lösung zu Aufgabe 2.26

Die Aufgabenstellung finden Sie ab Seite 57.

Aussage		Richtig/Falsch
a)	Vermietete oder verpachtete Anlagen sind im Allgemeinen nicht im betriebsnotwendigen Vermögen eines Produktionsunternehmens enthalten.	Richtig
	Vgl. Lehrbuch Abschnitt II.B.6.	
b)	Das durchschnittliche betriebsnotwendige Kapital muss um erhaltene Anzahlungen und Verbindlichkeiten ggü. Lieferanten verringert werden, weil die für dieses Kapital anfallenden Zinskosten bereits in der Preiskalkulation berücksichtigt worden sind.	Falsch
	Es muss heißen: Das durchschnittliche sachzielnotwendige Vermögen muss um erhaltene Anzahlungen und Verbindlichkeiten ggü. Lieferanten verringert werden, weil die für dieses Kapital anfallenden Zinskosten bereits in der Preiskalkulation berücksichtigt worden sind.	
c)	Der aktivierte derivative Geschäftswert erhöht das sachzielnotwendige Vermögen und somit die kalkulatorischen Kapitalkosten des Unternehmens.	Falsch
	Der aktivierte derivative Geschäftswert gehört zum sachzielfremden Vermögen und geht somit nicht in das sachzielnotwendige Vermögen ein.	

d)	Die kalkulatorischen Zinskosten ergeben sich durch Multiplikation des durchschnittlichen sachzielnotwendigen Vermögens mit dem kalkulatorischen Zinsfuß.	Falsch
	Aus dem sachzielnotwendigen Vermögen ergibt sich nach Abzug des Abzugskapitals das durchschnittlich zu verzinsende sachzielnotwendige Kapital. Erst dieses wird mit dem kalkulatorischen Zinsfuß multipliziert, um die kalkulatorischen Zinskosten zu ermitteln.	
e)	Das durchschnittliche sachzielnotwendige Kapital (DSK) ergibt sich, indem vom durchschnittlichen sachzielnotwendigen Vermögen (DSV) das durchschnittliche Abzugskapital (DAK) subtrahiert wird.	Richtig
	Vgl. Lehrbuch Abschnitt II.B.6.	

Lösung zu Aufgabe 2.27

Die Aufgabenstellung finden Sie ab Seite 58.

1) Ermittlung des durchschnittlichen sachzielnotwendigen Vermögens (Annahme: Wertpapiere gehören zum sachzielnotwendigen Vermögen, aufgrund der damit verbundenen größeren Einflussnahme):

Maschinen	225.000 €
Wertpapiere	80.000 €
RHB	100.000 €
Forderungen LuL	30.000 €
Kasse	17.000 €
DSV	452.000 €

Nebenrechnung Maschinen:

Anschaffungswert zum 01.01.2016 = 375.000 €

kalk. Abschreibung $a_t = \frac{375.000\,€ - 15.000\,€}{6 \text{ Jahre}} = 60.000\,€/\text{Jahre}$

Wertansatz zum 31.12.2017 = 375.000 € – 60.000 € – 60.000 € = 255.000 €

Wertansatz zum 31.12.2018 = 255.000 € – 60.000 € = 195.000 €

Durchschnittlicher Wertansatz $= \frac{255.00\,€ + 195.000\,€}{2} = 225.000\,€$

2) Ermittlung des durchschnittlichen Abzugskapitals (DAK):

Verbindlichkeiten LuL	50.000 €
Erhaltene Anzahlungen	22.000 €
DAK	72.000 €

3) Ermittlung des durchschnittlich zu verzinsenden sachzielnotwendigen Kapitals (DSK):
DSK = 452.000 € − 72.000 € = 380.000 €

4) Ermittlung der Zinskosten: 380.000 € $\cdot$ 0,9 = 34.200 €

Lösung zu Aufgabe 2.28

Die Aufgabenstellung finden Sie ab Seite 58.

zu a)

Ermittlung des durchschnittlichen Abzugskapitals x:

	durchschnittliches sachzielnotwendiges Vermögen	900.000 €
-	durchschnittliches Abzugskapital	x €
=	durchschnittlich zu verzinsendes Kapital	800.000 €

$x = 100.000\,€$ = durchschnittliches Abzugskapital

Ermittlung des Abzugskapitals y zum 31.12.2018:

$100.000\,€ = \frac{90.000\,€ + y}{2}$

$y = 110.000\,€$ = Abzugskapital zum 31.12.2018

zu b)

Ermittlung des zugrundeliegenden Kapitalkostensatzes:

durchschnittlich zu verzinsendes Kapital $\cdot\, x$ = Kapitalkosten

$800.000\,€ \cdot x = 35.000\,€$

$\rightarrow x = 0,04375$

Der kalkulatorische Zinssatz beträgt 4,375%.

Lösung zu Aufgabe 2.29

Die Aufgabenstellung finden Sie ab Seite 59.

GoF: sachzielfremd

Maschinen: Lineare Abschreibung: $a = (1.000.000 - 160.000)/6 = 140.000\,€$

$R_{2015} = 1.000.000 - 140.000 = 860.000\,€$

$R_{2016} = 860.000 - 140.000 = 720.000\,€$

$R_{2017} = 720.000 - 140.000 = 580.000\,€$

Durchschnittlich in Maschinen gebundenes Kapital (2016 + 2017):

(720.000 + 580.000)/2 = 650.000 €

Grundstücke: 60.000 € in beiden Jahren herausrechnen:

((160.000 − 60.000) + (160.000 − 60.000))/2 = 100.000 €

Wertpapiere: sachzielfremd aus Spekulationsgründen

RHB: (188.000 + 244.000)/2 = 216.000 €

FordLuL: (90.000 + 150.000)/2 = 120.000 €

Kasse: (32.000 + 36.000)/2 = 34.000 €

VerbLuL: (170.000 + 166.000)/2 = 168.000 €

Erhaltene Anzahlungen: (80.000 + 64.000)/2 = 72.000 €

Bilanzpositionen	Wert
1 - Derivativer Geschäftswert	-
2 - Produktionsanlagen	650.000
3 - Grundstücke	100.000
4 - Wertpapiere	-
5 - Roh-, Hilfs- und Betriebsstoffe	216.000
6 - Forderungen aus LuL	120.000
7 - Kasse	34.000
A Durchschnittlich sachzielnotwendiges Vermögen (DSV)	1.120.000
8 - Verbindlichkeiten aus LuL	168.000
9 - Erhaltene Anzahlungen	72.000
B Durchschnittliches Abzugskapital (DAK)	240.000
C Durchschnittlich zu verzinsendes Kapital (DSK) $(= A - B)$	880.000
D Kalkulatorische Zinskosten	88.000

Lösung zu Aufgabe 2.30

Die Aufgabenstellung finden Sie ab Seite 60.

1) Ermittlung des durchschnittlich sachzielnotwendigen Vermögens (DSV):

   Unbebaute Grundstücke und Wertpapiere zu Spekulationszwecken gehören nicht zum sachzielnotwendigen Vermögen (SV). Annahme zu den unbebauten Grundstücken: Sie liegen brach und werden nicht zur Lagerung oder ähnlichem verwendet.

   Anteile am Zulieferer sind sachzielnotwendig, weil das Unternehmen hierdurch Einfluss auf diesen nehmen kann und so die weitere Belieferung sichert.

Maschinen	5.000.000 €
Anteile am Zulieferer	1.000.000 €
RHB-Stoffe	2.000.000 €
DSV	8.000.000 €

2) Ermittlung des durchschnittlichen Abzugskapitals (DAK):

   Hier: Abzugskapital = Kundenanzahlungen = 500.000 €

3) Ermittlung des durchschnittlich zu verzinsenden Kapitals (DSK):

   DSK= DSV - DAK = 8.000.000 € - 500.000 € = 7.500.000 €

4) Ermittlung der kalkulatorischen Zinskosten:

   7.500.000 € · 0,1 = 750.000 €

Lösung zu Aufgabe 2.31

Die Aufgabenstellung finden Sie ab Seite 61.

A) Ermittlung des durchschnittlichen sachzielnotwendigen Vermögens (DSV):

1) Der derivative Geschäftswert (Goodwill) gehört nicht zum sachzielnotwendigen Vermögen, da er sachzielfremd ist. Der Goodwill entspricht dem Betrag, den ein Käufer als Ganzes unter Berücksichtigung zukünftiger Ertragserwartungen über den Wert aller materiellen und immateriellen Vermögensgegenstände nach Abzug der Schulden bereit zu zahlen ist. Der Goodwill repräsentiert bspw. den Markenwert oder allgemeiner formuliert die stillen Reserven des Unternehmens. Im Rahmen der Kosten- und Leistungsrechnung wird versucht einen ökonomisch fairen Wertansatz für die Vermögensgegenstände zu finden (z.B. Bewertung der Maschinen), so dass der Ansatz eines Goodwill in der Kostenrechnung nicht erforderlich ist.

2) Der Wert der Maschinen wird in anderer Höhe angesetzt als in der Bilanz, da der kalkulatorische Wertansatz entscheidend ist.

Nebenrechnung - Maschinen:

$$\text{kalk. Abschreibung } a_t = \frac{375.000\,€ - 15.000\,€}{6 \text{ Jahre}} = 60.000\,€/\text{Jahr}$$

Restwert Ende 2016 = 375.000 € – 60.000 € = 315.000 €

Restwert Ende 2017 = 315.000 € – 60.000 € = 255.000 €

Restwert Ende 2018 = 255.000 € – 60.000 € = 195.000 €

$$\text{Durchschnittlicher Wertansatz: } \frac{255.000\,€ + 195.000\,€}{2} = 225.000\,€/\text{Jahr}$$

3) Ungenutzte Grundstücke im Wert von 80.000 € sind sachzielfremd.
150.000 € – 80.000 € = 70.000 € aufnehmen

4) Wertpapiere sind wichtige Beteiligung und gehören somit zum sachzielnotwendigen Vermögen

5-7) Roh-, Hilfs- und Betriebsstoffe sind typisches sachzielnotwendiges Vermögen, analog Forderungen aus LuL und Kasse

B) Ermittlung des durchschnittlichen Abzugskapitals (DAK):

8-9) Verbindlichkeiten aus LuL und erhaltene Anzahlungen = 135.000 €

C) Ermittlung des durchschnittlich zu verzinsenden Kapitals (DSK):
DSV – DAK = 565.000 € – 135.000 € = 430.000 €

D) Ermittlung der kalkulatorischen Zinskosten:
$430.000\,€ \cdot 0{,}09 = 38.700\,€$

Bilanzpositionen	**Wert**
1. Derivativer Geschäftswert	0 €
2. Maschinen	225.000 €
3. Grundstücke	70.000 €
4. Wertpapiere	80.000 €
5. Roh-, Hilfs- und Betriebsstoffe	120.000 €
6. Forderungen aus LuL	50.000 €
7. Kasse	20.000 €
A. Durchschnittlich sachzielnotwendiges Vermögen (DSV)	**565.000 €**
8. Verbindlichkeiten aus LuL	80.000 €
9. Erhaltene Anzahlungen	55.000 €
B. Durchschnittliches Abzugskapital (DAK)	**135.000 €**
C. Durchschnittlich zu verzinsendes Kapital (DSK) (=A-B)	**430.000 €**
D. Kalkulatorische Zinskosten (C · Zinssatz)$= 430.000€ \cdot 0,09$	**38.700 €**

Lösung zu Aufgabe 2.32

Die Aufgabenstellung finden Sie ab Seite 62.

Bilanzpositionen	**Wert**
1. Derivativer Geschäftswert	0 €
2. Produktionsanlagen	85.000 €
3. Grundstücke	80.000 €
4. Wertpapiere	70.000 €
5. Roh-, Hilfs- und Betriebsstoffe	80.000 €
6. Forderungen aus LuL	20.000 €
7. Kasse	10.000
A. Durchschnittlich sachzielnotwendiges Vermögen (DSV)	**345.000 €**
8. Verbindlichkeiten aus LuL	85.000 €
9. Erhaltene Anzahlungen	25.000 €
B. Durchschnittliches Abzugskapital (DAK)	**110.000 €**
C. Durchschnittlich zu verzinsendes Kapital (DSK)	235.000 €
D. Kalkulatorische Zinskosten	**18.800 €**

A) Ermittlung des durchschnittlichen sachzielnotwendigen Vermögens (DSV):

1) Der derivative Geschäftswert (Goodwill) gehört nicht zum sachzielnotwendigen Vermögen, da er sachzielfremd ist.

2) Der Wert der Maschinen wird in anderer Höhe angesetzt als in der Bilanz, da der kalkulatorische Wertansatz entscheidend ist.

   Nebenrechnung - Maschinen:

   $$\text{kalk. Abschreibung } a_t = \frac{160.000\,€ - 10.000\,€}{5 \text{ Jahre}} = 30.000\,€/\text{Jahr}$$

   $$R_{2016} = 160.000\,€ - 30.000\,€ = 130.000\,€$$

   $$R_{2017} = 130.000\,€ - 30.000\,€ = 100.000\,€$$

   $$R_{2018} = 100.000\,€ - 30.000\,€ = 70.000\,€$$

   $$R_{2019} = 70.000\,€ - 30.000\,€ = 40.000\,€$$

   $$\text{Durchschnittlicher Wertansatz: } \frac{\overbrace{100.000}^{R_{2017}} + \overbrace{70.000}^{R_{2018}}}{2} = 85.000\,€$$

3) Vermietetes Grundstück im Wert von 25.000 € ist sachzielfremd.

$\rightarrow \frac{110.000+100.000}{2} - 25.000 = 80.000$ €

4) Wertpapiere sind wichtige Beteiligung und gehören somit zum sachzielnotwendigen Vermögen.

$\rightarrow \frac{60.000+80.000}{2} = 70.000$ €

5-7) Roh-, Hilfs- und Betriebsstoffe sind typisches sachzielnotwendiges Vermögen, analog Forderungen aus LuL und Kasse.

Roh-, Hilfs- und Betriebsstoffe: $\frac{70.000+90.000}{2} = 80.000$ €

Forderungen aus LuL: $\frac{30.000+10.000}{2} = 20.000$ €

Kasse: $\frac{15.000+5.000}{2} = 10.000$ €

B) Ermittlung des durchschnittlichen Abzugskapitals (DAK):

8-9) Verbindlichkeiten aus LuL und erhaltene Anzahlungen = 110.000 €

Verbindlichkeiten aus LuL: $\frac{80.000+90.000}{2} = 85.000$ €

Erhaltene Anzahlungen: $\frac{20.000+30.000}{2} = 25.000$ €

C) Ermittlung des durchschnittlich zu verzinsenden Kapitals (DSK):

DSV – DAK = 345.000 € – 110.000 € = 235.000 €

D) Ermittlung der kalkulatorischen Zinskosten:

235.000 € · 0,08 = 18.800 €

Lösung zu Aufgabe 2.33

Die Aufgabenstellung finden Sie ab Seite 64.

zu a)

Q1: $75.000 - AK = 55.000 \rightarrow AK = 20.000$

Q2: $135.000 \cdot 0,1 = 13.500$ (siehe Q1)

Q3: $x_4 = \dfrac{25.000}{0,1} = 250.000 \qquad x_3 = 250.000 + 50.000 = 300.000$

Q4: $x_6 = \dfrac{30.000}{0,1} = 300.000 \qquad x_5 = 330.000 - 300.000 = 30.000$

Durchschnittliche Kapitalkosten = 5.500 + 13.500 + 25.000 + 30.000 = 74.000

zu b)

Kundenanzahlungen, Lieferantenkredite, Rückstellungen

→ Diese Positionen stehen dem Unternehmen zinslos zur Verfügung.

4.2.1.5 Erfassung von Wagniskosten

Lösung zu Aufgabe 2.34

Die Aufgabenstellung finden Sie ab Seite 64.

	Aussage	Richtig/Falsch
a)	Mit Hilfe von Wagniskosten wird das allgemeine Unternehmerwagnis periodengerecht berücksichtigt.	Falsch
	Als allgemeines Unternehmerwagnis bezeichnet man die Gefahr für Unternehmer, dass sich das eingesetzte Eigenkapital nicht verzinst oder sogar teilweise oder ganz verloren geht. Da Verluste und Gewinne als Ausdruck des allgemeinen Unternehmerwagnisses stets Ergebnisse des Vergleichs von Leistungen und Kosten sind, können sie nicht zugleich in die Kosten- und Leistungsrechnung einbezogen werden. Somit findet das allgemeine Unternehmerwagnis keine explizite Berücksichtigung in der Kostenrechnung.	
b)	Versicherte Einzelwagnisse führen zu Grundkosten.	Richtig
	Wenn das Risiko des Eintritts „unproduktiver“ Güterverbräuche durch eine Versicherungsgesellschaft getragen wird, sind Wagniskosten aufwandsgleich und somit Grundkosten (in Höhe der Versicherungsprämie).	
c)	Eine Fehleinschätzung der Nutzungsdauer stellt ein Beständewagnis dar.	Falsch
	Eine Fehleinschätzung der Nutzungsdauer stellt ein Anlagenwagnis dar.	
d)	Versicherte Einzelwagnisse stellen kalkulatorische Kosten dar.	Falsch
	Versicherte Einzelwagnisse stellen Grundkosten dar.	
e)	Das allgemeine Unternehmerwagnis (z.B. einer Rezession) wird als eigene Kostenposition berücksichtigt.	Falsch
	Das allgemeine Unternehmerwagnis wird nicht explizit in der Kostenrechnung berücksichtigt.	

Lösung zu Aufgabe 2.35

Die Aufgabenstellung finden Sie ab Seite 65.

zu a)

Im Rahmen der Sachzielerfüllung des Unternehmens können viele Störungen/Probleme auftreten, die sich nicht vermeiden lassen. Diese Wagnisse müssen entsprechend als Kosten erfasst werden. Man spricht von sogenannten „unproduktiven Güterverbräuchen“.

1) Einzelwagnisse:

Versichert → Grundkosten. Die Kosten können somit der FiBu entnommen werden.

Unversichert → kalkulatorische Kosten. Die Kosten können nicht aus der FiBu übernommen werden. Sie können aus einer Durchschnittsbetrachtung der vergangenen Perioden heraus für die aktuelle Periode prognostiziert werden.

Beispiele:

Gewährleistungswagnis (Garantieleistungen), Arbeitswagnis (Ausfallzeit wegen Krankheit), Entwicklungswagnis (erfolglose F&E), Debitorenwagnis (Forderungsausfall), Beständewagnis (Schwund), Mehrkostenwagnis (mehr Ausschuss als gedacht) usw.

2) Allgemeines Unternehmerwagnis:

Das allgemeine Unternehmerwagnis beschreibt die Gefahr, dass sich das Eigenkapital nicht optimal verzinst, oder teilweise oder ganz verloren geht. Da Gewinne und Verluste als Ausdruck des allgemeinen Unternehmerwagnisses sowie der Gewinnchancen eines Unternehmens stets Ergebnisse des Vergleichs von Leistungen und Kosten sind, können sie nicht zugleich in die Kosten- und Leistungsrechnung einbezogen werden. Das allgemeine Unternehmerwagnis führt also nicht zu Kosten, kann sich jedoch implizit in der Höhe der Kapitalkosten widerspiegeln.

zu b)

1) Summe an Kosten durch Wagnisse = 30 Mio. € ($\sum$ 20 Mio. € Mängel Hilfsstoff B + $\sum$ 10 Mio. € Garantieleistungen)
2) Produktionszahlen: 100.000 [Stück/Monat]· 12 [Monate/Jahr]·5 [Jahre] = 6 Mio. Stück
3) Wagniskosten pro Kamera : $\frac{30 \text{ Mio. €}}{6 \text{ Mio. [Stück]}} = 5\,€/\text{Stück}$
4) Angesetzte Wagniskosten in 2019 (Produktionsmenge 2 Mio. Stück): 2 Mio. [Stück] · 5 [€/Stück] = 10 Mio. €

Lösung zu Aufgabe 2.36

Die Aufgabenstellung finden Sie ab Seite 65.

1) Durchschnittliche Garantieleistung pro Stofftier:

$$\frac{19.700 + 19.300 + 20.800 + 20.200}{24.670 + 24.110 + 26.000 + 25.220} = \frac{80.000\,€}{100.000 \text{ Stück}} = 0{,}80\,€/\text{Stück}$$

2) Voraussichtlich anfallende Wagniskosten: 24.750 Stück · $0{,}8\,€/\text{Stück}$ = 19.800 €

Es handelt sich um ein Gewährleistungswagnis.

Lösung zu Aufgabe 2.37

Die Aufgabenstellung finden Sie ab Seite 66.

1) Durchschnittliche Garantieleistung pro Stück:

$$\frac{40.000.000\,€}{8.000.000 \text{ Stück}} = 5\,€/\text{Stück}$$

2) Voraussichtlich anfallende Wagniskosten:

$$1.000.000 \text{ Stück} \cdot 5\,€/\text{Stück} = 5.000.000\,€$$

Lösung zu Aufgabe 2.38

Die Aufgabenstellung finden Sie ab Seite 66.

zu a)

Forderungen pro Euro Umsatz:

$$\frac{15.600 + 14.900 + 20.500}{180.000 + 230.000 + 190.000} = 0,085$$

Prognose für 2018:

$$0,085 \cdot 260.000 = 22.100\,€$$

zu b)

Versicherte Einzelwagnisse → Grundkosten = Zweckaufwand

Unversicherte Einzelwagnisse → Zusatzkosten

Allgemeines Unternehmerwagnis → Keine Kosten!

4.2.2 Kostenstellenrechnung

Lösung zu Aufgabe 2.39

Die Aufgabenstellung finden Sie ab Seite 67.

Aussage		Richtig/Falsch
a)	Die Summe der Endkosten aller Kostenstellen entspricht in der Istkostenrechnung der Summe der primären Gemeinkosten aller Kostenstellen.	Richtig
	Sämtliche primäre Kosten müssen überwälzt werden, da es das Ziel ist, sie komplett für die Kostenträgerstückrechnung zu verwenden.	
b)	Das Gleichungsverfahren ist bei jeder Kostenstellenstruktur anwendbar.	Richtig
	Das Gleichungsverfahren stellt die genaue Vorgehensweise für alle Kostenstellenstrukturen dar und führt daher stets zu exakten Verrechnungspreisen.	
c)	Einzelkosten werden im Rahmen der Sekundärkostenrechnung auf die Kostenträger verrechnet.	Falsch
	In der Sekundärkostenrechnung werden lediglich Gemeinkosten verrechnet.	
d)	Für aktivierbare innerbetriebliche Leistungen ist keine innerbetriebliche Leistungsrechnung erforderlich.	Richtig
	Die in einer Periode erstellten, aber nicht direkt verbrauchten innerbetrieblichen Güter werden wie absatzbestimmte Kostenträger kalkuliert. Mit den ihnen zugerechneten Kosten gehen sie dann in die kalkulatorische Bestandsrechnung („Aktivierung") als Güter des Anlage- oder Vorratsvermögens ein. In den folgenden Perioden wird der Verzehr dieser Güter entsprechend den bewerteten Verbräuchen von Produktionsfaktoren als primäre Kosten über die Kostenartenrechnung erfasst.	

	Aussage	Richtig/Falsch
e)	Um die innerbetriebliche Inanspruchnahme von Verwaltungs- und Vertriebsprozessen nicht modellieren zu müssen, werden Verwaltungs- und Vertriebsstellen i.d.R. als Hauptkostenstellen behandelt.	Richtig
	Obwohl bei den Verwaltungsstellen eines Unternehmens und bei Vertriebsstellen angenommen werden darf, dass zumindest einige dieser Stellen ausschließlich für andere Kostenstellen arbeiten, also an der Fertigung absatzbestimmter sachzielbezogener Güter nicht unmittelbar beteiligt sind, werden Verwaltungs- und Vertriebsstellen wie meist üblich als Hauptkostenstellen behandelt. (Lehrbuch Abschnitt II.C.1.c.)	
f)	Das Stufenleiterverfahren führt nur dann zu exakten Ergebnissen, wenn zwischen verschiedenen Hilfskostenstellen wechselseitige Leistungsbeziehungen bestehen.	Falsch
	Beim Stufenleiterverfahren werden die Hilfskostenstellen sukzessive entlastet. Daher führt das Verfahren nur dann zum exakten Ergebnis, wenn die Abrechnung in solch einer Reihenfolge möglich ist, dass keine Hilfskostenstelle Leistungen an vorgelagerte Hilfskostenstellen erbringt.	
g)	Hilfskostenstellen sind mittelbar an der Leistungserstellung beteiligt.	Richtig
	Hilfskostenstellen geben ihre erzeugten Güter stets nur innerhalb des Betriebes weiter. Die Produkte der Hilfskostenstellen werden nicht direkt an die Kunden verkauft.	
h)	Die Gesamtkosten einer Hilfskostenstelle ergeben sich als Differenz aus primären und sekundären Kosten.	Falsch
	Die Gesamtkosten einer Hilfskostenstelle ergeben sich als Summe aus primären und sekundären Kosten.	
i)	Der Vorteil der approximativen Verfahren der Kostenstellenrechnung gegenüber dem exakten Verfahren besteht darin, dass weniger Informationen beschafft werden müssen, weil die zwischen den Kostenstellen bestehenden Leistungsverflechtungen nur näherungsweise zu ermitteln sind.	Richtig
	Die vereinfachte Berechnung kann dagegen aus heutiger Sicht nicht mehr als Vorteil gelten, da Computer diese Aufgabe weitestgehend übernehmen.	

<table>
<tr><th colspan="2">Aussage</th><th>Richtig/Falsch</th></tr>
<tr><td rowspan="2">j)</td><td>Die Materialstelle kann im Rahmen der innerbetrieblichen Leistungsverrechnung zur Vereinfachung wie eine Hauptkostenstelle behandelt werden.</td><td>Richtig</td></tr>
<tr><td colspan="2">Materialstellen werden im Rahmen der innerbetrieblichen Leistungsverrechnung oft zu den Hauptkostenstellen gezählt. (Lehrbuch Abschnitt II.C.1.c.)</td></tr>
<tr><td rowspan="2">k)</td><td>Der Verbrauch von unternehmensextern bezogenen Gütern führt zu sekundären Kosten.</td><td>Falsch</td></tr>
<tr><td colspan="2">Der Verbrauch unternehmensextern bezogener Güter führt zu primären Kosten.</td></tr>
<tr><td rowspan="2">l)</td><td>Bei der Bildung von Kostenstellen sollte darauf geachtet werden, dass die Kosten der einzelnen Kostenstellen jeweils möglichst von einer wesentlichen Bezugsgröße wie z.B. Fertigungsstunden einer Maschine abhängen.</td><td>Richtig</td></tr>
<tr><td colspan="2">Bei der Bildung von Kostenstellen sollte darauf geachtet werden, dass die darauf aufgebaute Kostenstellenrechnung ihre Aufgaben möglichst gut erfüllen kann. Hierzu bieten sich mehrere Gliederungspunkte an. Die vier wichtigsten seien erwähnt:
1. Räumliche Gesichtspunkte,
2. Funktionale Gesichtspunkte,
3. Gesichtspunkte des Verantwortungsbereichs,
4. Rechnungstechnische Gesichtspunkte.
(Lehrbuch Abschnitt II.C.1.b.)</td></tr>
<tr><td rowspan="2">m)</td><td>Der aus heutiger Sicht zentrale Vorteil vereinfachter Verfahren der innerbetrieblichen Leistungsverrechnung besteht in ihrem geringeren Berechnungsaufwand.</td><td>Falsch</td></tr>
<tr><td colspan="2">Der Vorteil der vereinfachten Verfahren besteht aus heutiger Sicht in ihrer Wirtschaftlichkeit, da sie gegenüber der exakten Berechnung nach dem Gleichungsverfahren geringere Anforderungen an die Informationsbereitstellung stellen. Der Berechnungsaufwand hingegen ist durch die Entwicklung der EDV kein Argument mehr für die vereinfachten Verfahren.</td></tr>
</table>

<table>
<tr><th colspan="2">Aussage</th><th>Richtig/Falsch</th></tr>
<tr><td rowspan="2">n)</td><td>Liegen Leistungsbeziehungen zwischen Hilfskostenstellen vor, so führen Anbau- und Gleichungsverfahren höchstens zufällig zu identischen Ergebnissen.</td><td>Richtig</td></tr>
<tr><td colspan="2">Das Anbau- oder Blockverfahren führt nur dann zu exakten Verrechnungspreisen, wenn keine Leistungsbeziehungen zwischen den Kostenstellen bestehen. Andernfalls führen Anbau- und Gleichungsverfahren höchstens zufällig zu identischen Ergebnissen. (Lehrbuch Abschnitt II.C.4.d.)</td></tr>
<tr><td rowspan="2">o)</td><td>Das Stufenleiterverfahren und das Anbauverfahren führen immer dann zu identischen Ergebnissen, wenn keine Leistungsbeziehungen zwischen Hilfskostenstellen vorliegen.</td><td>Richtig</td></tr>
<tr><td colspan="2">Es liegt dann eine einfach zusammenhängende Kostenstellenstruktur mit reinen Hilfs- und Hauptkostenstellen vor. Bei dieser Kostenstellenstruktur liefern alle drei Verfahren ein exaktes Ergebnis. Das Anbauverfahren liefert nur bei dieser Struktur ein exaktes Ergebnis.</td></tr>
<tr><td rowspan="2">p)</td><td>Werden selbst erstellte Güter zu Herstellkosten bilanziert, können die durch ihren Verzehr hervorgerufenen Kosten wie primäre Kosten behandelt werden.</td><td>Richtig</td></tr>
<tr><td colspan="2">Die in einer Periode erstellten, aber nicht in der gleichen Periode verbrauchten innerbetrieblichen Güter werden wie absatzbestimmte Kostenträger kalkuliert. In den auf die Periode ihrer Fertigung folgenden Perioden ihres Verzehrs werden die bewerteten Verbräuche solcher innerbetrieblichen Güter entsprechend den bewerteten Verbräuchen von Produktionsfaktoren als primäre Kosten über die Kostenartenrechnung erfasst. (Lehrbuch Abschnitt II.C.4.f.)</td></tr>
<tr><td rowspan="2">q)</td><td>Das Stufenleiterverfahren und das Anbauverfahren führen immer dann zu identischen Ergebnissen, wenn weder Eigenverbrauch noch wechselseitige Leistungsbeziehungen zwischen den Hilfskostenstellen vorliegen.</td><td>Falsch</td></tr>
<tr><td colspan="2">Sie können trotzdem noch zu verschiedenen Ergebnissen führen, da beim Stufenleiterverfahren immer noch einseitige Leistungsbeziehungen zwischen den Hilfskostenstellen berücksichtigt werden, wohingegen diese beim Anbauverfahren vollständig vernachlässigt werden.</td></tr>
</table>

	Aussage	Richtig/Falsch
r)	Das zentrale Problem der Sekundärkostenrechnung besteht in der Berücksichtigung von Leistungsbeziehungen zwischen Hilfskostenstellen.	Richtig
	Die Notwendigkeit einer Sekundärkostenrechnung resultiert daraus, dass in den Kostenstellen nicht nur Produktionsfaktoren verzehrt, sondern dass auch Güter in Anspruch genommen werden, die andere Kostenstellen erstellt haben. Die Verrechnungsprobleme der Sekundärkostenrechnung entstehen also aufgrund von Güterbeziehungen zwischen verschiedenen Kostenstellen eines Unternehmens. (Lehrbuch Abschnitt II.C.4)	
s)	Die Endkosten von Hilfskostenstellen betragen unabhängig vom eingesetzten Rechnungssystem stets Null.	Falsch
	Dies ist bei der Normalkostenrechnung nur dann der Fall, wenn die normalisierten Verrechnungssätze den Ist-Verrechnungssätzen entsprechen. In der Regel treten aber Abweichungen auf, was zu Endkosten < 0 (Überdeckung) oder > 0 (Unterdeckung) führt.	
t)	Hauptkostenstellen sind unmittelbar an der Fertigung absatzbestimmter Güter beteiligt.	Richtig
	Hauptkostenstellen sind unmittelbar an der Fertigung und gegebenenfalls am Vertrieb von absatzbestimmten sachzielbezogenen Produkten beteiligt. (Lehrbuch Abschnitt II.C.1.c.)	
u)	Bei der Istkostenrechnung entspricht die Summe der primären Kosten der Hilfskostenstellen der Summe der sekundären Kosten der Hauptkostenstellen.	Richtig
	Da eine vollständige Überwälzung der Kosten stattfindet, entspricht die Summe der primären Kosten der Hilfskostenstellen der Summe der sekundären Kosten der Hauptkostenstellen.	
v)	Die Bewertung primärer Güterverbräuche mit Preisen des Beschaffungsmarktes führt zu einer Doppelerfassung von Kosten.	Falsch
	Dies gilt für die Bewertung sekundärer Güterverbräuche.	
w)	Bestehen zwischen Hilfskostenstellen wechselseitige Leistungsbeziehungen, so führt das Anbauverfahren zu exakt berechneten Verrechnungspreisen.	Falsch
	Bei wechselseitigen Lieferbeziehungen führt nur das Gleichungsverfahren zu exakt berechneten Verrechnungspreisen.	

Aussage		Richtig/Falsch
x)	Das Gleichungsverfahren führt nur selten zu exakten Verrechnungspreisen.	Falsch
	Das Gleichungsverfahren führt immer zu exakten Verrechnungspreisen.	
y)	Bei Hauptkostenstellen sind die sekundären Gemeinkosten immer höher als die primären Gemeinkosten.	Falsch
	Die Höhe der primären Gemeinkosten sagt nichts über die Höhe der sekundären Gemeinkosten aus.	
z)	In der Kostenstellenrechnung werden nur Kostenträgereinzelkosten betrachtet.	Falsch
	In der Kostenstellenrechnung werden nur Kostenträgergemeinkosten betrachtet.	
a1)	Bei Hilfskostenstellen sind die Gesamtkosten und die Endkosten stets identisch.	Falsch
	Bei Hauptkostenstellen sind die Gesamtkosten und die Endkosten stets identisch.	
b1)	Im Rahmen der Zurechnung der Gemeinkosten auf Kostenträger übernimmt die Kostenstellenrechnung eine Kostenvermittlungsfunktion.	Richtig
	Im Rahmen der Kostenstellenrechnung werden Gemeinkosten auf Hauptkostenstellen verteilt. Von dort können sie über Zuschlagssätze auf Kostenträger verteilt werden.	
c1)	Die sekundären Kosten von Hilfskostenstellen sind stets null.	Falsch
	Auch Hilfskostenstellen haben sekundäre Kosten, wenn sie Leistungen von anderen Hilfskostenstellen empfangen.	
d1)	Die Kostenstellenrechnung dient auch der Kostenkontrolle.	Richtig
	Neben der differenzierten Zurechnung von Gemeinkosten auf Kostenträger ist Kostenkontrolle eines der Ziele der Kostenstellenrechnung.	
e1)	Der Betriebsabrechnungsbogen ist ein Mittel zur Durchführung der Kostenstellenrechnung.	Richtig
	Der Betriebsabrechnungsbogen ist eine Kostenverrechnungstabelle, in der für jede Kostenstelle eine Spalte geführt wird. In den Zeilen stehen die verschiedenen Gemeinkostenarten und deren Verteilung auf die Kostenstellen.	

Lösung zu Aufgabe 2.40

Die Aufgabenstellung finden Sie ab Seite 69.

zu a)

Gozintograph (alle Angaben in geeigneten Leistungseinheiten [LE]):

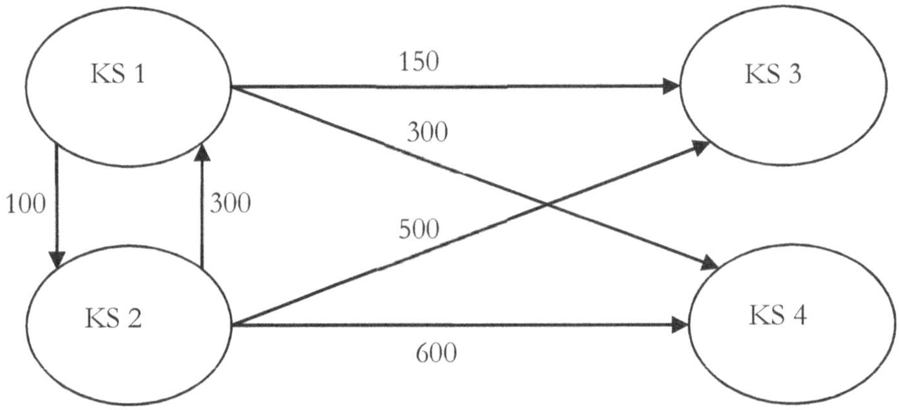

zu b)

$GK_{HiKo} = PK_{HiKo} + SK_{HiKo} = x_{HiKo} \cdot q_{HiKo}$

KS 1:

$550 \cdot q_1 = 20.000 + 300 \cdot q_2 \qquad \text{(I)}$

und

KS 2:

$1.400 \cdot q_2 = 30.000 + 100 \cdot q_1 \qquad \text{(II)}$

(I) nach q_1 auflösen und in (II) einsetzen:

$GK_{HiKo} = PK_{HiKo} + SK_{HiKo} = x_{HiKo} \cdot q_{HiKo}$

$GK_2 = PK_2 + SK_2 = x_2 \cdot q_2$

KS 1:

$$q_1 = \frac{20.000}{550} + \frac{300}{550} \cdot q_2 \qquad \text{(I)}$$

in (II) einsetzen:

$$1.400 \cdot q_2 = 30.000 + 100 \cdot \left(\frac{20.000}{550} + \frac{300}{550} \cdot q_2 \right)_1 \qquad \text{(II)}$$

$$\Leftrightarrow 1.345 \cdot \frac{5}{11} \cdot q_2 = 33.636 \cdot \frac{4}{11}$$

$$\rightarrow q_2 = 25$$

q_2 in (I) einsetzen ergibt $q_1 = 50$.

	HiKo - KS 1	HiKo - KS 2	HiKo - KS 3	HiKo - KS 4
Primäre Gemeinkosten	20.000 €	30.000 €	40.000 €	60.000 €
Umlage KS 1	-27.500	5.000	7.500	15.000
Umlage KS 2	7.500	-35.000	12.500	15.000
Endkosten	0	0	60.000	90.000
Gesamtkosten	27.500	35.000	60.000	90.000

Lösung zu Aufgabe 2.41

Die Aufgabenstellung finden Sie ab Seite 70.

zu a)

Gozintograph (alle Angaben in geeigneten Leistungseinheiten [LE]):

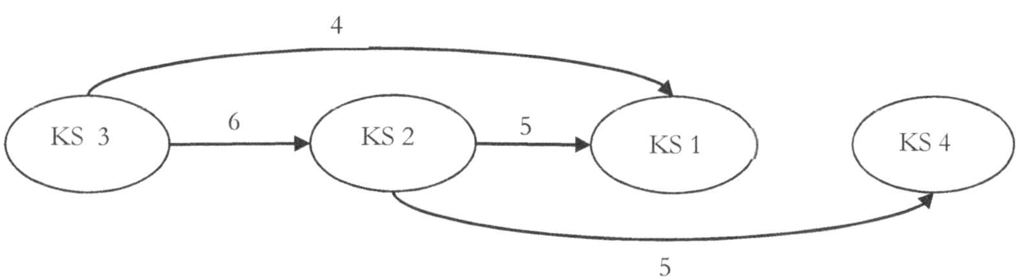

zu b)

Es liegt eine einfach-zusammenhängende Kostenstellenstruktur vor. → Treppenverfahren (Synonym: Stufenleiterverfahren) und Gleichungsverfahren (Synonym: Kostenstellenausgleichsverfahren) führen zu exakten Verrechnungspreisen.

zu c)

Sekundärkostenrechnung im BAB (alle Ergebnisse in Euro [€]):

	KS 3	KS 2	KS 1	KS 4
Primäre GK	+6.000	+10.000	+14.000	+12.000
KS 3 Entlastung (-) Belastung (+)	-6.000	+6·(6.000/10) =3.600	+4·(6.000/10) =2.400	
KS 2 Entlastung (-) Belastung (+)		-13.600	+5·(13.600/10) =6.800	+5·(13.600/10) =6.800
Endkosten	0	0	23.200	18.800

eventuell durchgeführte Nebenrechnungen für das Stufenleiterverfahren:

$$q_3 = \frac{6.000}{6+4} = 600\,€/\text{LE} \qquad \text{Verrechnungspreis je LE von KS 3}$$

$$q_2 = \frac{10.000 + 6 \cdot 600}{5+5} = 1.3600\,€/\text{LE} \qquad \text{Verrechnungspreis je LE von KS 2}$$

oder Ermittlung der Werte über das Gleichungsverfahren als alternative Möglichkeit:

1) Bestimmung der Verrechnungspreise:

I. $\quad 10 \cdot q_2 = 10.000 + 6 \cdot q_3$

II. $\quad 10 \cdot q_3 = 6.000$

IIa. $\quad q_3 = \frac{6.000}{10} = 600\,€/\text{LE}$

Ia. $\quad 10 \cdot q_2 = 10.000 + 6 \cdot 600$

$\quad q_2 = 1.360\,€/\text{ME}$

Die Endkosten der Kostenstellen 2 und 3 betragen 0 €. Die Kostenstelle 1 trägt Endkosten i.H. von 23.200 € und die Kostenstelle 4 trägt Endkosten i.H. von 18.800 €.

zu d)

Lösungsmöglichkeiten:

1) verbale Argumentation:

- Die Leistungsbeziehungen zwischen Haupt- und Hilfskostenstellen bleiben unverändert.
- Auch die gesamten primären Kosten bleiben unverändert.
- KS 2 ist Hilfskostenstelle → Sie muss vollständig entlastet werden.
- Die an die Hauptkostenstellen KS 1 und KS 4 weitergegebenen Kosten bleiben unverändert → Auch die Endkosten der KS 1 und 4 bleiben unverändert.

2) Neue Berechnung mit Gleichungsverfahren → neue Verrechnungspreise bestimmen

I. $12 \cdot q_2 = 10.000 + 2 \cdot q_2 + 6 \cdot q_3$

II. $10 \cdot q_3 = 6.000$

IIa. $q_3 = \frac{6.000}{10} = 600\,€/\text{LE}$

Ia. $12 \cdot q_2 = 10.000 + 2 \cdot q_2 + 6 \cdot 600$

$10 \cdot q_2 = 13.600$

$q_2 = 1.360\,€/\text{ME}$

→ Verrechnungspreise unverändert

→ Endkosten der Kostenstellen 1 und 4 (= Endkostenstellen) unverändert

Lösung zu Aufgabe 2.42

Die Aufgabenstellung finden Sie ab Seite 71.

zu a)

Gozintograph (alle Angaben in geeigneten Leistungseinheiten [LE]):

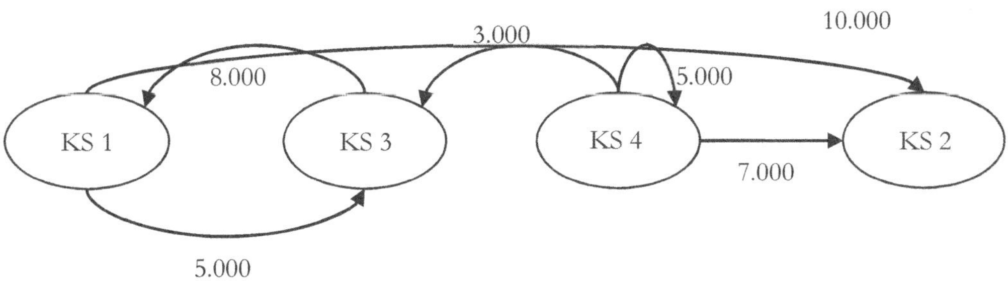

Nur das Gleichungsverfahren ist geeignet, da eine komplexe Kostenstellenstruktur (wechselseitige Leistungsverflechtungen) vorliegt.

zu b)

Gleichungsverfahren anwenden

Alternative A:

$q_1 = 2,5\,€/\text{LE}$

I. $9.500 + 8.000 \cdot q_3 = 15.000 \cdot q_1$

$\Leftrightarrow 9.500 + 8.000 \cdot q_3 = 37.500\,€$

$\rightarrow q_3 = 3,5\,€/\text{LE}$

II. $11.000 + 5.000 \cdot q_1 + 3.000 \cdot q_4 = 8.000 \cdot q_3$

$\Leftrightarrow 11.000 + 12.500 + 3.000 \cdot q_4 = 28.000\,€$

$\rightarrow q_4 = 1,5\,€/\text{LE}$

Alternative B:

$q_1 = 2,5\,€/\text{LE}$

I. $9.500 + K_3 = K_1$

$\Leftrightarrow K_3 = 15.000 \cdot q_1 - 9.500 = 28.000\,€$

$\rightarrow q_3 = 3,5\,€/\text{LE}$

II. $11.000 + \frac{1}{3} \cdot K_1 + \frac{1}{5} \cdot K_4 = K_3$

$\Leftrightarrow K_4 = 22.500\,€$

$\rightarrow q_4 = 1,5\,€/\text{LE}$

Lösung zu Aufgabe 2.43

Die Aufgabenstellung finden Sie ab Seite 72.

zu a)

Primäre Gemeinkosten der KS 1 ermitteln:

Ansatz: $\sum_i \text{PK}_i = \sum_i \text{EK}_i$

mit Zahlen:

$24.000\,€ = \text{PK}_1 + \text{PK}_2 + \text{PK}_3 + 8.000\,€$

es gilt:

(1) $\text{PK}_1 = 0,5 \cdot \text{PK}_3 \Leftrightarrow \text{PK}_3 = 2 \cdot \text{PK}_1$

(2) $\text{PK}_2 = 29 \cdot \text{PK}_1$

$\rightarrow 24.000\,€ = \text{PK}_1 + 29 \cdot \text{PK}_1 + 2 \cdot \text{PK}_1 + 8.000\,€$

$\rightarrow 16.000\,€ = 32 \cdot K_1$

$\text{PK}_1 = 500\,€$ primäre Gemeinkosten der KS 1

zu b)

Gesamtkosten KS 1 berechnen:

SK_4 ermitteln, es gilt:

$24.000\,€ = \text{EK}_4 = \text{GK}_4 = \text{PK}_4 + \text{SK}_4$

$\Leftrightarrow \text{SK}_4 = 24.000\,€ - 8.000\,€ = 16.000\,€$

Sekundäre Kosten der KS 4 für Inanspruchnahme von Leistungen der KS 1 ermitteln:

$16.000\,€ = x + 0,25 \cdot 28.000\,€ + 5\,€/\text{LE} \cdot 1.000\,\text{LE}$

$\Leftrightarrow 16.000\,€ = x + 12.000\,€$

$\rightarrow x = 4.000\,€$

Gesamtkosten KS 1 ermitteln:

$\Leftrightarrow x = \frac{4.000\,€}{0,25} = 16.000\,€$

Lösung zu Aufgabe 2.44

Die Aufgabenstellung finden Sie ab Seite 72.

zu a)

Gozintograph (alle Angaben in geeigneten Leistungseinheiten [LE]):

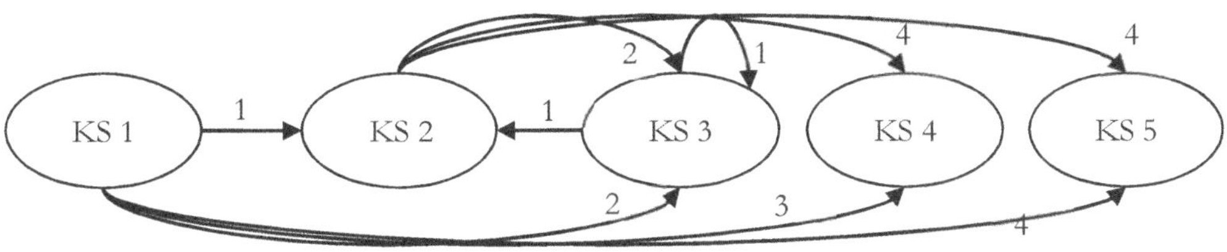

zu b)

Komplexe Kostenstellenstruktur, weil es Interdependenzen (wechselseitige Lieferbeziehungen) zwischen den Hilfskostenstellen (KS 2 und KS 3) und Eigenverbrauch bei Kostenstelle 3 gibt.

zu c)

Nur das Kostenstellenausgleichsverfahren (Synonym: Gleichungsverfahren) führt zu exakten Ergebnissen, da eine komplexe Kostenstellenstruktur vorliegt.

Gleichungssystem aufstellen:

I. $10 \cdot q_1 = 500$
II. $10 \cdot q_2 = 400 + q_1 + q_3$
III. $2 \cdot q_3 = 500 + 2 \cdot q_1 + 2 \cdot q_2 + q_3$
aus I.: $q_1 = 50\,€/\text{LE}$

in II. und III. einsetzen:

IIa. $10 \cdot q_2 = 450 + q_3$
IIIa. $q_3 = 600 + 2 \cdot q_2$

IIIa. in IIa.:

$10 \cdot q_2 = 450 + 600 + 2 \cdot q_2$
$\rightarrow q_2 = 131{,}25\,€/\text{LE}$

in IIIa. eingesetzt:

$q_3 = 862{,}50\,€/\text{LE}$

Gesamtkosten:

Gesamtkosten = Primäre Kosten + Sekundäre Kosten

$\text{GK}_1 = 10 \cdot q_1 = 500\,€$
$\text{GK}_2 = 10 \cdot q_2 = 1.312{,}50\,€$
$\text{GK}_3 = 2 \cdot q_3 = 1.725\,€$
$\text{GK}_4 = \text{PK} + 3 \cdot q_1 + 4 \cdot q_2 = 975\,€$
$\text{GK}_5 = \text{PK} + 4 \cdot q_1 + 4 \cdot q_2 = 975\,€$
$\text{EK}_1 = \text{EK}_2 = \text{EK}_3 = 0\,€$
$\text{EK}_4 = 975\,€$
$\text{EK}_5 = 975\,€$

Test: Primärkosten der Hilfskostenstellen = Sekundärkosten der Hauptkostenstellen

$500\,€ + 400\,€ + 500\,€ = 7 \cdot q_1 + 8 \cdot q_2 \rightarrow 1.400\,€ = 1.400\,€ \quad (\checkmark)$

Lösung zu Aufgabe 2.45

Die Aufgabenstellung finden Sie ab Seite 73.

zu a)

Gozintograph (alle Angaben in geeigneten Leistungseinheiten [LE]):

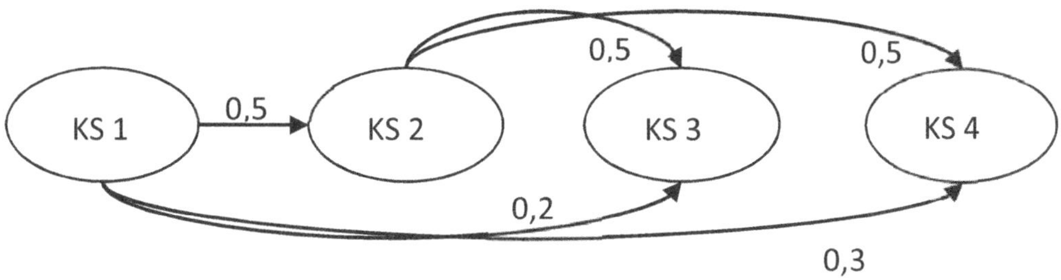

zu b)

Einfach-zusammenhängende Kostenstellenstruktur, weil es nur „vorwärtsgerichtete" Beziehungen zwischen den Hilfskostenstellen gibt und keine „rückwärtsgerichteten" oder wechselseitigen Beziehungen.

zu c)

Das Stufenleiterverfahren (Synonym: Treppenverfahren) führt bei der vorliegenden Kostenstellenstruktur zu exakten Ergebnissen.

$$q_1 = \frac{6.000}{(0,5 + 0,2 + 0,3)} = 6.000\,€/\text{LE}$$

$$q_2 = \frac{5.000 + 0,5 \cdot 6.000}{(0,5 + 0,5)} = 8.000\,€/\text{LE}$$

Betriebsabrechnungsbogen (alle Angaben in Euro [€]):

BAB	KS 1	KS 2	KS 3	KS 4
$\sum$ Primäre Kosten	6.000 €	5.000 €	20.000 €	40.000 €
Umlage HiKo 1	-6.000	+3.000	+1.200	+1.800
Umlage HiKo 2	0	-8.000	+4.000	+4.000
Endkosten	0	0	25.200	45.800
Gesamtkosten	6.000	8.000	25.200	45.800

Lösung zu Aufgabe 2.46

Die Aufgabenstellung finden Sie ab Seite 74.

zu a)

Gozintograph (alle Angaben in geeigneten Leistungseinheiten [LE]):

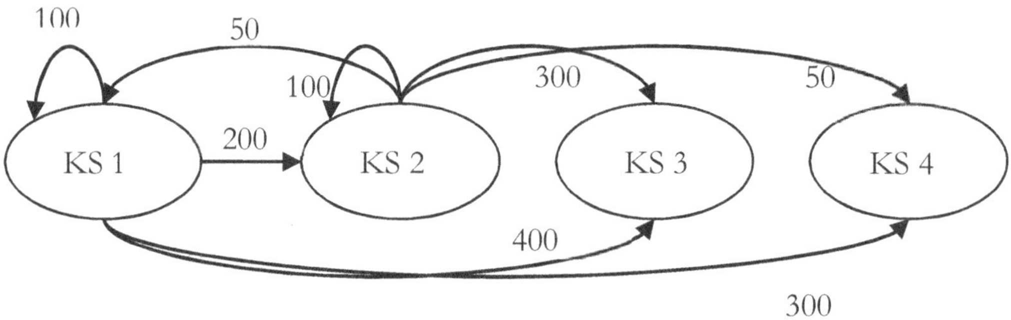

zu b)

Komplexe Kostenstellenstruktur, weil es Interdependenzen (wechselseitige Beziehungen) zwischen den Hilfskostenstellen (KS 1 und KS 2) und Eigenverbrauch (KS 1 und KS 2) gibt.

zu c)

Nur das Kostenstellenausgleichsverfahren (Synonym: Gleichungsverfahren) führt zu exakten Ergebnissen wegen komplexer Kostenstellenstruktur.

Gleichungssystem aufstellen:

I. $1.000 \cdot q_1 = 6.925 + 100 \cdot q_1 + 50 \cdot q_2$

II. $500 \cdot q_2 = 600 + 200 \cdot q_1 + 100 \cdot q_2$

Ia. $900 \cdot q_1 = 6.925 + 50 \cdot q_2$

IIa. $400 \cdot q_2 = 600 + 200 \cdot q_1$

$\Leftrightarrow 50 \cdot q_2 = 75 + 25 \cdot q_1$

IIa. in Ia.:

$900 \cdot q_1 = 6.925 + 75 + 25 \cdot q_1$

$\rightarrow q_1 = 8$ €/LE

$\rightarrow q_2 = 5,5$ €/LE

Gesamtkosten = Primäre Kosten + Sekundäre Kosten

$GK_1 = 1.000 \cdot q_1 = 8.000$ €
$GK_2 = 500 \cdot q_2 = 2.750$ €
$GK_3 = 20.000 + 400 \cdot q_1 + 300 \cdot q_2 = 24.850$ €
$GK_4 = 40.000 + 300 \cdot q_1 + 50 \cdot q_2 = 42.675$ €

Test: Primärkosten der Hilfskostenstellen = Sekundärkosten der Hauptkostenstellen

$6.925 + 600 = 700 \cdot q_1 + 350 \cdot q_2 \rightarrow 7.525$ € $= 7.525$ € (✓)

Sekundärkostenrechnung (alle Angaben in Euro [€]):

BAB	KS 1 Kraftwerk	KS 2 Wasserwerk	KS 3 Montage	KS 4 Lackiererei
$\sum$ Primäre Kosten	6.925	600	20.000	40.000
Umlage KS 1 Kraftwerk	-8.000 +800	+1.600	+3.200	+2.400
Umlage KS 1 Wasserwerk	+275	-2.750 +550	+1.650	+275
Endkosten	0	0	24.850	42.675
Gesamtkosten	8.000	2.750	24.850	42.675

Lösung zu Aufgabe 2.47

Die Aufgabenstellung finden Sie ab Seite 76.

zu a)

$PK_3 = ?$; $SK_3 = ?$

Es gilt:

Summe der primären Gemeinkosten der Hilfskostenstellen = Summe der Sekundärkosten der Hauptkostenstellen

$PK_1 + PK_2 = SK_3$

10.000 € $+ 40.000$ € $= 50.000$ €

$EK_3 = PK_3 + SK_3$

140.000 € $= PK_3 + 50.000$ €

$\rightarrow PK_3 = 90.000$ €

zu b)

$\text{GK}_2 = ?; \ \text{SK}_2 = ?$

$\text{GK}_{\text{HiKo}} = \text{PK}_{\text{HiKo}} + \text{SK}_{\text{HiKo}} = x_{\text{HiKo}} \cdot q_{\text{HiKo}}$

$\text{GK}_2 = \text{PK}_2 + \text{SK}_2 = x_2 \cdot q_2$

$\text{GK}_2 = 40.000\,€ + \text{SK}_2 = 50 \text{ Rep.} \cdot 1.000\,€/\text{Rep.}$

$\rightarrow \text{SK}_2 = 10.000\,€$

$\text{GK}_2 = 50 \text{ Rep.} \cdot 1.000\,€/\text{Rep.} = 50.000\,€$

zu c)

$\text{GK}_1 = ?, \ \text{EK}_2 = ?, \ \ q_1 = ?, \ \ x_{11} = ?, \ \ x_{12} = ?, \qquad \text{EK}_1 = 0, \ \text{ da HiKo}$

Es ist bekannt, dass KS 3 durch KS 1 belastet wurde und dass $SK_3 = 50.000\,€$

$\rightarrow$ kann q_1 herleiten über SK_3

$\text{SK}_3 = x_{23} \cdot q_2 + x_{13} \cdot q_1 = 50.000\,€$

$= 40 \cdot 1.000\,€ + 400 \cdot q_1 = 50.000\,€$

$\rightarrow q_1 = 25,00\,€/\text{Einheit Strom}$

Bestimmung von GK 1:

$\text{GK}_1 = \text{PK}_1 + \text{SK}_1 = x_1 \cdot q_1$

$\text{GK}_1 = 10.000\,€ + x_{11} \cdot q_1 + x_{21} \cdot q_2 = 1.000 \cdot q_1$

$\text{GK}_1 = 10.000\,€ + x_{11} \cdot q_1 + 10 \text{ Rep.} \cdot 1.000\,€/\text{Rep.} = 1.000 \cdot q_1$

$\text{GK}_1 = 10.000\,€ + x_{11} \cdot 25,00\,€ + 10 \text{ Rep.} \cdot 1.000\,€/\text{Rep.} = 1.000 \cdot 25,00\,€$

$\rightarrow \text{GK}_1 = 1.000 \cdot 25,00\,€ = 25.000\,€$

$\rightarrow x_{11} = 200$

$x_{12} = x_1 - x_{11} - x_{13}$

$x_{12} = 1.000 - 200 - 400 = 400$

$\rightarrow \underbrace{10.000\,€}_{400 \cdot 25,00} \quad \text{von KS 1 zu KS 2}$

zu d)

BAB	HiKo KS 1	HiKo KS 2	HaKo KS 3
Primäre Gemeinkosten (PK)	10.000	40.000	90.000
Umlage KS 1	5.000 -25.000	10.000	10.000
Umlage KS 2	10.000	-50.000	40.000
Endkosten	0	0	140.000
Gesamtkosten	25.000	50.000	140.000

Alle Angaben in Euro [€].

Lösung zu Aufgabe 2.48

Die Aufgabenstellung finden Sie ab Seite 77.

zu a)

a1) Einfach-zusammenhängende Kostenstellenstruktur, da kein Eigenverbrauch und keine „rückwärtsgerichteten" Leistungen.

KS 2 und KS 4 → Hilfskostenstellen

KS 1 und KS 3 → Hauptkostenstellen oder Endkostenstellen

a2) Alle Verfahren führen zu einem exaktem Ergebnis, da zwischen den Hilfskostenstellen keine Verflechtung besteht → Wähle Anbauverfahren (Blockverfahren), da einfachstes Verfahren. Verrechnungspreise bestimmen:

Verrechnungspreise bestimmen:

$$\mathrm{PK}_2 = 100.000\,€ = q_2 \cdot (6\ \mathrm{LE} + 4\ \mathrm{LE})$$

$$\rightarrow q_2 = \frac{100.000\,€}{10\ \mathrm{LE}} = 10.000\,€/\mathrm{LE}$$

$$\mathrm{PK}_4 + \mathrm{SK}_4 = 40.000\,€ + 0\,€ = q_4 \cdot (3\ \mathrm{LE} + 1\ \mathrm{LE})$$

$$\rightarrow q_4 = \frac{40.000\,€}{4\ \mathrm{LE}} = 10.000\,€/\mathrm{LE}$$

zu b)

Unternehmen Y

b1) Gozintograph (alle Angaben in geeigneten Leistungseinheiten [LE]):

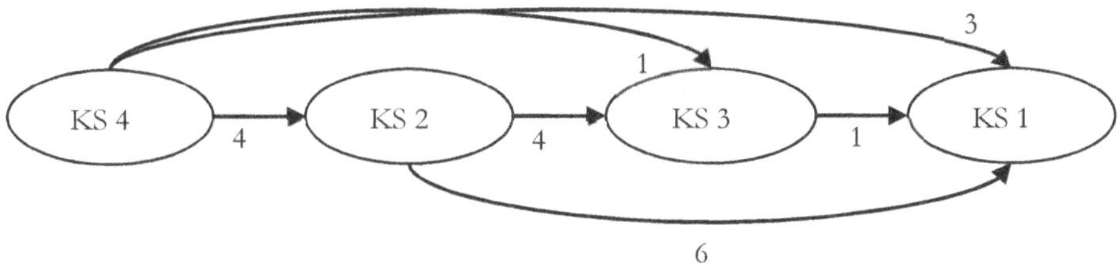

b2) Einfach-zusammenhängende Kostenstellenstruktur, da keine „rückwärtsgerichteten" Leistungen und keine Eigenleistung.

KS 2, KS 3 und KS 4 → Hilfskostenstellen

KS 1 → Hauptkostenstelle

b3) Stufenleiterverfahren (Synonym: Treppenverfahren) und Gleichungsverfahren (Synonym: Kostenstellenausgleichsverfahren) führen zu exakten Ergebnissen → Wähle Stufenleiterverfahren, da einfacher umsetzbar.

KS 4:

$\text{PK}_4 = q_4 \cdot (x_{41} + x_{42} + x_{43})$

$\Leftrightarrow 40.000\,€ = q_4 \cdot (3\text{ LE} + 4\text{ LE} + 1\text{ LE})$

$\rightarrow q_4 = 5.000\,€/\text{LE}$

KS 2:

$\text{PK}_2 + q_4 \cdot x_{42} = q_2 \cdot (x_{21} + x_{23})$

$\Leftrightarrow 100.000\,€ + 5.000\,€/\text{LE} \cdot 4\text{ LE} = q_2 \cdot (6\text{ LE} + 4\text{ LE})$

$\rightarrow q_2 = 12.000\,€/\text{LE}$

KS 3:

$\text{PK}_3 + q_2 \cdot x_{23} + q_4 \cdot x_{43} = q_3 \cdot x_{31}$

$\Leftrightarrow 30.000\,€ + 4\text{ LE} \cdot 12.000\,€/\text{LE} + 1\text{ LE} \cdot 5.000\,€/\text{LE} = q_3 \cdot 1\text{ LE}$

$\rightarrow q_3 = 83.000\,€/\text{LE}$

zu c)

Unternehmen Z

c1) Komplexe Kostenstellenstruktur, da Eigenlieferung bei KS 3 und Lieferungen an vorgelagerte Kostenstellen.

KS 2, KS 3 und KS 4 → Hilfskostenstellen

KS 1 → Hauptkostenstelle

c2) Nur Gleichungsverfahren (Synonym: Kostenstellenausgleichsverfahren) führt zu exakten Ergebnissen.

$\mathrm{GK}_j = \mathrm{PK}_j + \mathrm{SK}_j = \mathrm{PK}_j + \sum_{i=1}^{J} q_i \cdot x_{ij} = q_j \cdot x_j \qquad \text{für } j = 1, \ldots, J$

I. $\mathrm{GK}_2 = 100.000\,€ + 1 \cdot q_3 + 4 \cdot q_4 = 10 \cdot q_2$

II. $\mathrm{GK}_3 = 30.000\,€ + 4 \cdot q_2 + 2 \cdot q_3 + 1 \cdot q_4 = 4 \cdot q_3$

$\mathrm{GK}_3 = 30.000\,€ + 4 \cdot q_2 - 2 \cdot q_3 + q_4 = 0$

III. $\mathrm{GK}_4 = 40.000\,€ = 8 \cdot q_4$

aus III. folgt:

$q_4 = \frac{40.000\,€}{8\ \mathrm{LE}} = 5.000\,€/\mathrm{LE}$

In I. einsetzten:

I. $100.000\,€ + q_3 + 4\ \mathrm{LE} \cdot 5.000\,€/\mathrm{LE} = 10 \cdot q_2$

→ Ia. $q_3 = -120.000\,€ + 10 \cdot q_2$

Ia. und q_4 in II.:

II. $30.000\,€ + 4 \cdot q_2 - 2 \cdot (-120.000\,€ + 10 \cdot q_2) + 1\ \mathrm{LE} \cdot 5.000\,€/\mathrm{LE} = 0$

$\Leftrightarrow 30.000\,€ + 4 \cdot q_2 + 240.000\,€ - 20 \cdot q_2 + 5.000\,€ = 0$

$\Leftrightarrow -16\ \mathrm{LE} \cdot q_2 = -275.000\,€$

$\rightarrow q_2 = 17.187{,}50\,€/\mathrm{LE}$

In Ia.:

Ia. $q_3 = -120.000\,€ + 10\ \mathrm{LE} \cdot 17.187{,}50\,€/\mathrm{LE} = 51.875\,€/\mathrm{LE}$

Gesamtkosten:

$\mathrm{GK}_j = \mathrm{PK}_j + \mathrm{SK}_j$

$\mathrm{GK}_4 = 40.000\,€$

$\mathrm{GK}_2 = 100.000\,€ + 4\ \mathrm{LE} \cdot 5.000\,€/\mathrm{LE} + 1\ \mathrm{LE} \cdot 51.875\,€/\mathrm{LE} = 171.875\,€$

$\mathrm{GK}_3 = 30.000\,€ + 1\ \mathrm{LE} \cdot 5.000\,€/\mathrm{LE} + 4\ \mathrm{LE} \cdot 17.187{,}50\,€/\mathrm{LE} + 2\ \mathrm{LE} \cdot 51.875\,€/\mathrm{LE}$

$= 207.500\,€$

$\mathrm{GK}_1 = 120.000\,€ + 3\ \mathrm{LE} \cdot 5.000\,€/\mathrm{LE} + 6\ \mathrm{LE} \cdot 17.187{,}50\,€/\mathrm{LE} + 1\ \mathrm{LE} \cdot 51.875\,€/\mathrm{LE}$

$= 290.000\,€$

Endkosten:

$EK_2 = EK_3 = EK_4 = 0$, da Hilfskostenstellen vollständig entlastet werden.

$EK_1 = GK_1 = 120.000\,€ + 103.125\,€ + 51.875\,€ + 15.000\,€ = 290.000\,€$

	Kostenstellen			
	HiKo			HaKo
	KS 4	KS 2	KS 3	KS
PK (Summe)	40.000	100.000	30.000	120.000
KS 4	-40.000	+20.000	+5.000	+15.000
KS 2		-171.875	+68.750	+103.125
KS 3		+51.875	+103.750	+51.875
			-207.500	
Endkosten	0	0	0	290.000
Gesamtkosten	40.000	171.875	207.500	290.000

Alle Angaben in Euro [€].

Lösung zu Aufgabe 2.49

Die Aufgabenstellung finden Sie ab Seite 80.

zu a)

A: 10.000 € B: 0 € C: 10.000 € D: 0 €

E: 40.000 € F: 40.000 € G: 30.000 € H: 80.000 €

I: 80.000 €

zu b)

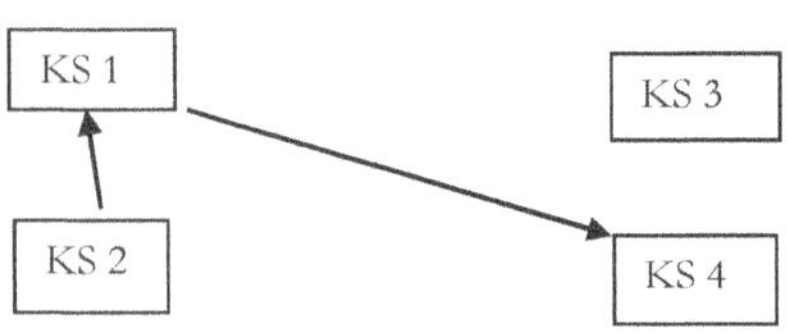

zu c)

Gleichungsverfahren, Stufenleiterverfahren

Lösung zu Aufgabe 2.50

Die Aufgabenstellung finden Sie ab Seite 80.

Gesamtkosten $= PK + SK = x \cdot q$

Verrechnungspreis Kantine:

$108.000 + 0 = q_1 \cdot (1.000 + 2.000 + 6.000 + 1.800)$

$$q_1 = \frac{108.000}{10.800} = 10\,€/\text{ME}$$

Verrechnungspreis Instandhaltung:

$284.900 + 1.000 \cdot 10 = q_2 \cdot (750 + 15.000 + 250)$

$$q_2 = \frac{294.900}{16.000} = 18{,}43125\,€/\text{ME}$$

	Kantine	Instandh.	Material	Fertigung	V&V
Löhne & Gehälter	60.000	120.000	173.000	300.000	600.000
Material	300.000	121.000	-	-	45.000
Abschreibungen	5.000	21.000	19.400	82.200	4.400
Sonstiges	13.000	22.900	60.000	68.000	125.000
Summe Gemeinkosten	108.000	284.900	252.400	450.200	774.400
Umlage I	-108.000	10.000 (1.000·10)	20.000 (2000·10)	60.000 (6000·10)	18.000 (1800·10)
Zwischensumme (hilfsweise)	0	294.900	272.400	510.200	792.400
Umlage II	-108.000	10.000 (1000·10)	20.000 (2000·10)	60.000 (6000·10)	18.000 (1800·10)
Endkosten	0	0	286.223,44	786.668,75	797.007,81
Bezugsbasis			MEK	FEK	HK
Wert Bezugsbasis			354.000	220.000	1.646.892,19
Zuschlagssatz			80,85%	358,03%	48,39%

4.2.3 Kostenträgerstückrechnung

4.2.3.1 Mehrstufige Divisionskalkulation

Lösung zu Aufgabe 2.51

Die Aufgabenstellung finden Sie ab Seite 84.

	Aussage	Richtig/Falsch
a)	Schematisch setzen sich die Herstellkosten aus Material- und Fertigungskosten sowie Vertriebskosten zusammen.	Falsch
	Herstellkosten setzen sich aus Material- und Fertigungskosten zusammen.	
b)	Eine Anwendungsvoraussetzung der einstufigen Divisionskalkulation ist, dass Absatz- und Produktionsmengen von Fertigerzeugnissen identisch sein müssen.	Richtig
	Für die Anwendung der einstufigen Divisionskalkulation ist stets vorauszusetzen, dass die produzierten mit den abgesetzten Mengen einer Periode übereinstimmen. (Lehrbuch Abschnitt II.D.3.)	
c)	Zu den Anwendungsvoraussetzungen der einstufigen Divisionskalkulation gehört, dass der Lagerbestand unfertiger Erzeugnisse konstant bleibt.	Richtig
	Die einstufige Divisionskalkulation kann dann angewendet werden, wenn das Unternehmen eine einheitlich gefertigte Produktart herstellt. Für den Fall, dass sich die Produktion dieser einheitlichen Produktart in mehreren Stufen vollzieht, dass es also unfertige Erzeugnisse mit unterschiedlichen Graden der Fertigstellung gibt, bleibt sie weiter anwendbar, sofern sich die Lagerbestände der unfertigen Erzeugnisse nicht verändern. (Lehrbuch Abschnitt II.D.3.)	
d)	Bei der mehrstufigen Divisionskalkulation werden die angefallenen Kosten nach Produktionsstufen getrennt.	Richtig
	Bei der mehrstufigen Divisionskalkulation werden die angefallenen Kosten nach Produktionsstufen getrennt. Dann werden sukzessive die Stückkosten der (Zwischen)produkte auf den einzelnen Produktionsstufen bestimmt.	

Lösung zu Aufgabe 2.52

Die Aufgabenstellung finden Sie ab Seite 84.

zu a)

Ermittlung der Herstellkosten

Stufe 1 (Zuschnitt):

$$k_1 = \frac{38.400}{32.000} = 1,2 \ [€/\text{Einzelteil}]$$

Stufe 2 (Nähen):

$$k_2 = \frac{16.500 + 20 \cdot 1,2 \cdot 1.250}{1.250} = 37,20 \ [€/\text{Nilpferd}]$$

Stufe 3 (Füllen):

$$k_3 = \frac{10.000 + 37,20 \cdot 1.250}{1.250} = \frac{56.500}{1.250} = 45,20 \ [€/\text{Nilpferd}]$$

Die Herstellkosten pro Nilpferd betragen 45,20 Euro.

zu b)

Maximale Veränderung von E_1^*:

$$k_1 = \frac{E_1^*}{32.000}$$

$$\rightarrow k_2 = \frac{16.500 + \frac{E_1^*}{32.000} \cdot 25 \cdot 1.250}{1.250} = 13,20 + \frac{E_1^*}{1.280}$$

$$\rightarrow k_3 = \frac{10.000 + 1.250 \cdot \left(13,20 + \frac{E_1^*}{1.280}\right)}{1.250} \leq 48,20$$

$$\Leftrightarrow 10.000 + 1.250 \left(13,20 + \frac{E_1^*}{1.280}\right) \leq 60.250$$

$$\Leftrightarrow 13,20 + \frac{E_1^*}{1.280} \leq 40,20$$

$$\Leftrightarrow \frac{E_1^*}{1.280} \leq 27$$

$$\Leftrightarrow E_1^* \leq 34.560 \, €$$

E_1^* darf maximal den Wert 34.560 Euro annehmen.

Lösung zu Aufgabe 2.53

Die Aufgabenstellung finden Sie ab Seite 85.

zu a)

der Stufe 1 zugerechnete Kosten:

$k_1 = \frac{E_1^*}{x_1} = 5\frac{€}{\text{ME}} = \frac{E_1^*}{4.200\ \text{ME}} \rightarrow E_1^* = 4.200\ \text{ME} \cdot 5\frac{€}{\text{ME}} = 21.000\,€$

zu b)

in Produktionsstufe 2 hergestellte Menge:

$$k_2 = \frac{48.000 + 5 \cdot m_1}{x_2} = 20\,€/\text{ME}, \quad \text{da hier } m_1 = x_1$$

$$\rightarrow \frac{48.000}{x_2} = 15$$

$$\rightarrow x_2 = 3.200\ \text{ME}$$

$\rightarrow$ Lagerzugang, da Produktionsmenge Stufe 2 $<$ Produktionsmenge Stufe 1

mengenmäßig: 4.200 ME – 3.200 ME = +1.000 ME

wertmäßig: $1.000\ \text{ME} \cdot 5\frac{€}{\text{ME}} = +5.000\,€$

Lösung zu Aufgabe 2.54

Die Aufgabenstellung finden Sie ab Seite 85.

zu a)

Ermittlung der Herstellkosten:

$$k_1 = \frac{9.000}{6.000} = 1,5\,€/\text{kg} \ \text{ oder}$$

$$k_1 = 1,5\frac{€}{\text{kg}} \cdot 0,6\frac{\text{kg}}{\text{Kuchen}} = 0,9\frac{\text{kg}}{\text{Kuchen}}$$

$$k_2 = \frac{5.600 + 0,9 \cdot 2.800}{2.800} = 2,9\,€/\text{Kuchen}$$

$$k_3 = \frac{4.800 + 2.700 \cdot 2,9 + 500 \cdot 2,8}{3.200} = 4,384375 \approx 4,38\,€/\text{Kuchen} \rightarrow \text{Herstellkosten}$$

alternativ für k_3:

$$k_2 = \frac{2.700 \cdot 2,9 + 500 \cdot 2,8}{3.200} = 2,884375 \approx 2,88\,€/\text{Kuchen}$$

$$\rightarrow k_3 = \frac{4.800 + 3.200 \cdot 2,884375}{3.200} = 4,384375 \approx 4,38\,€/\text{Kuchen} \rightarrow \text{Herstellkosten}$$

zu b)

Menge auf Lager vorher: 500 Kuchen

Menge auf Lager aktuell: 100 Kuchen

Bewertung der Kuchen:

Auf Lager liegen die frischen Kuchen, die noch nicht glasiert wurden:

Bewertung à 2,90 €/Kuchen

Bewertung des Lagers insgesamt: $2,90\,€/\text{Kuchen} \cdot 100\ \text{Kuchen} = 290\,€$

Lösung zu Aufgabe 2.55

Die Aufgabenstellung finden Sie ab Seite 86.

zu a)

Produktionsstufe 1 (Keltern):

$$k_1 = \frac{210.000\,€}{15.000\,\text{Liter}} = 14,00\,€/\text{Liter gekelterter Menge}$$

Produktionsstufe 2 (Lagern):

Da es sich bei den 5% um regelmäßigen Schwund handelt, müssen sie mit einkalkuliert werden. Deswegen 15.000 im Zähler und 14.250 im Nenner.

$$k_2 = \frac{15.000\ \text{Liter} \cdot 14,00\,€/\text{Liter} + 50.000\,€}{14.250\ \text{Liter}} = \frac{260.000\,€}{14.250\ \text{Liter}} = 18,2456\,€/\text{Liter}$$

$$\approx 18,25\,€/\text{Liter gelagerter Menge}$$

(15.000 Liter - 14.250 Liter = 750 Liter gehen verloren)

Produktionsstufe 3 (Abfüllung):

$$w_2 = \frac{14.250\ \text{Liter} \cdot 18,25\,€/\text{Liter} + 1.000\,\text{Liter} \cdot 20,00\,€/\text{Liter}}{15.250\ \text{Liter}} = 18,36475 \approx 18,36\,€/\text{Liter}$$

$$k_3 = \frac{15.250\ \text{Liter} \cdot 18,36\,€/\text{Liter} + 200.000\,€}{15.250\ \text{Liter}} = 31,4748 \approx 31,47\,€/\text{Liter abgefüllter Menge}$$

Produktionsstufe 4 (Vertrieb):

5.250 Liter werden im nächsten Jahr vertrieben. Daher erhöhen sie die Kosten nicht.

$$k_4 = \frac{10.000\ \text{Liter} \cdot 31,47\,€/\text{Liter} + 20.000\,€}{10.000\ \text{Liter}} = 33,47\,€/\text{Liter vertriebener Menge}$$

pro Flasche $= 33,47\,€/\text{Liter} \cdot 0,75\ \text{Liter/Flasche} = 25,1025\,€/\text{Flasche} \approx 25,10\,€/\text{Flasche}$

zu b)

Herstellkosten nicht abgesetzter Fertigerzeugnisse betragen:

$31,47\,€/\text{Liter} \cdot 0,75\ \text{Liter/Flasche} = 23,60\,€/\text{Flasche} \rightarrow$ Kosten der Produktionsstufe 3

Vertriebskosten fallen nur für abgesetzte Erzeugnisse an und sind daher bei der Bewertung der Herstellkosten nicht abgesetzter Erzeugnisse nicht zu berücksichtigen.

zu c)

fertige Erzeugnisse (Stufe 3) → noch nicht abgesetzt

Bestandserhöhung: 15.250 Liter – 10.000 Liter = 5.250 Liter → mengenmäßige Veränderung

Bewertung: 5.250 Liter · 31,47 €/Liter = 165.217,50 € → wertmäßige Veränderung

Lösung zu Aufgabe 2.56

Die Aufgabenstellung finden Sie ab Seite 87.

Die Kosten der Stufen werden in folgender Rechnung ersichtlich:

$$k_1 = \frac{E_1^*}{x_1} = \frac{8.000\,€}{10.000\ \mathrm{m}^2} = 0,8\frac{€}{\mathrm{m}^2}$$

$$k_2 = \frac{0,8\frac{€}{\mathrm{m}^2} \cdot 10.000\ \mathrm{m}^2 + 1\frac{€}{\mathrm{Liter}} \cdot 0,5\frac{\mathrm{Liter}}{\mathrm{m}^2} \cdot 10.000\,\mathrm{m}^2 + 5.037,50\,€}{10.000\,\mathrm{m}^2} = 1,80375\frac{€}{\mathrm{m}^2}$$

$$k_3 = \frac{1,80\frac{€}{\mathrm{m}^2} \cdot 9.250\ \mathrm{m}^2 + 2.497,50\,€}{9.250\ \mathrm{m}^2} = 2,07\frac{€}{\mathrm{m}^2}$$

Lösung zu Aufgabe 2.57

Die Aufgabenstellung finden Sie ab Seite 87.

zu a)

$$\frac{5.120\,€}{2.560\ \mathrm{kg}} = 2\,€/\mathrm{kg}$$

$2\,€/\mathrm{kg} \cdot 0,8\ \mathrm{kg/Kuchen} = 1,60\,€/\mathrm{Kuchen}$

zu b)

$$\frac{x_2 \cdot 0,8 \cdot 2 + 4.160}{x_2} = 2,90\,€/\mathrm{Kuchen}$$

$x_2 = 3.200$ Kuchen

zu c)

$$\frac{3200 \cdot 2,90 + E_3}{3.200} = 4,60$$

$E_3 = 5.440\,€$

4.2.3.2 Äquivalenzziffernkalkulation

Lösung zu Aufgabe 2.58

Die Aufgabenstellung finden Sie ab Seite 88.

Einheitsproduktmenge bestimmen

V1: $20.000 \cdot 1,25 = 25.000$ RE
V2: $17.500 \cdot 0,8 = 14.000$ RE
V3: $14.500 \cdot 1 = 14.500$ RE

$\rightarrow$ Summe: 53.500 RE

Kosten je Einheitsprodukt:

$\frac{160.500}{53.500} = 3$ €/RE

Kosten je Variante:

V1: $3 \cdot 1,25 = 3,75$ €/Stück
V2: $3 \cdot 0,8 = 2,40$ €/Stück
V3: $3 \cdot 1 = 3,00$ €/Stück

Lösung zu Aufgabe 2.59

Die Aufgabenstellung finden Sie ab Seite 88.

zu a)

Produktionsmengen ermitteln (alternative Rechenwege):

$\frac{42.000}{15} = 2.800$ Rechnungseinheiten

$x_1 + 1,5 \cdot x_2 = 2.800$

$x_2 = 1,2 \cdot x_1$

$\Leftrightarrow x_1 + 1,5 \cdot 1,2 \cdot x_1 = 2.800$

$\rightarrow x_1 = 1.000$

$\rightarrow x_2 = 1.200$

oder

$15 \cdot x_1 + 15 \cdot 1,5 \cdot x_2 = 42.000$

$15 \cdot x_1 + 15 \cdot 1,5 \cdot 1,2 \cdot x_1 = 42.000$

$42 \cdot x_1 = 42.000$

$\Leftrightarrow x_1 = 1.000$ ME

$\rightarrow x_2 = 1.200$ ME

Die Produktionsmengen betragen für das erste Produkt 1.000 Mengeneinheiten und für das zweite Produkt 1.200 Mengeneinheiten.

zu b)

Selbstkosten je Stück für Produktart 2: $15 \cdot 1,5 = 22,5$ €

Lösung zu Aufgabe 2.60

Die Aufgabenstellung finden Sie ab Seite 89.

zu a)

Die Äquivalenzziffer für Trikots beträgt 1,65.

Sorte	Äquivalenzziffer	Produkteinheiten (Stück)	Rechnungseinheiten (RE)
Fahnen	1	9.250	9.250
Trikots	1,65	10.000	16.500
Summe			25.750

$$k_{\text{Fahne}} = \frac{57.165\,€}{25.750\text{ RE}} = 2,22\,€/\text{RE} = 2,22\,€/\text{ME} \quad \text{Kosten pro Stück für eine Fahne}$$

$$k_{\text{Trikot}} = 2,22\,€/\text{RE} \cdot 1,65\text{ RE/ME} = 3,66\,€/\text{ME} \quad \text{Kosten pro Stück für ein Trikot}$$

oder einfacher:

$$1,65 \cdot k_{\text{Fahne}} = k_{\text{Trikot}} \rightarrow 1,65 \cdot 2,22\,€/\text{ME} = 3,66\,€/\text{ME}$$

Lösung zu Aufgabe 2.61

Die Aufgabenstellung finden Sie ab Seite 89.

Kosten pro Rechnungseinheit des Einheitsproduktes: $\frac{11,40\,€}{1,9} = 6\,€$

Produktionsmenge Deltas: $3 \cdot 80$ Stück $= 240$ Stück

Anzahl Rechnungseinheiten insgesamt: $80 \cdot 1 + 240 \cdot 1,9 = 536$ RE

Gesamtkosten: $6\,€ \cdot 536 = 3.216\,€$

Die Gesamtkosten der letzten Periode betragen 3.216 Euro.

Lösung zu Aufgabe 2.62

Die Aufgabenstellung finden Sie ab Seite 89.

zu a)

Äquivalenzziffern und Einheitsproduktmenge berechnen:

$z_{\text{Call 1}} = 1$

$z_{\text{Call 2}} = 1,2 \cdot z_{\text{Call 1}} = 1,2$

$z_{\text{Call 3}} = 1,25 \cdot z_{\text{Call 4}}$

$z_{\text{Call 4}} = 1,1 \cdot z_{\text{Call 2}} = 1,1 \cdot 1,2 = 1,32$

$\rightarrow z_{\text{Call 3}} = 1,25 \cdot 1,32 = 1,65$

Variante	Menge [Stück]	Äquivalenzziffer	Einheitsproduktmenge/ Rechnungseinheiten (RE)
Call 1	1.000	1	1 · 1.000 = 1.000
Call 2	950	1,2	1,2 · 950 = 1.140
Call 3	1.300	1,65	1,65 · 1.300 = 2.145
Call 4	1.400	1,32	1,32 · 1.400 = 1.848
Summe Einheitsprodukt			6.133

Kosten je Einheitsprodukt: $\frac{23.183\,€}{6.133\text{ RE}} = 3,78\,€/\text{RE}$

Variante	Kosten [€/RE]
Call 1	1 · 3,78 = 3,78
Call 2	1,2 · 3,78 = 4,54
Call 3	1,65 ·3,78 = 6,24
Call 4	1,32 · 3,78 = 4,99

zu b)

Berechnung von k_3 über:

$k_3 = k_1 \cdot z_3 = 3,69$

$$k_3 = \frac{23.183\,€}{\text{gesamte Rechnungseinheiten}} \cdot z_3 = 3,69$$

$$k_3 = \frac{23.183\,€}{1.000\text{ RE} + 1.140\text{ RE} + 1.300 \cdot z_3 + 1.848\text{ RE}} \cdot z_3 = 3,69$$

$$k_3 = \frac{23.183\,€}{3.988\text{ RE} + 1.300 \cdot z_3} \cdot z_3 = 3,69$$

$23.183\,€ \cdot z_3 = 14.715,72 + 4.797 \cdot z_3$

$\rightarrow z_3 = 0,80$

Lösung zu Aufgabe 2.63

Die Aufgabenstellung finden Sie ab Seite 90.

zu a)

Sorte 1 ist das Einheitsprodukt, da es eine Äquivalenzziffer von 1 hat.

zu b)

$k_2 \cdot 1,875 = k_3$

$z_2 \cdot 1,875 = z_3 = 1,5$

$\rightarrow z_2 = 0,8$

zu c)

	Äquivalenzziffer	Anzahl der hergestellten Produkte	Rechnungs-einheiten	Kosten je Produkteinheit
Sorte 1	1	600 Stück	600 RE	5,00 €
Sorte 2	0,8	300 Stück	240 RE	4,00 €
Sorte 3	1,5	450 Stück	675 RE	7,50 €
Summe	-	1.350 Stück	1.515 RE	-

Kosten je Einheitsprodukt: $\frac{7.575\,€}{1.515\text{ RE}} = 5,00\,€/\text{RE}$

zu d)

675 Lutscher von Sorte 1 rufen die gleichen Kosten hervor. (Bedeutung der Rechnungseinheiten von Sorte 3)

Lösung zu Aufgabe 2.64

Die Aufgabenstellung finden Sie ab Seite 90.

zu a)

$z_{\text{Medium}} = 1$

$z_{\text{Medium}} \cdot 45.000 = z_{\text{Basis}} \cdot 60.000$

$\rightarrow z_{\text{Basis}} = 0,75$

$z_{\text{Luxus}} = 2 \cdot z_{\text{Basis}} = 1,5$

zu b)

$\frac{6.000.000}{25} = 240.000$ RE

zu c)

$240.000 - (45.000 + 60.000 \cdot 0,75) = 150.000$

$$\frac{150.000}{0,75} = 100.000 \text{ ME}$$

zu d)

$25 \cdot 0,75 = 18,75$ €

$25 \cdot 1,5 = 37,50$ €

4.2.3.3 Kalkulation von Kuppelprodukten

Lösung zu Aufgabe 2.65

Die Aufgabenstellung finden Sie ab Seite 91.

Aussage		Richtig/Falsch
a)	Die Zuschlagskalkulation ist für die Kalkulation von Kuppelprodukten geeignet.	Falsch
	Für die Kalkulation von Kuppelprodukten sind sowohl die Marktwertrechnung als auch die Restwertrechnung geeignet, aber nicht die Zuschlagskalkulation.	

b)	Die Grundidee der zur Kalkulation von Kuppelprodukten eingesetzten Marktwertrechnung besteht darin, den einzelnen Kostenträgern Gemeinkosten auf Basis einer Schlüsselgröße zuzurechnen, die von den Absatzpreisen abhängt.	Richtig
	Die Marktwertrechnung als ein Verfahren der Kuppelproduktkalkulation basiert auf dem Durchschnittsprinzip in Form des Kostentragfähigkeitsprinzips in dem Sinne, dass den Kuppelprodukten Herstellkosten proportional zu ihren Erlösen zugerechnet werden.	
c)	Die Anwendung der Marktwertrechnung setzt eine Einteilung der Kuppelprodukte in Hauptprodukte einerseits und Neben- oder Abfallprodukte andererseits voraus.	Falsch
	Die Einteilung in Haupt-, Abfall- und Nebenprodukte ist Teil der Vorgehensweise der Restwertrechnung.	
d)	Einzelnen Kuppelprodukten können die Kosten des Produktionsprozesses grundsätzlich nicht verursachungs- oder beanspruchsgerecht zugerechnet werden.	Richtig
	Dies ist der Fall, weil bei Kuppelprodukten mehrere Produkte zwangsläufig gleichzeitig im Rahmen eines Produktionsprozesses anfallen.	
e)	Die Marktwertrechnung basiert auf dem Grundgedanken des Kostentragfähigkeitsprinzips.	Richtig
	Und zwar in dem Sinne, dass den Kuppelprodukten Herstellkosten proportional zu ihren Erlösen zugerechnet werden.	
f)	Bei der Restwertrechnung haben alle Produkte die gleiche Gewinnmarge.	Falsch
	Bei der Marktwertrechnung haben alle Produkte die gleiche Gewinnmarge.	

Lösung zu Aufgabe 2.66

Die Aufgabenstellung finden Sie ab Seite 92.

zu a)

Marktwertrechnung:

gesamter Marktwert: 100.000 € + 150.000 € + 650.000 € = 900.000 €

je Euro Marktwert zugerechnete Kosten: $\frac{765.0000\,€}{900.000\,€} = 0,85$

Kosten der Kuppelprodukte:

P1: $100.000\,€ \cdot 0,85 = 85.000\,€$

P2: $150.000\,€ \cdot 0,85 = 127.500\,€$

P3: $650.000\,€ \cdot 0,85 = 552.500\,€$

zu b)

Restwertrechnung:

Nebenprodukte: Zurechnung von Kosten in Höhe ihres Marktwertes

P1: $100.000\,€$

P2: $150.000\,€$

Hauptprodukt: Restliche Kosten

P3: $765.000\,€ - 100.000\,€ - 150.000\,€ = 515.000\,€$

zu c)

Unterschiede

Marktwertrechnung	Restwertrechnung
Keine Unterscheidung zwischen Haupt- und Nebenprodukten.	Unterscheidung zwischen Haupt- und Nebenprodukten.
Alle Kuppelprodukte weisen dieselbe Gewinnmarge auf.	Gesamter Gewinn wird dem Hauptprodukt zugerechnet, Gewinnmarge der Nebenprodukte beträgt Null.

Lösung zu Aufgabe 2.67

Die Aufgabenstellung finden Sie ab Seite 92.

zu a)

Produkt	Marktwert
Altbier	$200 \cdot 0,5 = 100\,€$
Weizenbier	$210\,€$
Starkbier	$80\,€$
Kölsch	$440\,€$
Summe	$830\,€$

Kosten pro Euro Marktwert: $\frac{664}{830} = 0,8$ €

Produkt	Kosten pro Liter	Gewinn pro Liter
Altbier	$0,80 \cdot 0,50 = 0,40$ €	0,50 − 0,40 = 0,10 €
Weizenbier	0,56 €	0,14 €
Starkbier	0,64 €	0,16 €
Kölsch	0,88 €	0,22 €

Anmerkung: Die Gewinnmarge (Gewinn/Umsatz) ist für alle Produkte identisch.

Bsp.: Gewinnmarge Altbier $= \frac{0{,}1\,€}{0{,}5\,€} = 0,2 = 20\%$

zu b)

Gewinn von Altbier, Weizenbier und Starkbier = 0 €, da es Nebenprodukte sind.

Folgekosten von Altbier: $0,7\frac{€}{l} \cdot 100\,l = 70$ €

Gesamtkosten i.H. von 664 € + 70 € = 734 €

Gesamtkosten, die von Altbier, Weizenbier und Starkbier getragen werden:

$\rightarrow 300\,l \cdot 0,9\frac{€}{l} + 300\,l \cdot 0,7\frac{€}{l} + 100\,l \cdot 0,8\frac{€}{l} = 560$ €

Für Kölsch verbleibende Gesamtkosten: 734 € − 560 € = 174 €

$\rightarrow$ Kosten pro Liter Kölsch: $\frac{174\,€}{400\,l} = 0,435\frac{€}{l}$

$\rightarrow$ Gewinn pro Liter Kölsch: $0,665\frac{€}{l}$

Lösung zu Aufgabe 2.68

Die Aufgabenstellung finden Sie ab Seite 93.

zu a)

Das Kostentragfähigkeitsprinzip liegt zugrunde, da die Verteilung der Gemeinkosten von den Absatzpreisen/Marktwerten abhängt.

zu b)

Dieselkraftstoff trägt 4,5 Mio. $

Schweröl trägt 5 Mio. $

Benzin trägt die restlichen Kosten in Höhe von 4,5 Mio. $

Gewinnmarge Benzin $= \frac{9\text{ Mio.} - 4{,}5\text{ Mio.}}{9\text{ Mio.}} = 50\%$

zu c)

Gesamtmarktwert lässt sich durch die Gewinnmarge des Schweröls ermitteln, welche für alle Produkte gelten muss:

$$0,25 = \frac{\text{Summe der Marktwerte} - 12 \text{ Mio.}}{\text{Summe der Marktwerte}}$$

Summe der Marktwerte $= 16$ Mio. \$

Ermitteln der einzelnen Marktwerte über den Gesamtmarktwert

$16\,\text{Mio.} = 6\,\text{Mio.} + x + x$

$x = 5\,\text{Mio.}\,\$ =$ Marktwert Schweröl $=$ Marktwert Dieselkraftstoff

Produkte tragen jeweils Kosten in Höhe ihres Anteils am Gesamtmarktwert

Kosten Benzin: $\frac{6\text{ Mio.}}{16\text{ Mio.}} \cdot 12\text{ Mio.} = 4,5\text{ Mio.}\,\$$

Kosten Dieselkraftstoff: $\frac{5\text{ Mio.}}{16\text{ Mio.}} \cdot 12\text{ Mio.} = 3,75\text{ Mio.}\,\$$

Kosten Schweröl: $\frac{5\text{ Mio.}}{16\text{ Mio.}} \cdot 12\text{ Mio.} = 3,75\text{ Mio.}\,\$$

4.2.3.4 Zuschlagskalkulation

Lösung zu Aufgabe 2.69

Die Aufgabenstellung finden Sie ab Seite 94.

Geben Sie an, ob folgende Aussagen richtig oder falsch sind.

<table>
<tr><th colspan="2">Aussage</th><th>Richtig/Falsch</th></tr>
<tr><td rowspan="2">a)</td><td>Bei der summarischen Zuschlagskalkulation werden die Einzelkosten unter Verwendung einer einzigen Zuschlagsbasis auf die Kostenträger geschlüsselt.</td><td>Falsch</td></tr>
<tr><td colspan="2">Bei der Anwendung der summarischen Zuschlagskalkulation summiert man die gesamten primären Gemeinkosten eines Unternehmens und anschließend rechnet man diese Summe auf der Basis einer Zuschlagsgrundlage den absatzbestimmten Kostenträgern zu.</td></tr>
<tr><td rowspan="2">b)</td><td>Die Zuschlagskalkulation ist vor allem für Serien- oder Einzelfertigung geeignet.</td><td>Richtig</td></tr>
<tr><td colspan="2">Vgl. Lehrbuch Abschnitt II.D.2.</td></tr>
<tr><td rowspan="2">c)</td><td>In der Zuschlagskalkulation werden Kostenträgereinzelkosten über Schlüsselgrößen zugerechnet.</td><td>Falsch</td></tr>
<tr><td colspan="2">Kennzeichen von Einzelkosten ist, dass sie den Kostenträgern direkt - also ohne Schlüsselgrößen - zugerechnet werden können. In der Zuschlagskalkulation werden aber Kostenträgergemeinkosten mithilfe von Schlüsselgrößen und Zuschlagssätzen den Kostenträgern zugerechnet.</td></tr>
</table>

d)	Der wesentliche Unterschied zwischen der summarischen und der elektiven Zuschlagskalkulation besteht darin, dass bei der summarischen Zuschlagskalkulation für jede Hauptkostenstelle ein Zuschlagssatz verwendet wird, während bei der elektiven Zuschlagskalkulation lediglich ein einziger Zuschlagssatz zum Einsatz kommt.	Falsch
	Es verhält sich genau umgekehrt. Bei der summarischen Zuschlagskalkulation dient eine Summe von Einzelkosten als Zuschlagsbasis aller Gemeinkosten. Bei der elektiven Zuschlagskalkulation werden dagegen für die verschiedenen Kostenstellen auch verschiedene Summen von Einzelkosten als Zuschlagsbasis ausgewählt (z.B. Materialeinzelkosten als Zuschlagsbasis für Materialgemeinkosten, Fertigungseinzelkosten als Zuschlagsbasis für Fertigungsgemeinkosten).	
e)	Die Verwaltungs- und Vertriebsgemeinkosten werden im Rahmen der elektiven Zuschlagskalkulation typischerweise auf Basis der Herstellkosten zugeschlagen.	Richtig
	Vgl. Lehrbuch Abschnitt II.D.4.	
f)	Die elektive Zuschlagskalkulation wird bevorzugt in der Massenfertigung zur Kalkulation eingesetzt.	Falsch
	Die elektive Zuschlagskalkulation wird bevorzugt in der Einzel- und Serienfertigung eingesetzt.	
g)	Bei der elektiven Zuschlagskalkulation werden Zuschlagssätze zur Zurechnung der Gemeinkosten verwendet.	Richtig
	Zuschlagssätze werden in der Produktkalkulation zur Zurechnung der Gemeinkosten verwendet. Die Zuschlagsgrundlage bilden dabei die Einzel- oder Herstellkosten.	
h)	Bei der elektiven Zuschlagskalkulation erhöhen Sondereinzelkosten der Fertigung die Fertigungskosten, aber nicht die Herstellkosten.	Falsch
	Sondereinzelkosten der Fertigung erhöhen die Fertigungskosten und auch die Herstellkosten.	
i)	Bei einer elektiven Zuschlagskalkulation sind die Herstellkosten eines Produkts niemals geringer als dessen Selbstkosten.	Falsch
	Bei einer elektiven Zuschlagskalkulation sind die Herstellkosten eines Produkts niemals höher als dessen Selbstkosten	

Lösung zu Aufgabe 2.70

Die Aufgabenstellung finden Sie ab Seite 95.

Zuschlagssatz für die Gemeinkosten bestimmen:

$$z = \frac{125.000\,€}{275.000\,€ + 225.000\,€} \cdot 100\% = 25\%$$

Einzelkosten (Material + Fertigung)	300 €
+ Gemeinkosten (25%)	75 €
= Selbstkosten	**375 €**

Lösung zu Aufgabe 2.71

Die Aufgabenstellung finden Sie ab Seite 95.

zu a)

$10\% \cdot x = 0,50\,€ \rightarrow$ zugeschlagene Gemeinkosten

$x = 5$ (Zuschlagsgrundlage)

$110\% \cdot 5 = 5,50\,€ \rightarrow$ Selbstkosten des Produktes

zu b)

Es gilt:

Fertigungsmaterialkosten (FM) = 1,5 · Fertigungslohnkosten (FL)

Gemeinkosten = 10.000 €

Zuschlagssatz $z = 10\%$

Also gilt:

$$z = 10.000 \frac{€}{\text{FL+FM}} \cdot 100\% = 10\%$$

$$\Leftrightarrow 10.000 \frac{€}{\text{FL+1,5 FL}} = 0,1$$

$$\Leftrightarrow \text{FL} = 40.000\,€$$

$$\text{FM} = 1,5 \cdot \text{FL}$$

$$\rightarrow \text{FM} = 60.000\,€$$

alternative Lösung:

$$\text{FL} + 1{,}5\ \text{FL} = 5\frac{€}{\text{ME}} \Leftrightarrow 2{,}5 \cdot \text{FL} = 5\frac{€}{\text{ME}} \Leftrightarrow \text{FL} = 2\frac{€}{\text{ME}}$$

$$\text{FL} + \text{FM} = 5\frac{€}{\text{ME}} \Leftrightarrow 2 + \text{FM} = 5\frac{€}{\text{ME}} \Leftrightarrow \text{FM} = 3\frac{€}{\text{ME}}$$

Lösung zu Aufgabe 2.72

Die Aufgabenstellung finden Sie ab Seite 95.

zu a)

Zuschlagssätze für die Gemeinkosten bestimmen:

Material: $z_M = 30\%$

Fertigung: $z_F = \frac{624.141\,€}{495.350\,€} \cdot 100\% = 126\%$

Auftrag kalkulieren:

Materialeinzelkosten	210 €
+ Materialgemeinkosten (30% auf MEK)	63 €
= **Materialkosten (MK)**	**273 €**
Fertigungseinzelkosten	450 €
+ Fertigungsgemeinkosten (126% auf FEK)	567 €
= **Fertigungskosten (FK)**	**1.017 €**
Herstellkosten (HK = MK + FK)	**1.290 €**
+ Verwaltungs- und Vertriebsgemeinkosten (10% auf HK)	129 €
= **Selbstkosten**	1.419 €

zu b)

Sondereinzelkosten (SEK) der Fertigung

→ Fertigungskosten (FK) steigen um 50 Euro auf 1.067 Euro.

Materialkosten (MK) nicht betroffen

→ HK steigen um insgesamt 50 Euro auf 1.340 Euro.

HK sind Zuschlagsbasis für Verwaltungs- und Vertriebsgemeinkosten (V&V).

$\rightarrow$ V&V steigen um $0,1 \cdot 50\,€ = 5\,€$

$\rightarrow$ SK steigen um insgesamt $50\,€ + 5\,€ = 55\,€$ auf $1.474\,€$.

Lösung zu Aufgabe 2.73

Die Aufgabenstellung finden Sie ab Seite 96.

Herstellkosten = Materialkosten + Fertigungskosten

= MEK + MGK + FEK + FGK = 265,50 €.

Es gilt:

FGK = 0,3 FEK

MEK = 1,5 FEK

MGK = 0,1 MEK = 0,1· 1,5 FEK = 0,15 FEK

$\rightarrow$ HK = FEK + 0,3 FEK + 1,5 FEK + 0,15 FEK = 265,50 €

$\Leftrightarrow$ 2,95 FEK = 265,50 €

$\Leftrightarrow$ FEK = 90 €

$\rightarrow$ Materialkosten: $0,15 \cdot 90\,€ + 0,15 \cdot 90\,€ = 148,50\,€$

$\rightarrow$ Fertigungskosten: $90\,€ + 0,3 \cdot 90\,€ = 117\,€$

Lösung zu Aufgabe 2.74

Die Aufgabenstellung finden Sie ab Seite 96.

Einzelkosten:

Materialeinzelkosten: $5.000\,€ \cdot 20 + 2.000\,€ \cdot 30 = 160.000\,€$

Fertigungseinzelkosten: $5.000\,€ \cdot 40 + 2.000\,€ \cdot 50 = 300.000\,€$

Herstellkosten: $160.000\,€ + 300.000\,€ + 65.000\,€ + 90.000\,€ = 615.000\,€$

Zuschlagssätze:

Material: $65.000\,€/160.000\,€ = 0,40625$

Fertigung: $90.000\,€/300.000\,€ = 0,3$

Verwaltung: $20.000\,€/615.000\,€ = 0,0325$

Vertrieb: $25.000\,€/615.000\,€ = 0,0407$

	Produkt A	Produkt B
Materialeinzelkosten	20,00 €	30,00 €
+ Materialgemeinkosten (40,625%)	8,125 €	12,1875 €
= Materialkosten	**28,125 €**	**42,1875 €**
Fertigungseinzelkosten	40,00 €	50,00 €
+ Fertigungsgemeinkosten (30%)	12,00 €	15,00 €
= Fertigungskosten	**52,00 €**	**65,00 €**
Herstellkosten	**80,125 €**	**107,1875 €**
+ Verwaltungsgemeinkosten (3,25%)	2,6041 €	3,4836 €
+ Vertriebsgemeinkosten (4,07%)	3,2611 €	4,3625 €
= Selbstkosten	**85,9902 €**	**115,0336 €**

Die Selbstkosten von A betragen 85,99 Euro und die Selbstkosten von B betragen 115,03 Euro.

Lösung zu Aufgabe 2.75

Die Aufgabenstellung finden Sie ab Seite 97.

zu a)

Zuschlagssätze berechnen:

Fertigungskostenstelle 1: $$z_{\text{FS1}} = \frac{337.500\,€}{450.000\,€} \cdot 100\% = 75,00\%$$

Fertigungskostenstelle 2: $$z_{\text{FS2}} = \frac{350.000\,€}{700.000\,€} \cdot 100\% = 50,00\%$$

Material: $$z_{\text{Material}} = \frac{270.000\,€}{225.000\,€} \cdot 100\% = 120,00\%$$

Verwaltungs- und Vertriebsgemeinkosten → Basis: gesamte Herstellkosten

$$= 450.000\,€ + 337.500\,€ + 700.000\,€ + 350.000\,€ + 225.000\,€ + 270.000\,€$$

$$= 2.332.500\,€$$

$$\rightarrow \text{Zuschlagssatz}: \quad z_{\text{V\&V}} = \frac{18.660\,€}{2.332.500\,€} = 0,008 = 0,8\%$$

	Fertigungs-hauptstelle 1	Fertigungs-hauptstelle 2	Materialstelle	Verwaltung und Vertrieb
Einzellöhne	450.000 €	700.000 €	-	-
Einzelmaterial	-	-	225.000 €	-
Primäre Gemeinkosten	...	...	...	...
innerbetriebliche Leistungsverrechnung	...	...	...	
Endkosten	337.500 €	350.000 €	270.000 €	18.660 €
Zuschlagsbasis	450.000 €	700.000 €	225.000 €	2.332.500 €
Zuschlagssatz	75%	50%	120%	0,8%

zu b)

Auftragskalkulation:

Materialeinzelkosten	400,00 €
+ Materialgemeinkosten (120%)	480,00 €
= **Materialkosten**	**880,00 €**
Einzelkosten Fertigungs-KS 1	300,00 €
+ Gemeinkosten Fertigungs-KS 1 (75%)	225,00 €
Einzelkosten Fertigungs-KS 2	750,00 €
+ Gemeinkosten Fertigungs-KS 2 (50%)	375,00 €
= **Fertigungskosten (FK)**	**1.650,00 €**
Herstellkosten	**2.530,00 €**
+ Verwaltungs- und Vertriebsgemeinkosten (0,8%)	20,24 €
+ Sondereinzelkosten des Vertriebs	20,00 €
= **Selbstkosten**	**2.570,24 €**

Lösung zu Aufgabe 2.76

Die Aufgabenstellung finden Sie ab Seite 98.

zu a)

ZS Material: $\frac{195.000}{130.000} = 1,5 = 150\%$

ZS Fertigung: $\frac{245.000}{122.500} = 2 = 200\%$

Zur Berechnung des ZS & +V:

Berechnung der HK: $195.000 + 130.000 + 245.000 + 122.500 = 692.500$

ZS V&V: $\frac{6.925}{692.500} = 0,1 = 10\%$

b) Berechnung der Herstellkosten nach differenzierter Zuschlagskalkulation:

Materialeinzelkosten (MEK)	4
+ Materialgemeinkosten (MGK)	6 (4 · 1,5)
+ Fertigungseinzelkosten (FEK)	3,5
+ Fertigungsgemeinkosten (FGK)	7 (3,5 · 2)
+ Sondereinzelkosten der Fertigung (SEK Fert.)	2,5
= Herstellkosten (HK)	23,00

c)

V&V (· 0,1)	2,3
+ SEK V&V	0,7
= SK	26

4.2.3.5 Maschinenstundensatzkalkulation

Lösung zu Aufgabe 2.77

Die Aufgabenstellung finden Sie ab Seite 99.

Aussage		Richtig/Falsch
a)	Zur Durchführung einer Maschinenstundensatzkalkulation wird i.d.R. zwischen maschinenzeitabhängigen und maschinenzeitunabhängigen Gemeinkosten unterschieden.	Richtig
	Vgl. Lehrbuch Abschnitt II.D.4.c.	

b)	In der Maschinenstundensatzkalkulation werden sowohl wertmäßige als auch mengenmäßige Schlüsselgrößen zur Überwälzung der Kostenträgergemeinkosten auf die Kostenträger eingesetzt.	Richtig
	Vgl. Lehrbuch Abschnitt II.D.4.c.	
c)	Die Maschinenstundensatzkalkulation ist eine Divisionskalkulation.	Falsch
	Die Maschinenstundensatzkalkulation ist eine Zuschlagskalkulation.	

Lösung zu Aufgabe 2.78

Die Aufgabenstellung finden Sie ab Seite 99.

Materialeinzelkosten	200 €
+ Materialgemeinkosten (5%)	10 €
= **Materialkosten**	**210 €**
Fertigungseinzelkosten 1	100 €
+ Fertigungsgemeinkosten 1 (25%)	25 €
+ Gemeinkosten Maschinengruppe A (3h · 15 €/h)	45 €
+ Gemeinkosten Maschinengruppe B (2h · 10 €/h)	20 €
+ Fertigungseinzelkosten 2	150 €
+ Fertigungsgemeinkosten 2 (10%)	15 €
+ Gemeinkosten Maschinengruppe C (2,5h · 50 €/h)	125 €
+ Gemeinkosten Maschinengruppe D (1h · 30 €/h)	30 €
= **Fertigungskosten**	**510 €**
Herstellkosten	**720 €**
+ Verwaltungs- und Vertriebsgemeinkosten (10%)	72 €
= **Selbstkosten**	**792 €**

Lösung zu Aufgabe 2.79

Die Aufgabenstellung finden Sie ab Seite 100.

zu a)

Materialeinzelkosten	300 €
+ Materialgemeinkosten (25%)	75 €
= **Materialkosten**	**375 €**

zu b)

$580 = 200 \cdot 1,2 + 6 \cdot 40 + 2 \cdot x$

$x = 50$

zu c)

Fertigungseinzelkosten 2	250 €
+ Fertigungsgemeinkosten 2 (10%)	25 €
+ Gemeinkosten Maschinengruppe C	180 €
+ Gemeinkosten Maschinengruppe D	70 €
= **Fertigungskosten KS 2**	**525 €**

zu d)

Fertigungskosten KS 1	580 €
+ Fertigungskosten KS 2	525 €
+ Materialkosten	375 €
= **Herstellkosten**	**1.480 €**
+ Verwaltungs- und Vertriebsgemeinkosten (5%)	74 €
= **Selbstkosten**	**1.554 €**

Lösung zu Aufgabe 2.80

Die Aufgabenstellung finden Sie ab Seite 101.

Die Lösungen finden Sie in folgender Tabelle:

	Kraft-werk	FKS 1		FKS 2		Material	Ver-waltung	Vertrieb
		A	B	C	D			
Primäre Kosten								
Abschreibungen	200.000	12.000	15.000	17.000	19.000			
Personalkosten		100.000		90.000		80.000	70.000	60.000
Sekundäre Kosten								
Innerbetriebliche Leistungsverrechnung	-200.000	50.000	60.000	70.000	20.000			
Endkosten								
Maschinenzeit-abhängig	0	62.000	75.000	87.000	39.000			
Maschinenzeit-unabhängig		100.000		90.000		80.000	70.000	60.000
Zuschlagsbasis								
Maschinenminuten		100.000	150.000	200.000	300.000			
Stelleneinzelkosten		50.000		35.000		700.000		
Herstellkosten							1.318.000	1.318.000
Zuschlagsätze								
Maschinen-minutensatz		0,62	0,5	0,435	0,13			
Gemeinkostensatz		2		2,5714		0,1143	0,0531	0,0455

Berechnungen zum BAB:

Verrechnungspreis Kraftwerk: $\left(\frac{200.000}{25.000+30.000+35.000+10.000}\right) = 2\,€/\text{kWh}$

Mit dem Verrechnungspreis kann man die innerbetriebliche Leistungsverrechung durchführen.

Beispiel: Maschine A verbraucht 25.000 kWh à 2 €/kWh = 50.000 €.

Maschinenzeitabhängige Endkosten = Abschreibung + Sekundärkosten

Maschinenzeitunabhängige Endkosten = Personalkosten

Stelleneinzelkosten:

FEK: Fertigungskostenstelle 1: 50.000 · 0,5 + 100.000 · 0,25 = 50.000 €

FEK: Fertigungskostenstelle 2: 50.000 · 0,3 + 100.000 · 0,2 = 35.000,€

Materialeinzelkosten: 50.000 · 6 + 100.000 · 4 = 700.000 €

Herstellkosten:

= Maschinenzeitabhängige Kosten + Maschinenzeitunabhängige Kosten für Material und Fertigung + Stelleneinzelkosten

→ 62.000 + 75.000 + 87.000 + 39.000 + 100.000 + 90.000 + 80.000 + 50.000 + 35.000 +700.000 = 1.318.000

Selbstkostenkalkulation:

	Originalball	Nachbildung
Materialeinzelkosten	6,00 €	4,00 €
+ Materialgemeinkosten (11,43%)	0,6858 €	0,4572 €
= **Materialkosten**	**6,6858 €**	**4,4572 €**
Fertigungseinzelkosten der FKS 1	0,50 €	0,25 €
+ Fertigungsgemeinkosten der FKS 1 (200%)	1,00 €	0,50 €
+ Gemeinkosten der		
• Maschine A (0,62 €/Min. · 2 Min.)	1,24 €	
• Maschine B (0,5 €/Min. · 1,5 Min.)		0,75 €
+ Fertigungseinzelkosten der FKS 2	0,30 €	0,20 €
+ Fertigungsgemeinkosten der FKS 2 (257%)	0,7714 €	0,5143 €
+ Gemeinkosten der		
• Maschine C (0,435 €/Min. · 4 Min.)	1,74 €	
• Maschine D (0,13 €/Min. · 3 Min.)		0,39 €
= **Fertigungskosten**	**5,5514 €**	**2,6043 €**
Herstellkosten	**12,2372 €**	**7,0615 €**
+ Verwaltungsgemeinkosten (5,31%)	0,6498 €	0,375 €
+ Vertriebsgemeinkosten (4,55%)	0,5568 €	0,3213 €
= **Selbstkosten**	**13,4438 €**	**7,7578 €**

Die Selbstkosten eines Originalballs betragen 13,44 Euro, die einer Nachbildung 7,76 Euro.

Lösung zu Aufgabe 2.81

Die Aufgabenstellung finden Sie ab Seite 103.

zu a)

$1,25 \cdot x = 1.580.000$

$\Leftrightarrow x = 1.264.000$ €

zu b)

3.250.000 - 1.500.000 - 750.000 = 1.000.000 €

zu c)

Zuschlagssatz für maschinenlaufzeitunabhängige Fertigungsgemeinkosten:

$\frac{750.000}{1.000.000} = 0,75$

Kosten pro Minute Maschinenlaufzeit:

$\frac{1.500.000}{250.000} = 6$ €

Herstellkosten für ein Alpha:

$5 \cdot 1,25 + 6 \cdot 1,75 + 6 \cdot 6 = 52,75$ €

zu d)

$250.000 = 6 \cdot 20.000 + 4 \cdot x$

$\rightarrow x = 32.500$

4.2.4 Leistungsrechnung

Lösung zu Aufgabe 2.82

Die Aufgabenstellung finden Sie ab Seite 105.

Aussage		Richtig/Falsch
a)	Treuerabatte, die Kunden für die Bestellung mehrerer unterschiedlicher Produkte gewährt werden, stellen Gemeinerlöse dar und führen zu Zurechnungsproblemen bei der Ermittlung von Stückerlösen für ein einzelnes Produkt.	Richtig
	Einzelerlöse lassen sich den abgesetzten Produkten auf Basis des Verursachungsprinzips direkt zurechnen, während Gemeinerlöse den verschiedenen Produkten nur mithilfe des Durchschnittsprinzips und einer Erlösstellenrechnung zugerechnet werden können. Der Treuerabatt ist eine Form des Mengenrabatts. Er wird solchen Kunden gewährt, die regelmäßig Produkte nachfragen. Bestellt der Kunde verschiedene Produkte, ist es unmöglich, einem Einzelprodukt den kompletten Mengenrabatt zuzurechnen, da ja mehrere Produkte zur Gesamtmenge beigetragen haben.	
b)	Erlösstellen können z.B. anhand geografischer, kundenspezifischer oder absatzorganisatorischer Kriterien gebildet werden.	Richtig
	Vgl. Lehrbuch Abschnitt II.E.4.b.	

c)	Bestandserhöhungen an Erzeugnissen können im Rahmen der Kosten- und Leistungsrechnung sowohl mit Kosten als auch mit um gegebenenfalls noch anfallenden Fertigungs- und oder Vertriebskosten verminderten Absatzpreisen bewertet werden.	Richtig
	Vgl. Lehrbuch Abschnitt II.E.	
d)	In der Erlösartenrechnung wird eine Trennung in Einzel- und Gemeinerlöse vorgenommen.	Richtig
	In der Erlösartenrechnung wird eine Trennung in Einzel- und Gemeinerlöse vorgenommen. Gemeinerlöse sind z.B. Auftragsrabatte oder Skonti.	

Lösung zu Aufgabe 2.83

Die Aufgabenstellung finden Sie ab Seite 105.

zu a)

Einzelerlöse:

1) Nach Produktarten:

Mit einzelnen Produktarten erzielten Einzelerlöse:

Sommerreifen: $90 € \cdot (40.100 + 15.000) = 4.959.000 €$

Winterreifen: $110 € \cdot (12.000 + 4.400) = 1.804.000 €$

Summe der Einzelerlöse: $4.959.000 + 1.804.000 = 6.763.000 €$

2) Nach Kundengruppe:

Autohersteller (A): $40.100 \cdot 90 € + 12.000 \cdot 110 € = 4.929.000 €$

Reifenhändler (R): $15.000 \cdot 90 € + 4.400 \cdot 110 € = 1.834.000 €$

Summe der Einzelerlöse: $4.929.000 € + 1.834.000 € = 6.763.000 €$

Gemeinerlöse:

<u>Funktionsrabatte auf Bruttoumsatz/Grundpreis:</u>

A: $4.929.000 € \cdot 0,1 = 492.900 €$

<u>Auftragsrabatte auf Auftragsbruttoumsatz (ABU):</u>

ABU= Bruttoumsatz – Funktionsrabatte:

A: $(4.929.000 € - 492.900 €) \cdot (0,35 \cdot 0,1) = 155.263,50 €$

R: $1.834.000 € \cdot 0,1 \cdot 0,05 = 9.170 €$

Summe der Auftragsrabatte: $155.263,50 € + 9.170,00 € = 164.433,50 €$

Skonto auf Auftragsnettoumsatz (ANU):

ANU= Rechnungsbetrag = ABU – Auftragsrabatte:

A: $(4.929.000\,€ - 492.900\,€ - 155.263,50\,€) \cdot 0,4 \cdot 0,02) = 34.246,69\,€$

R: $(1.834.000\,€ - 9.170\,€) \cdot 0,2 \cdot 0,02 = 7.299,32\,€$

Summe der Skonti: $34.246,69\,€ + 7.299,32\,€ = 41.546,01\,€$

Summe der Funktionsrabatte	492.900,00 €
+ Summe der Auftragsrabatte	164.433,50 €
+ Summe der Skonti	41.546,01 €
= **Summe der Gemeinerlöse (Erlösminderungen)**	**698.879,51 €**

Gesamterlös:

Summe der Einzelerlöse	6.763.000,00 €
– Summe der Gemeinerlöse	698.879,51 €
= **Gesamterlöse**	**6.064.120,49 €**

zu b)

	Erlösbetrag	Autohersteller		Reifenhändler	
		Sommer	Winter	Sommer	Winter
Absatzmengen [St.]	-	40.100	12.000	15.000	4.400
Grundpreise [€]	-	90	110	90	110
Einzelerlöse [€]	6.763.000	3.609.000	1.320.000	1.350.000	484.000
Funktionsrabatte [€]	492.900	360.900[1)]	132.000	0	0
Auftragsrabatte [€]	164.433,50	113.683,50	41.580, 00[2)]	6.750,00	2.420,00
Skonti [€]	41.546,01	25.075,33	9.171,36	5.373, 00[3)]	1.926,32
Summe [€]	698.879,51	499.658,83	182.751,36	12.123,00	4.346,32

Beispiele für die Berechnungen:

[1)] $360.900 = 10\%$ von $3.609.000$

[2)] $41.580 = (0,35 \cdot 0,1) \cdot (1.320.000 - 132.000)$

[3)] $5.373 = 20\% \cdot 2\% \cdot (1.350.000 - 6.750)$

zu c)

Dem Produkt Sommerreifen zuzurechnende Erlösminderungen (Erlös als Schlüsselgröße):

$499.658,83 + 12.123,00 = 511.781,83$ €

Stückerlös Sommerreifen: $90 - \frac{511.781,83}{55.100} = 90 - 9,2882 \approx 80,71$ €/ME

Dem Produkt Winterreifen zuzurechnende Erlösminderungen:

$182.751,36 + 4.346,32 = 187.097,68$ €

Stückerlös Winterreifen: $110 - \frac{187.097,68}{16.400} = 110 - 11,4084 \approx 98,59$ €/ME

Gesamterlöse (mit exakten Werten weitergerechnet):

$80,71 \cdot 55.100 + 98,59 \cdot 16.400 = 6.064.120,49$ € ✓ vgl. a)

Lösung zu Aufgabe 2.84

Die Aufgabenstellung finden Sie ab Seite 106.

Einzelerlöse:

1) Nach Kundengruppe:

Händler in Rom: 5.000 · 500 € + 12.000 · 120 € = 3.940.000 €

Händler in Mailand: 3.000 · 500 € + 8.000 · 120 € = 2.460.000 €

Summe der Einzelerlöse: 3.940.000 € + 2.460.00 € = 6.400.000 €

2) Nach Produktart:

Herrenhandtaschen: (5.000 + 3.000) · 500 € = 4.000.000 €

Damenschuhe: (12.000 + 8.000) · 120 € = 2.400.000 €

Summe der Einzelerlöse: 4.000.000 € + 2.400.000 € = 6.400.000 €

zu b)

Gemeinerlöse:

Funktionsrabatte:

Händler in Rom: 3.940.000 € · 0,12 = 472.000 €

Händler in Mailand:

Gesamte Funktionsrabatte - Funktionsrabatte für Händler in Rom

= 718.800 € − 472.800 € = 246.000 €

Berechnung des Rabattsatzes für Händler in Mailand:

2.460.000 € · Y = 246.000 €

$\rightarrow Y = 10\%$

Der Funktionsrabatt für einen Bruttoumsatz kleiner als 2.500.000 € betrug 10%.

Auftragsrabatte:

Bruttoerlös nach Abzug aller Rabatte (= Auftragsnettoumsatz) für Händler in Rom:

3.293.840 € = 3.940.000 € – 472.800 € – Auftragsrabatt ⇔ Auftragsrabatt = 173.360 €

Berechnung des Rabattsatzes für den Händler in Rom

Auftragsrabatt = (Bruttoumsatz – Funktionsrabatt)$\cdot v$:

$173.360 € = (3.940.000 € - 472.800 €) \cdot v$

$\rightarrow v = 0,05 = 5\%$

Bruttoerlös nach Abzug aller Rabatte (= Auftragsnettoumsatz) für Händler in Mailand:

2.059.020 € = 2.460.000 € – 246.000 € – Auftragsrabatt ⇔ Auftragsrabatt = 154.980 €

Berechnung des Rabattsatzes für den Händler in Mailand

Auftragsrabatt = ABU · w:

$154.980 € = (2.460.000 € - 246.000 €) \cdot w$

$\rightarrow w = 0.07 = 7\%$

Dem Händler in Rom wurde also ein Auftragsrabatt i.H. von 5% gewährt, dem Händler in Mailand i.H. von 7%.

Skonti:

Händler in Rom:

$(3.940.000 € - 472.800 € - 173.360 €) \cdot 0,5 \cdot 0,03 = 49.407,60 €$

Händler in Mailand:

$(2.460.000 € - 246.000 € - 154.980 €) \cdot 0,1 \cdot 0,04 = 8.236,08 €$

Summe der Skonti: $49.407,60 € + 8.236,08 € = 57.643,68 €$

Summe der Funktionsrabatte	718.800,00 €
+ Summe der Auftragsrabatte	328.340,00 €
+ Summe der Skonti	57.643,68 €
= Summe aller Erlösminderungen	**1.104.783,68 €**

Gesamterlös:

Summe der Einzelerlöse	6.400.000,00 €
– Summe der Erlösminderungen	1.104.783,68 €
= **Gesamterlöse**	**5.295.216,32 €**

	Händler in Mailand		Händler in Rom	
Rabatte	Herrentaschen	Damenschuhe	Herrentaschen	Damenschuhe
Bruttoumsatz	1.500.000	960.000	2.500.000	1.440.000
Funktions-rabatte	0,1 · 1.500.000 =150.000	0,1 · 960.000 = 96.000	0,12 · 2.500.000 = 300.000	0,12 · 1.440.000 = 172.800
Auftragsbrutto-umsatz	1.500.000-150.000 = 1.350.000	960.000 - 96.000 =864.000	2.500.000-300.000 = 2.200.000	1.440.000-172.800 = 1.267.200
Auftrags-rabatte	1.350.000 · 0,07 = 94.500	864.000 · 0,07 = 60.480	2.200.000 · 0,05 = 110.000	1.267.200 · 0,05 = 63.360
Auftrags-nettoumsatz	1.350.000 - 94.500 = 1.255.500	864.000 - 60.480 = 803.520	2.200.000-110.000 = 2.090.000	1.267.200 - 63.360 = 1.203.840
Skonti	1.255.500 · 0,04 · 0,1 = 5.022	803.520 · 0,04 · 0,1 = 3.214,08	2.090.000 · 0,03 · 0,5 = 31.350	1.203.840 · 0.03 · 0,5 = 18.057,60
Bruttoerlös nach sämtl. Rabatten	1.255.500 - 5.022 = 1.250.478	803.520 - 3.214,08 = 800.305,92	2.090.000 - 31.350 = 2.058.650	1.203.840 - 18.057,60 = 1.185.782,40
Summe aller Erlös-minderungen	249.522	159.694,08	441.350	254.217,60

Alle Angaben in Euro [€].

	Händler in Mailand		Händler in Rom	
	Herrentaschen	Damenschuhe	Herrentaschen	Damenschuhe
Umsatzerlöse = Einzelerlöse	1.500.000	960.000	2.500.000	1.440.000
Erlösminderungen = Gemeinerlöse	249.522	159.694,08	441.350	254.217,60
Gesamterlöse	1.500.000 - 249.522 = 1.250.478	960.000 -159.694,08 = 800.305,92	2.500.000 - 441.350 = 2.058.650	1.440.000 - 254.217,60 = 1.185.782,40
Stückerlöse	$\frac{1.250.478}{3.000}$ =416,83	$\frac{800.305,92}{8.000}$ =100,04	$\frac{2.058.650}{5.000}$ =411,73	$\frac{1.185.782,40}{12.000}$ =98,82

Alle Angaben in Euro [€].

→ den Herrenhandtaschen zuzurechnende Erlösminderungen:

$249.522\,€ + 441.350\,€ = 690.872\,€$

→ den Damenschuhen zuzurechnende Erlösminderungen:

$159.694,08\,€ + 254.217,60\,€ = 413.911,68\,€$

Stückerlöse für Herrenhandtaschen : $500\,€ - \frac{690.872\,€}{8.000 \text{ Stück}} = 413,64\,€/\text{Stück}$

Stückerlöse für Damenschuhe: $120\,€ - \frac{413.911,68\,€}{20.000 \text{ Stück}} = 99,30\,€/\text{Stück}$

Gesamterlös: $413,64\,€ \cdot 8.000 + 99,30\,€ \cdot 20.000 = 5.295.120\,€$

zu d)

Stückdeckungsbeitrag für Herrenhandtaschen:

Stückerlöse für Herrenhandtaschen – Stückkosten für Herrenhandtaschen

→ $413,64\,€/\text{Stück} - 200\,€/\text{Stück} = 213,64\,€/\text{Stück}$

Stückdeckungsbeitrag für Damenschuhe:

→ $99,30\,€/\text{Stück} - 90\,€/\text{Stück} = 9,30\,€/\text{Stück}$

Aufgrund des Stückdeckungsbeitrages sollte das Unternehmen versuchen, den Absatz von Herrenhandtaschen zu erhöhen.

Lösung zu Aufgabe 2.85

Die Aufgabenstellung finden Sie ab Seite 109.

Einzelerlöse	$3.000 \cdot 80 = 240.000$ €
- Funktionsrabatt	$240.000 \cdot 0,12 = 28.800$ €
- Auftragsrabatte	$(240.000 - 28.800) \cdot 0,5 \cdot 0,05 = 5.280$ €
- Skonto	$(240.000 - 28.800 - 5.280) \cdot 0,1 \cdot 0,02 = 411,84$ €
= **Gesamterlös**	205.508,16 €

Stückerlös der Variante „Standard" für die an Einzelhändler verkaufte Menge:

$\rightarrow \frac{205.508,16\,€}{3.000} = 68,50\,€/\text{Stück}$

zu b)

Datenrekonstruktion Großhändler

b1)

Bruttoumsatz $= 5.000 \cdot 80 + 7.000 \cdot 100 = 1.100.000$ €

Funktionsrabatt, der den Großhändlern gewährt wurde:

Bruttoumsatz – ABU= 1.100.000 € – 935.000 € = 165.000 €

Berechnung des Rabattsatzes: $\frac{165.000\,€}{1.100.000\,€} = 0,15 = 15\%$

b2)

Skonto:

Auftragsnettoumsatz $\cdot\, 0,25 \cdot 0,05 = 10.752,50$ €

$\Leftrightarrow$ Auftragsnettoumsatz $= 860.200$ €

Mengenrabatt:

ABU – ANU = 935.000 € – 860.200 € = 74.800 €

ABU $\cdot\, x \cdot 0,1 = 74 \cdot 800$ €

$\Leftrightarrow x = 80\%$

$\rightarrow$ Anteil der mit Großhändlern erzielten Auftragsbruttoumsätze, auf die Mengenrabatte gewährt wurden

Lösung zu Aufgabe 2.86

Die Aufgabenstellung finden Sie ab Seite 109.

zu a)

$0,02 \cdot 0,4 \cdot \text{Nettoumsatz} = 9.651,04$

$\text{Nettoumsatz} = 1.206.380$ €

zu b)

$\text{Umsatzerlöse} = 450 \cdot 700 + 1.200 \cdot 500 = 915.000$ €

$\text{Funktionsrabatt} = 915.000 \cdot 0,2 = 183.000$ €

$\text{Auftragsrabatt} = (915.000 - 183.000) \cdot (0,4 \cdot 0,05 + 0,15 \cdot 0,1) = 25.620$ €

zu c)

$1.206.380 = 915.000 - 183.000 - 25.620 + \text{Einzelerlöse}_{PK}$

$\text{Einzelerlöse}_{PK} = 500.000$ €

4.2.5 Erfolgsrechnung auf Basis von Kosten und Leistungen

Lösung zu Aufgabe 2.87

Die Aufgabenstellung finden Sie ab Seite 111.

Aussage		Richtig/Falsch
a)	Die gesamten Istleistungen der Periode ergeben sich als Summe aus Umsatzerlösen und Lagerbestandszunahmen der Periode.	Richtig
	Vgl. Lehrbuch Abschnitt II.F.	
b)	Das Gesamt- und Umsatzkostenverfahren unterscheiden sich im Hinblick auf das der Rechnung zugrunde liegende Mengengerüst dadurch, dass im Umsatzkostenverfahren nur die abgesetzte Menge berücksichtigt wird, während das Gesamtkostenverfahren von der Produktionsmenge ausgeht.	Richtig
	Vgl. Lehrbuch Abschnitte II.F.3, II.F.4. und II.F.5.	
c)	Beim Umsatzkostenverfahren werden die gesamten in einer Periode angefallenen Kosten erfaßt.	Falsch
	Es werden nur die Herstellkosten der abgesetzten Produkte sowie die gesamten Verwaltungs- und Vertriebskosten berücksichtigt. Herstellkosten nicht abgesetzter Produkte finden keine Berücksichtigung.	
d)	Ziel der Kostenträgerzeitrechnung ist die Ermittlung der Kosten einer Produkteinheit.	Falsch
	Die Kostenträgerzeitrechnung ist ein anderer Ausdruck für die Erfolgsrechnung und verknüpft die Kosten- mit der Leistungsrechnung. Ihr Ziel ist die Ermittlung des sachzielbezogenen Periodenerfolgs aus der Differenz aller Leistungen und Kosten.	
e)	Bei Anwendung des Gesamtkostenverfahrens ergibt sich das Bruttoergebnis als Differenz aus Umsatzerlösen und Herstellkosten der abgesetzten Produkte.	Falsch
	Verkaufserlöse + Lagerbestandszunahme − Lagerbestandsabnahme − gesamte Primärkosten = Periodenerfolg nach GKV	

f)	Die Kostenträgerstückrechnung kann entweder unter Verwendung des Gesamtkostenverfahrens oder unter Verwendung des Umsatzkostenverfahrens durchgeführt werden.	Falsch
	Nach den hier genannten Verfahren kann die Kostenträgerzeitrechnung, auch Erfolgsrechnung genannt, durchgeführt werden. Diese dient der Ermittlung des sachzielbezogenen Periodenerfolgs aus der Differenz aller Leistungen und Kosten. Bei der Kostenträgerstückrechnung werden die Kosten je Produkteinheit ermittelt, z.B. anhand der Zuschlagskalkulation.	
g)	Die Ermittlung eines sachzielbezogenen Periodenerfolgs ist Ziel der Kostenträgerstückrechnung.	Falsch
	Die Ermittlung eines sachzielbezogenen Periodenerfolgs ist Ziel der Kostenträgerzeitrechnung.	
h)	Bei Anwendung des Gesamtkostenverfahrens können die Herstellkosten eines Produkts problemlos den Erlösen dieses Produkts gegenübergestellt werden.	Falsch
	Dies gilt nur bei Anwendung des Umsatzkostenverfahrens. In der Erfolgsrechnung bei Anwendung des Gesamtkostenverfahrens werden nur die Erlöse und die Bestandsveränderungen, nicht aber die Kosten den unterschiedlichen Produkten und Produktgruppen zugeordnet.	
i)	Nur das Umsatzkostenverfahren erfordert eine Kostenträgerstückrechnung.	Falsch
	Auch das Gesamtkostenverfahren erfordert eine Kostenträgerstückrechnung, da dort Lagerbestandsveränderungen mit Herstellkosten bewertet werden.	

Lösung zu Aufgabe 2.88

Die Aufgabenstellung finden Sie ab Seite 112.

Umsatz (22.500 · 15 + 27.000 · 13,5 + 34.000 · 21)	1.416.000 €
- Herstellkosten des Umsatzes (22.500 · 8,9 + 27.000 · 7,5 + 34.000 · 10,40)	756.350 €
= **Bruttoergebnis**	**659.650 €**
- Verwaltungskosten	164.550 €
- Vertriebskosten	171.300 €
= **kalkulatorisches Betriebsergebnis**	**323.800 €**

Lösung zu Aufgabe 2.89

Die Aufgabenstellung finden Sie ab Seite 112.

zu a)

Umsatzkostenverfahren

a1)

HK des Umsatzes = Umsatz – Bruttoergebnis

Umsatz: $5.000 \cdot 105\,€ + 7.000 \cdot 70\,€ = 1.015.000\,€$

HK des Umsatzes: $1.015.000\,€ - 440.000\,€ = 575.000\,€$

a2)

Herstellkosten je Stück bestimmen mit:

h_M Herstellkosten Mister

h_S Herstellkosten Signor

HK des Umsatzes: $1.000 \cdot 55 + 4.000 \cdot h_M + 7.000 \cdot h_S = 575.000\,€$

Es gilt:

$h_M = 1,5 \cdot h_S$

Einsetzen:

$4.000 \cdot 1,5 \cdot h_S + 7.000 \cdot h_S = 520.000$

$\Leftrightarrow 13.000 \cdot h_S = 520.000$

$\Leftrightarrow h_S = 40\,€/\text{Stück}$

$\Leftrightarrow h_M = 60\,€/\text{Stück}$

zu b)

Gesamtkostenverfahren

<u>Alternative A:</u>

Umsatz + Saldo der Bestandsveränderungen = 1.000.000 €

$\Leftrightarrow$ Saldo der Bestandsveränderungen = Umsatz – 1.000.000 €

= 1.015.000 € – 1.000.000 € = – 15.000 €

$\Leftrightarrow$ Saldo der Bestandsveränderungen = Bestandserhöhungen – Bestandsminderungen
= −15.000

$\rightarrow$ Bestandserhöhung < Bestandsminderung

Einsetzen:

$(x_S - 7.000) \cdot 40 + (4.000 - 5.000) \cdot 55 = -15.000$

$\Leftrightarrow x_S - 7.000 = 1.000$

$\Leftrightarrow x_S = 8.000$ Stück $\rightarrow$ Produktionsmenge des Modells "Signor"

<u>Alternative B:</u>

Umsatz + Saldo der Bestandsveränderungen = 1.000.000 €

$1.015.000 + (x_S - 7.000) \cdot 40 - (5.000 - 4.000) \cdot 55 = 1.000.000$

$\Leftrightarrow (x_S - 7.000) \cdot 40 = 40.000$

$\Leftrightarrow x_S - 7.000 = 1.000$

$\Leftrightarrow x_S = 8.000$ Stück $\rightarrow$ Produktionsmenge des Modells "Signor"

Lösung zu Aufgabe 2.90

Die Aufgabenstellung finden Sie ab Seite 113.

zu a)

Kalkulatorisches Betriebsergebnis nach Gesamtkostenverfahren (GKV):

Umsatz (3.250 · 69 + 4.000 · 89 + 2.750 · 199)	1.127.500 €
+ Bestandserhöhungen ((4.500 – 4.000) · 40,75)	20.375 €
- Bestandsminderungen ((3.250 – 3.000) · 37,50 + (2.750 – 2.500) · 74,30)	27.950 €
- Materialkosten	124.000 €
- Personalkosten (115.000 + 120.000 + 100.250)	335.250 €
- Abschreibungen	117.500 €
- Energiekosten	18.347 €
- Sonstige Kosten	9.169 €
= **kalkulatorisches Betriebsergebnis**	**515.659 €**

zu b)

Unterschiede Gesamtkostenverfahren (GKV) / Umsatzkostenverfahren (UKV):

Mengengerüst

- Das UKV stellt auf die Absatzmenge ab.

- Das GKV stellt auf Absatz- und Produktionsmenge ab.

Kostenausweis:

- Das UKV beruht auf der Kostenträgerrechnung (benötigt die Selbstkosten).
- Das GKV beruht vorrangig auf der Kostenartenrechnung, allerdings ist zusätzlich eine Kostenträgerrechnung notwendig, um Bestandsveränderungen korrekt zu bewerten.

Lösung zu Aufgabe 2.91

Die Aufgabenstellung finden Sie ab Seite 113.

Umsatz (850.000 · 0,9 + 1.200.000 · 0,7 + 640.000 · 1,2)	2.373.000 €
- Absatzherstellkosten (850.000 · 0,5 + 1.000.000 · 0,4 + 200.000 · 0,45 + 640.000 · 0,8)	1.427.000 €
= **Bruttoergebnis**	**946.000 €**
- Verwaltungskosten	275.450 €
- Vertriebskosten	146.550 €
= **kalkulatorisches Betriebsergebnis**	**524.000 €**

Lösung zu Aufgabe 2.92

Die Aufgabenstellung finden Sie ab Seite 114.

zu a)

Umsatzkostenverfahren

Umsatz: $5.500 \cdot 110 + 5.000 \cdot 90 + 1.800 \cdot 130 = 1.289.000$ €

Umsatz	1.289.000 €
- Herstellkosten des Umsatzes (5.500 · 95 + 4.500 · 72 + 500 · 68 + 1.800 · 115)	1.087.500 €
= **Bruttoergebnis**	**201.500 €**
- Verwaltungs- und Vertriebskosten	141.500 €
= **kalkulatorisches Betriebsergebnis**	**60.000 €**

zu b)

Gesamtkostenverfahren

Bestimmung des Materialverbrauchs:

Umsatz (5.500 · 110 + 5.000 · 90 + 1.800 · 130)	1.289.000 €
+ Bestandserhöhungen ((2.000 − 1.800) · 115)	23.000 €
- Bestandsminderungen ((5.000 − 4.500) · 68)	34.000 €
- Materialkosten	**X**
- Personalkosten	410.000 €
- Abschreibungen	120.000 €
- Kapitalkosten	30.000 €
- Sonstige Kosten	25.000 €
= **kalkulatorisches Betriebsergebnis (gemäß Umsatzkostenverfahren)**	**60.000 €**

Die Materialkosten betragen folglich:

1.289.000 + 23.000 − 34.000 − X − 410.000 − 120.000 − 30.000 − 25.000 = 60.000

X = 633.000 €

Lösung zu Aufgabe 2.93

Die Aufgabenstellung finden Sie ab Seite 115.

zu a)

Umsatzkostenverfahren

Umsatz (1.200 · 500 + 400 · 1.000)	1.000.000 €
- Herstellkosten der abgesetzten Güter (1.000 · 300 + 200 · 320 + 400 ·700)	644.000 €
- Verwaltungskosten	100.000 €
- Vertriebskosten	80.000 €
= **kalkulatorisches Betriebsergebnis**	**176.000 €**

zu b)

Gesamtkostenverfahren

Umsatz	1.000.000 €
+ Lagerbestandszunahmen bewertet zu HK (100 · 700)	70.000 €
- Lagerbestandsabnahmen (200 · 320)	64.000 €
- Gesamte primäre Kosten der Periode (350.000 + 300.000 + 50.000 + 80.000 + 50.000)	830.000 €
= **kalkulatorisches Betriebsergebnis**	**176.000 €**

zu c)

Die beiden Verfahren führen immer zum gleichen Ergebnis, sofern die Prämissen gleich sind. Eine mögliche Prämisse, die sich unterscheiden könnte, wäre z.B. die unterschiedliche Bewertung der Lagerbestände in den beiden Verfahren.

Lösung zu Aufgabe 2.94

Die Aufgabenstellung finden Sie ab Seite 115.

zu a)

Gesamtkostenverfahren	Vergleich	Umsatzkostenverfahren
(Verkaufs-)Erlöse der Periode	entsprechen sich	(Verkaufs-)Erlöse der Periode
+ Lagerbestandszunahme an unfertigen und fertigen Erzeugnissen der Periode, bewertet mit Herstellkosten	in UKV nicht enthalten; Ausgleich mit den gesamten primären Kosten der Periode	- Herstellkosten der abgesetzten Produkte einer Periode - Verwaltungs- und Vertriebskosten der Periode
- Lagerbestandsabnahme an unfertigen und fertigen Erzeugnissen der Periode, bewertet mit Herstellkosten	bei UKV in HK der abgesetzten Produkte enthalten	
- gesamte primäre Kosten der Periode	Die primären Kosten, die für die abgesetzten Produkte angefallen sind, sind in deren Selbstkosten enthalten. Rest: Ausgleich mit Lagerbestandszunahme	
= kalkulatorisches Betriebsergebnis der Periode	entsprechen sich	= kalkulatorisches Betriebsergebnis der Periode

zu b)

Gesamtkostenverfahren

Umsatz (35.000 · 25 + 27.500 · 28,50 + 20.000 · 35.50)	2.368.750 €
+ Bestandserhöhungen ((28.000 – 27.500) · 13,35)	6.675 €
- Bestandsminderungen ((35.000 – 32.000) · 15,50)	46.500 €
- Materialkosten	194.000 €
- Personalkosten (437.200 + 267.000 + 151.000)	855.200 €
- Abschreibungen	252.375 €
- Energiekosten	9.363 €
- Sonstiges	147.442 €
= **kalkulatorisches Betriebsergebnis**	**870.545 €**

zu c)

Umsatzkostenverfahren

Umsatz (35.000 · 25 + 27.500 · 28,50 + 20.000 · 35.50)	2.368.750 €
- Herstellkosten des Umsatzes (der abgesetzten Produkte) (32.000 · 15,75 + 3.000 · 15,50 + 27.500 · 13,35 + 20.000 · 22,40)	1.365.625 €
= **Bruttoergebnis**	**1.003.125 €**
- Verwaltungskosten	99.435 €
- Vertriebskosten	33.145 €
= **kalkulatorisches Betriebsergebnis**	**870.545 €**

Lösung zu Aufgabe 2.95

Die Aufgabenstellung finden Sie ab Seite 117.

zu a)

Ermittlung der Materialeinzelkosten:

Berechnungsregel: „Multiplikation der benötigten Rohstoffe mit ihrem Preis“

Produkt 1:

$$3 \cdot 6,5 + 4 \cdot 3,6 + 1,2 \cdot 11,2 + 0,1 \cdot 0,6 = 47,40 €/\text{ME}$$

Produkt 2:

$$3 \cdot 6,5 + 1 \cdot 3,6 + 5,2 \cdot 11,2 + 0,15 \cdot 0,6 = 81,43 €/\text{ME}$$

Ermittlung der Fertigungseinzelkosten:

Berechnungsregel: „Multiplikation der benötigten Arbeiter mit der dafür benötigten Arbeitszeit"
Achtung: Die variablen Lohnkosten müssen auf Minutenbasis gebracht werden.

Produkt 1:

$1 \cdot 2 \cdot \frac{21{,}5}{60} + 1 \cdot 2 \cdot \frac{31}{60} = 1{,}75\,€/\text{ME}$

Produkt 2:

$3 \cdot 1{,}2 \cdot \frac{21{,}5}{60} + 1 \cdot 1{,}2 \cdot \frac{31}{60} = 1{,}91\,€/\text{ME}$

zu b)

Gebäudekosten:

Verrechnungssatz pro m^2:

$$\frac{31.000 \text{ Gebäudekosten in } €}{5.000 \text{ Gesamtfläche in } m^2} = 6{,}20\,€/\text{ME}$$

Verrechnungsbeispiel KS 1 - Werkstatt:

$300\text{m}^2 \cdot 6{,}20\,€/\text{m}^2 = 1.860{,}00\,€$

Heizkosten:

Verrechnungssatz pro m^2:

$$\frac{6.000 \text{ Heizkosten in } €}{20.000 \text{ Gesamtfläche in } m^2} = 0{,}30\,€/\text{m}^2$$

Verrechnungsbeispiel KS 1 - Werkstatt:

$900 \text{ m}^2 \cdot 0{,}30\,€/\text{m}^2 = 270{,}00\,€$

Betriebsabrechnungsbogen			**Kostenstellen**						
(Ist-Vollkostenrechnung)			Servicebereich			Fertigungsbereich		Allg. Bereich	
			Werkstatt	Kraftwerk	Transport	Fertigung	Materiallager	Verwaltungsstelle	Vertriebsstelle
Kostenarten	Betrag	Schlüsselgröße	KS 1	KS 2	KS 3	KS 4	KS 5	KS 6	KS 7
Personalkosten	79.800		3.500	11.100	4.200	21.000	6.500	22.500	11.000
kalk. Abschreibungskosten	81.500		1.200	3.200	2.100	39.000	11.000	14.000	11.000
Fremdreparaturkosten	2.500		0	0	0	2.500	0	0	0
Gebäudekosten	31.000		1.860	2.480	1.240	12.400	7.440	4.340	1.240
ME Schlüsselgröße	5.000	Fläche in m^2	300	400	200	2.000	1.200	700	200
Heizkosten	6.000		270	360	150	2.160	2.400	525	135
ME Schlüsselgröße	20.000	Raum in m^2	900	1.200	500	7.200	8.000	1.750	450
sonstige primäre GK	49.400		4.500	5.500	3.700	21.000	4.500	5.000	5.200
Summe primäre GK	**250.200**		11.330	22.640	11.390	98.060	31.840	46.365	28.575

Alle Angaben in Euro [€].

zu c)

Sekundärkostenrechnung:

1. Schritt: Verrechnungspreise der 3 Hilfskostenstellen berechnen mit Hilfe des Gleichungsverfahrens.

Die Gesamtkosten der Hilfskostenstellen (KS 1,2,3) ergeben sich aus der Summe ihrer primären und sekundären Kosten und entsprechen der bewerteten Gesamtleistung der jeweiligen Hilfskostenstelle.

I. KS 1: $115 \cdot q_1 = 11.330 + 33.960 \cdot q_2 + 4,52 \cdot q_3$

II. KS 2: $566.000 \cdot q_2 = 22.640 + 62.260 \cdot q_2$

III. KS 3: $113 \cdot q_3 = 11.390 + 13,80 \cdot q_1 + 73.580 \cdot q_2$

Gleichungssystem auflösen:

aus II.: $503.740 \cdot q_2 = 22.640 \rightarrow q_2 = 0,4494382$

II. in I. einsetzen und umformen ergibt:

Ia.: $q_1 = 111,7938447 + 0,039304347 \cdot q_3$

II. in III. einsetzen und umformen ergibt:

IIIa.: $q_1 = 8,188405797 \cdot q_3 - 1.064,997557$

aus Ia. = IIIa.:

$$q_1 = 117,4696874$$
$$q_3 = 144,4075043$$

Die Verrechnungspreise betragen also:

$$q_1 = 117,4697$$
$$q_2 = 0,04494$$
$$q_3 = 144,4075$$

2. Schritt: Endkosten der Hauptkostenstellen durch Verteilung der Gesamtkosten der Hilfskostenstellen

Verrechnungsbeispiel: $13,8 \cdot q_1 = 13,8 \cdot 117,4696874 = 1.621,08$ (von KS 1 auf KS 3)

Betriebsabrechnungsbogen (Ist-Vollkostenrechnung)			**Kostenstellen**						
			Servicebereich			Fertigungsbereich		Allg. Bereich	
			Werkstatt	Kraftwerk	Transport	Fertigung	Material-lager	Verwal-tungsstelle	Vertriebs-stelle
Kostenarten	Betrag	Schlüssel-größe	KS 1	KS 2	KS 3	KS 4	KS 5	KS 6	KS 7
Summe primäre GK	250.200,00		11.330,00	22.640,00	11.390,00	98.060,00	31.840,00	46.365,00	28.575,00
Sekundärkosten-rechnung									
Umlage KS 1			-	-	1.621,08	9.051,04	2.836,89	-	-
Umlage KS 2			1.526,29	2.798,20	3.306,97	11.447,19	2.035,06	3.052,58	1.271,91
Umlage KS 3			652,72	-	-	3.589,97	10.117,19	-	1.958,17
Gesamtkosten	305.465,26		13.509,01	25.438,20	16.318,05	122.148,20	46.829,14	49.417,58	31.805,08
Entlastung	-55.265,26		-13.509,01	-25.438,20	-16.318,05	-	-	-	-
Endkosten	250.200,00		-	-	-	122.148,20	46.829,14	49.417,58	31.805,08

Alle Angaben in Euro [€].

zu d)

Ermittlung der Zuschlagsbasen für die Fertigungs- und Materialgemeinkosten:

In der Teilaufgabe a) wurden die Einzelkosten der jeweiligen Produkte bereits berechnet:

$\text{FEK} = 1.900 \cdot 1,75 + 4.500 \cdot 1,91 = 11.920\,€$

Zuschlagssatz für die Fertigungsgemeinkosten:

$$\frac{\text{Endkosten}}{\text{Zuschlagsbasis}} = \frac{122.148,20}{11.920,00} = 1.024,733\%$$

$\text{MEK} = 1.900 \cdot 47,4 + 4.500 \cdot 81,43 = 456.495\,€$

Zuschlagssatz für die Materialgemeinkosten:

$$\frac{\text{Endkosten}}{\text{Zuschlagsbasis}} = \frac{46.829,14}{456.495,00} = 10,258\%$$

Nun werden die Herstellkosten des Umsatzes als Zuschlagsbasis für die Verwaltung und den Vertrieb berechnet. Dazu werden zunächst die Herstellkosten der Produkte 1 und 2 ermittelt:

Herstellkosten:

	Produkt 1	Produkt 2
MEK	47,40	81,43
MGK (10,258%)	4,86	8,35
MK (1)	52,26	89,78
FEK	1,75	1,91
FGK (1.024,733%)	17,93	19,57
FK (2)	19,68	21,48
HK = (1) + (2)	71,94	111,26

Alle Angaben in Euro [€].

Herstellkosten der abgesetzten Mengen:

$\rightarrow 1.800 \cdot 71,94 + 4.100 \cdot 111,26 = 585,658\,€$

Zuschlagssatz für die Verwaltungsstelle:

$$\frac{\text{Endkosten}}{\text{Zuschlagsbasis}} = \frac{49.417,58}{585.658} = 8,438\%$$

Zuschlagssatz für die Vertriebsstelle:

$$\frac{\text{Endkosten}}{\text{Zuschlagsbasis}} = \frac{31.805,08}{585.658} = 5,430\%$$

Bewertung der Vorgehensweise:

Basis unserer Verrechnung sind die Einzelkosten.

Materialeinzelkosten:

Kosten für Lagerraum und für Lagerpersonal sind eher unabhängig vom Materialwert. Es gibt keinen unbedingten ursächlichen Zusammenhang zwischen dem Wert eines Produktes und den Kosten für dessen Lagerung.

Fertigungseinzelkosten:

Fertigungslöhne müssen nicht proportional zur Bearbeitungszeit der Kostenträger an gemeinkostentreibenden Maschinen sein.

Beispiel: Ein Produkt kann lohnintensiv sein → Fertigungseinzelkosten des Produktes sind sehr hoch, jedoch beansprucht das Produkt kaum Bearbeitungszeit an Maschinen.

Vertrieb- und Verwaltungskosten:

Beanspruchen „teure“ Produkte die Buchhaltung stärker? Also braucht ein Produkt mit hohen Herstellkosten wirklich mehr Aufwand in der Buchhaltung, sprich in der Buchführung? Die Argumentation ist nicht unbedingt schlüssig.

Fazit:

Bei der Zurechnung von Gemeinkosten auf Basis von Einzelkosten handelt es sich um eine Zurechnung, die nicht unbedingt zu einer genauen Verrechnung führt.

Betriebsabrechnungsbogen (Ist-Vollkostenrechnung)			**Kostenstellen**						
			Servicebereich			Fertigungsbereich		Allg. Bereich	
			Werkstatt	Kraftwerk	Transport	Fertigung	Material-lager	Verwal-tungsstelle	Vertriebs-stelle
Kostenarten	Betrag	Schlüssel-größe	KS 1	KS 2	KS 3	KS 4	KS 5	KS 6	KS 7
...									
Gesamtkosten	305.465,26		13.509,01	25.438,20	16.318,05	122.148,20	46.829,14	49.417,58	31.805,08
Entlastung	-55.265,26		-13.509,01	-25.438,20	-16.318,05	-	-	-	-
Endkosten	250.200,00		-	-	-	122.148,20	46.829,14	49.417,58	31.805,08
Zuschlagsbasis						11.920,00	456.495,00	585.658,00	585.658,00
Zuschlagssatz						1.024,733%	10,258%	8,438%	5,430%

Alle Angaben in Euro [€].

zu e)

Bei der Berechnung der Selbstkosten der beiden Produkte kann auf den bereits berechneten Herstellkosten aufgebaut werden. Auf dem Weg zu den Selbstkosten müssen nur noch die Kosten für die Verwaltung und den Vertrieb aufgeschlagen werden:

	Produkt 1	Produkt 2
Herstellkosten [€]	71,94	111,26
+ Verwaltungs-GK (8,438%)	6,07	9,39
+ Vertriebs-GK (5,430%)	3,91	6,04
= **Selbstkosten [€]**	**81,92**	**126,69**

zu f)

Um den Periodenerfolg des Unternehmens zu berechnen, sind zwei Verfahren bekannt:

Gesamtkostenverfahren:

Erlöse	678.100,00
+ Lagerzunahme [€]	51.698,00
– Summe primärer Kosten [€]	718.615,00
= **Kalkulatorisches Betriebsergebnis [€]**	**11.183,00**

Ermittlung des Wertes der Lagerbestandszunahme:

$100 \cdot 71,94 + 400 \cdot 111,26 = 51.689$

Ermittlung der Summe der primären Kosten:

$= \text{primäre Gemeinkosten} + \text{Einzelkosten}$
$= 250.200 + 468.415 = 718.615\,€$

Umsatzkostenverfahren:

Erlöse [€]	678.100,00
– HK abgesetzter Produkte [€]	585.658,00
– Verwaltungskosten [€]	49.417,58
– Vertriebskosten [€]	31.805,08
= **Kalkulatorisches Betriebsergebnis [€]**	**11.219,34**

Die unterschiedlichen Ergebnisse resultieren aus Rundungsdifferenzen. Mit exakten Ergebnissen berechnet (bspw. in Excel) sind die Ergebnisse identisch.

Lösung zu Aufgabe 2.96

Die Aufgabenstellung finden Sie ab Seite 120.

zu a)

$$(1.500 - X_{\text{Stuhl}}) \cdot 30 = 12.000$$
$$X_{\text{Stuhl}} = 1.100$$

zu b)

$$500 \cdot HK_{\text{Tisch}} + 1.100 \cdot 30 = 100.000$$
$$HK_{\text{Tisch}} = 134\,€$$

zu c)

$$100.000 + 50.000 + 12.000 = 162.000\,€$$

4.3 Einführung in die Plankosten- und Planleistungsrechnung

4.3.1 Normalkostenrechnung

Lösung zu Aufgabe 3.1

Die Aufgabenstellung finden Sie ab Seite 123.

Aussage		Richtig/Falsch
a)	Die Normalkostenrechnung ist zukunftsorientiert und rechnet mit normalisierten Werten.	Falsch
	Die Normalkostenrechnung ist vergangenheitsorientiert, denn als Normalkosten werden „Durchschnittswerte aus einer größeren Anzahl von Istkostenbeträgen vergangener Abrechnungszeiträume" bezeichnet.	
b)	Als Vorteile der Normalkostenrechnung können Schnelligkeit, Glättung und gute Eignung für Kontrolle und Planung genannt werden.	Falsch
	Für Planungsaufgaben eignet sich die Normalkostenrechnung wenig. Genau wie die Istkostenrechnung wird die Normalkostenrechnung von den Verhältnissen in der Vergangenheit geprägt und gibt folglich die künftigen Kosten nur dann richtig an, wenn die reale Entwicklung in der Zukunft ähnlich abläuft wie in der Vergangenheit. Das gleiche Problem ergibt sich für Normalkosten als Sollgrößen.	
c)	Wird die innerbetriebliche Leistungsverrechnung auf Basis normalisierter Kosten durchgeführt, findet immer eine vollständige Überwälzung der Kosten der Hilfskostenstellen auf die Hauptkostenstellen statt.	Falsch
	Dies ist nur der Fall, falls die normalisierten Verrechnungssätze den Ist-Verrechnungssätzen entsprechen. In der Regel treten aber Abweichungen auf. Die mit positiven Vorzeichen versehenen Überdeckungen geben an, dass die entsprechenden Hilfskostenstellen stärker entlastet als belastet wurden (Gesamtkosten $<$ Entlastung). Für die Unterdeckung verhält es sich genau umgekehrt.	

<table>
<tr><td rowspan="2">d)</td><td>Die Verwendung normalisierter, historischer Zuschlagssätze zur Durchführung einer normalisierten Kostenträgerstückrechnung ist im Vergleich zur Verwendung von Zuschlagssätzen, die auf den Ergebnissen der in der aktuellen Periode durchgeführten normalisierten Sekundärkostenrechnung basieren, mit dem Vorteil verbunden, ein Produkt bereits während der aktuellen Periode kalkulieren zu können.</td><td>Richtig</td></tr>
<tr><td colspan="2">Sekundärkostenrechnung mithilfe von festen, normalisierten Verrechnungssätzen $\bar{q} = \frac{\bar{K}}{b}$ bedeutet, dass die Überwälzung der Gemeinkosten schon während einer Periode vorgenommen werden kann. Allerdings lassen sich erst nach Abschluss einer Periode die Endkosten der Hauptkostenstellen ermitteln. Mit der Kostenträgerstückrechnung (Selbstkostenstückrechnung) muss dann bis zum Ende der Periode gewartet werden. Um das zu vermeiden, können feste, normalisierte Zuchlagssätze verwendet werden, um damit die Gemeinkosten der Hauptkostenstellen auf die Kostenträger zu überwälzen. (Vgl. Lehrbuch Abschnitt III.A.)</td></tr>
<tr><td rowspan="2">e)</td><td>Die Verwendung normalisierter Preise erleichtert die Bewertung des Verbrauchs von Roh-, Hilfs- und Betriebsstoffen erheblich.</td><td>Richtig</td></tr>
<tr><td colspan="2">Die Erleichterung ergibt sich dadurch, dass in der ganzen Periode mit einem festen Preis pro Roh-, Hilfs- oder Betriebsstoff gerechnet werden kann. Es ist keine Neuberechnung durchzuführen, falls neue Bestände mit anderen Preisen ins Lager eingehen. Es ist damit auch keine Rücksicht auf eine fiktive Verbrauchsfolge zu nehmen.</td></tr>
<tr><td rowspan="2">f)</td><td>In der Normalkostenrechnung ist die Summe der primären Kosten aller Kostenstellen stets identisch mit der Summe der Endkosten der Hauptkostenstellen.</td><td>Falsch</td></tr>
<tr><td colspan="2">Bei der Normalkostenrechnung kommt es nur in Ausnahmefällen zu dieser Übereinstimmung, da mit festen, normalisierten Verrechnungssätzen gearbeitet wird.</td></tr>
<tr><td rowspan="2">g)</td><td>Die Normalkostenrechnung ist eine Vorstufe der Plankostenrechnung.</td><td>Richtig</td></tr>
<tr><td colspan="2">Die Normalkostenrechnung verwendet Durchschnitte von Istwerte vergangener Perioden. Solche Durchschnittswerte sind häufig repräsentativ für die Zukunft. Folglich ist die Normalkostenrechnung eine Vorstufe der Plankostenrechnung.</td></tr>
</table>

Lösung zu Aufgabe 3.2

Die Aufgabenstellung finden Sie ab Seite 124.

zu a)

Berechnung der normalisierten Verrechnungspreise $\bar{q}$ für innerbetriebliche Güter:

$$\bar{q} = \frac{\text{durchschnittliche Gemeinkosten } (\bar{K})}{\text{durchschnittliche Bezugsgrößenmenge } (\bar{b})} = \frac{\sum \text{Gemeinkosten}}{\sum \text{Bezugsgrößenmenge}}$$

$$\bar{q}_1 = \frac{2.400 + 2.100 + 2.050 + 2.090 + 1.785}{8.000 + 7.500 + 8.200 + 9.500 + 8.500} = \frac{10.425}{41.700} = 0,25\,€/\text{kWh}$$

$$\bar{q}_2 = \frac{11.544 + 13.815 + 15.385 + 14.280 + 13.488}{96.200 + 92.100 + 90.500 + 89.250 + 89.920} = \frac{68.512}{457.970} = 0,15\,€/\text{Transportmeter}$$

$$\bar{q}_3 = \frac{22.479 + 26.250 + 24.766 + 29.700 + 27.492}{762 + 840 + 812 + 880 + 790} = \frac{130.687}{4.084} = 32,00\,€/\text{Bauteil}$$

zu b)

Innerbetriebliche Leistungsverrechnung mit normalisierten Verrechnungspreisen:

	KS 1 Kraftwerk	KS 2 Transport	KS 3 Bauteile	KS 4 Material	KS 5 Fertigung
Summe primäre Gemeinkosten	1.748	13.105	21.829	52.861	65.171
KS 1 – Kraftwerk	-1.900	+300	+365	+635	+600
KS 2 – Transport	-	-13.509	+5.118	+3.828	+4.563
KS 3 – Bauteile	-	-	-26.368	+11.808	+14.560
Gesamtkosten (bzw. Endkosten bei den HaKo)	1.748	13.405	27.312	69.132	84.894
anderen Stellen zugerechnete Kosten (Summe der Entlastungen)	1.900	13.509	26.368	-	-
Über-/Unterdeckung (Differenz aus zugerechneten Kosten und Gesamtkosten)	+152	+104	-944	-	-

Alle Angaben in Euro [€].

zu c)

Ermitteln der Selbstkosten des Absatzproduktes:

Zunächst berechnen der (normalisierten) Zuschlagssätze:

	KS 4 Material	KS 5 Fertigung	Kostenstelle V&V
Durchschnittliche Gemeinkosten (Endkosten)	69.132	84.894	42.270
Durchschnittliche Zuschlagsgrundlage	124.000	172.500	450.526[1)]
Normalisierter Zuschlagssatz	55,752%	49,214%	9,382%

Alle Angaben in Euro [€].

[1]) Ermittlung der Herstellkosten:

Herstellkosten = Materialeinzelkosten + Materialgemeinkosten
+ Fertigungseinzelkosten + Fertigungsgemeinkosten

Herstellkosten = 124.000 + 69.132 + 172.500 + 84.894 = 450.526 €

	Absatzprodukt
Materialeinzelkosten	4,00 €
+ Materialgemeinkosten (55,752% auf MEK)	2,23 €
= **Materialkosten**	**6,23 €**
Fertigungseinzelkosten	5,60 €
+ Fertigungsgemeinkosten (49,214% auf FEK)	2,756 €
= **Fertigungskosten**	**8,356 €**
Herstellkosten	**14,586 €**
+ Verwaltung- und Vertriebsgemeinkosten (9,382% auf Herstellkosten)	1,368 €
= **Selbstkosten**	**15,954 €**

Die Selbstkosten des Absatzproduktes betragen 15,95 Euro.

Lösung zu Aufgabe 3.3

Die Aufgabenstellung finden Sie ab Seite 127.

zu a)

$25 \cdot q_1 = 192 + 10 \cdot q_1 + 12 \cdot q_2$

$q_2 = 1,25 \cdot q_1 - 16$

$60 \cdot q_2 = 720 + 5 \cdot q_1$

$75 \cdot q_1 - 960 = 720 + 5 \cdot q_1$

$q_1 = 24$ €/LE

$q_2 = 14$ €/LE

zu b)

$x_{11} = 10 \rightarrow 10 \cdot \bar{q}_1 = 250 \rightarrow \bar{q}_1 = 25$

$x_{21} = 12 \rightarrow 12 \cdot \bar{q}_2 = 144 \rightarrow \bar{q}_2 = 12$

zu c)

c1)

Summe der primären Gemeinkosten der HiKos = 192 + 720 = 912 €

Summe der Belastungen der HaKo = 250 + 576 = 826 €

Zu geringe Belastung = 912 € – 826 € = 86 €

c2)

Die Stückkosten werden c.p. zu gering sein, da nicht alle Kosten auf die Hauptkostenstelle und damit auf die Produkte überwälzt wurden.

Lösung zu Aufgabe 3.4

Die Aufgabenstellung finden Sie ab Seite 128.

zu a)

$$\begin{aligned} \text{Überdeckung/Unterdeckung} &= \text{Entlastungen} - \text{Gesamtkosten} \\ +100 &= 5.000\,€ - GK_2 \\ GK_2 &= 4.900\,€ \end{aligned}$$

Primäre Kosten der KS 2 ermitteln:

$PK_2 = 4.900 - 3.600 = 1.300\,€$

zu b)

Gesamtkosten der KS 3 ermitteln:

Sekundäre Kosten der KS 4 für Inanspruchnahme von Leistungen der KS 3 ermitteln:

$SK_4 = 7.750\,€ = 1,5 \cdot 3.500 + 0,4 \cdot 5.000 + 0,2 \cdot \text{Gesamtentlastung KS 3}$

$$\Leftrightarrow 7.750 = 7.250 + 0,2 \cdot \text{Gesamtentlastung KS 3}$$

$$\Leftrightarrow \text{Gesamtentlastung KS 3} = \frac{500}{0,2} = 2.500\,€$$

Gesamtkosten ermitteln:

$$\begin{aligned} \text{Über-/Unterdeckung KS 3} = 0 &\rightarrow \text{Gesamtkosten} = \text{Entlastungen} \\ &\rightarrow \text{Gesamtkosten} = 2.500\,€ \end{aligned}$$

zu c)

Primäre Kosten der KS 1 ermitteln:

Ansatz allgemein: $\sum_{i=1}^{3} PK_i = SK_4 - \sum_{i=1}^{3} \text{Überdeckung}_i - \sum_{i=1}^{3} \text{Unterdeckung}_i$

Überdeckung KS 2 = 100 €

Unterdeckung KS 1 = – 250 €

$\rightarrow \text{PK}_1 + 1.300 + 550 = 7.750 - 100 + 250$
$\Leftrightarrow \text{PK}_1 + 1.850 = 7.900$
$\Leftrightarrow \text{PK}_1 = 6.050\,€ \;\rightarrow$ Primäre Kosten der KS 1

Lösung zu Aufgabe 3.5

Die Aufgabenstellung finden Sie ab Seite 129.

zu a)

Feste, normalisierte Verrechnungspreise $\bar{q}$ für innerbetriebliche Güter berechnen:

$$\bar{q}_1 = \frac{4.680}{780} = 6\,€/\text{LE}$$

$$\bar{q}_2 = \frac{6.372}{11.800} = 0,54\,€/\text{LE}$$

zu b)

Normalkostenrechnung durchführen:

	KS 1	KS 2	KS 3	KS 4	KS 5
Summe primäre Gemeinkosten	2.947	5.373	3.485	5.766	1.250
KS 1	-4.860	+ 900[1)]	+ 2.580	+ 1.200	+ 180
KS 2	+ 1.890[2)]	- 6.264	+ 1.512	+ 2.700	+ 162
Gesamtkosten	4.837	6.273	7.577	9.666	1.592
Summe der Entlastungen	4.860	6.264	-	-	-
Über-/Unterdeckung	23[3)] Überdeckung	-9 Unterdeckung	-	-	-

Alle Angaben in Euro [€]

Beispiele für die Berechnung:

1) $900 = 150 \cdot 6$

2) $1.890 = 3.500 \cdot 0,54$

3) $23 = 4.860 - 4.837$

zu c)

normalisierte Zuschlagssätze der Hauptkostenstellen:

	Kostenstelle Material	Kostenstelle Fertigung	Kostenstelle V&V
Durchschnittliche Gemeinkosten (Endkosten)	9.500 €	7.800 €	1.558 €
Durchschnittliche Zuschlagsgrundlage	19.000 €	26.000 €	62.300 €
Normalisierter Zuschlagssatz	50%	30%	2,5%

Kostenträger kalkulieren:

	Produkt A
Materialeinzelkosten (MEK)	10 €
+ Materialgemeinkosten (50% auf MEK)	5 €
= **Materialkosten**	**15 €**
Fertigungseinzelkosten	15 €
+ Fertigungsgemeinkosten (30% auf FEK)	4,50 €
= **Fertigungskosten**	**19,50 €**
Herstellkosten	**34,50 €**
+ Verwaltung- und Vertriebsgemeinkosten (2,5% auf HK)	0,8625 €
= **Selbstkosten**	**35,3625 €**

Die Selbstkosten des Absatzproduktes A betragen 35,36 Euro.

4.3.2 Plankosten- und Planleistungsrechnung

4.3.2.1 Starre Plankostenrechnung

Lösung zu Aufgabe 3.6

Die Aufgabenstellung finden Sie ab Seite 131.

Aussage		Richtig/Falsch
a)	Das interne Rechnungswesen befasst sich mit der Beurteilung des mengen- und wertmäßigen Güterverzehrs zum Zweck der Leistungserstellung.	Richtig
	Vgl. Lehrbuch Abschnitt I.C.	
b)	In der starren Plankostenrechnung werden deterministische Zusammenhänge unterstellt.	Richtig
	Die Plankosten werden auf der Basis bestimmter, fest vorgegebener Kosteneinflussgrößen wie zum Beispiel Beschäftigungsgrad, Qualität etc. ermittelt. Eine Trennung in variable und fixe Kosten erfolgt nicht.	
c)	Eine starre Plankostenrechnung ist mit dem Nachteil verbunden, dass keine differenzierte Abweichungsanalyse durchgeführt werden kann.	Richtig
	Da in diesem Verfahren die Plankosten nicht auf die Istbeschäftigung umgerechnet werden, ist ihre Aussagefähigkeit sehr gering und somit keine wirksame Kostenkontrolle möglich.	
d)	Die starre Plankostenrechnung auf Vollkostenbasis ist zur Planung des Produktionsprogramms ungeeignet, weil alternative Beschäftigungen nicht analysiert werden können.	Richtig
	Eine Anpassung der Beschäftigung an die tatsächlich eingetretene Istbeschäftigung erfolgt im Rahmen der starren Plankostenrechnung nicht. Alternative Beschäftigungen können daher nicht analysiert werden.	
e)	Eine starre Plankostenrechnung geht von einer fest vorgegebenen Planbeschäftigung aus.	Richtig
	Eine starre Plankostenrechnung geht von einer fest vorgegebenen Planbeschäftigung aus. Bei einer flexiblen Plankostenrechnung ist die Beschäftigung dagegen variabel.	
f)	Die starre Plankostenrechnung sollte immer sowohl auf Vollkostenbasis als auch auf Teilkostenbasis durchgeführt werden.	Falsch
	Die starre Plankostenrechnung arbeitet stets mit Vollkosten.	

Lösung zu Aufgabe 3.7

Die Aufgabenstellung finden Sie ab Seite 131.

zu a)

Einzelkosten sind:

Geldakkord von 2 €/ME_A und 3 €/ME_B → Fertigungseinzelkosten

Materialkosten von 4 €/ME_A und 3 €/ME_B → Materialeinzelkosten

zu b)

siehe Betriebsabrechnungsbogen-Formular

[1] 270.000 € von 480.000 € sind Einzelkosten → Gemeinkosten = 210.000 €

[2] Materialkosten des Materials sind Materialeinzelkosten → keine Materialgemeinkosten in KS 3.

zu c)

Analyse der Leistungsstrukturen

Da nur „vorwärts" gerichtete Leistungsverflechtungen existieren, führen das Gleichungsverfahren und das Stufenleiterverfahren zu exakten Ergebnissen.

zu d)

Durchführung der Sekundärkostenrechnung

Kantine:

$$75.000\,€ + 0 = (1.000 \text{ ME} + 2.000 \text{ ME} + 6.000 \text{ ME} + 1.000 \text{ ME}) \cdot q_1$$

$$\rightarrow q_1 = \frac{75.000\,€}{10.000 \text{ ME}} = 7,50\,€/\text{ME}$$

Instandhaltung:

$$267.000\,€ + 1.000\,€ \cdot 7,50\,€/\text{ ME} = (750 \text{ ME} + 15.000 \text{ ME} + 250 \text{ ME}) \cdot q_2$$

$$\rightarrow q_2 = \frac{274.500\,€}{16.000 \text{ ME}} = 17,15625\,€/\text{ME} = 17,16\,€/\text{ME}$$

[3] und [4]:

→ Umlage Kantine:

auf Instandhaltung (KS 2): 1.000 ME · 7,50 €/ME = 7.500 €

auf Material (KS 3): 2.000 · 7,50 = 15.000 €

auf Fertigung (KS 4): 6.000 · 7,50 = 45.000 €

auf V&V (KS 5): $1.000 \cdot 7,50 = 7.500$ €

→ Umlage Instandhaltung:

insgesamt umzulegen: $267.000 + 7.500 = 274.500$ €

auf Material (KS 3): $750 \cdot 17,15625 = 12.867,19$ €

auf Fertigung (KS 4): $15.000 \cdot 17,15625 = 257.343,75$ €

auf V&V (KS 5): $250 \cdot 17,15625 = 4.289,06$ €

zu e)

Zuschlagsbasen ermitteln:

5) für MGK: Materialeinzelkosten = 390.000 € (siehe Aufgabenstellung)

→ Zuschlagssatz = 278.867,19 €/390.000 € = 71,50%

6) für maschinenunabhängige FGK: Fertigungseinzelkosten (Geldakkordlohn) = 270.000 € (siehe Aufgabenstellung)

→ Zuschlagssatz = 566.171,88 €/270.000 € = 209,69%

7) für maschinenabhängige FGK: Fertigungsminuten gesamt = 216.000 Min.

→ Zuschlagssatz = 566.171,88 €/216.000 Min. = 2,62 €/Min.

8) für V&V Kosten: Herstellkosten gesamt

$$= \underbrace{390.000\,€}_{\text{MEK}} + \underbrace{278.867,19\,€}_{\text{MGK}} + \underbrace{270.000\,€}_{\text{FEK}} + \underbrace{1.132.343,75\,€}_{\text{FGK abhängig+unabhängig}} = 2.071.210,94\,€$$

→ Zuschlagssatz = 766.789,06 €/2.071.210,94 € = 37,02%

<table>
<tr><th colspan="2" rowspan="2">Gemeinkosten</th><th colspan="6">Kostenstellen</th></tr>
<tr><th>KS 1 Kantine</th><th>KS 2 Instand-haltung</th><th>KS 3 Material</th><th colspan="2">KS 4 Fertigung</th><th>KS 5 V&V</th></tr>
<tr><td>1</td><td>Löhne & Gehälter</td><td>40.000</td><td>110.000</td><td>156.000</td><td colspan="2">210.000[1)]</td><td>500.000</td></tr>
<tr><td>2</td><td>Material</td><td>20.000</td><td>112.000</td><td>-[2)]</td><td colspan="2">-</td><td>60.000</td></tr>
<tr><td>3</td><td>Abschreibungen</td><td>5.000</td><td>20.000</td><td>25.000</td><td colspan="2">545.000</td><td>45.000</td></tr>
<tr><td>4</td><td>Sonstiges</td><td>10.000</td><td>25.000</td><td>70.000</td><td colspan="2">75.000</td><td>150.000</td></tr>
<tr><td>5</td><td>Summe Gemeinkosten</td><td>75.000</td><td>267.000</td><td>251.000</td><td colspan="2">830.000</td><td>755.000</td></tr>
<tr><td>6</td><td>Umlage Kantine[3)]</td><td>-75.000</td><td>7.500</td><td>15.000</td><td colspan="2">45.000</td><td>7.500</td></tr>
<tr><td>7</td><td>Umlage Instandhaltung[4)]</td><td></td><td>-274.500</td><td>12.867,19</td><td colspan="2">257.343,75</td><td>4.289,06</td></tr>
<tr><td>8</td><td>Endkosten</td><td>0</td><td>0</td><td>278.867,19</td><td colspan="2">1.132.343,75</td><td>766.789,06</td></tr>
<tr><td>9</td><td>Gesamtkosten</td><td>75.000</td><td>274.500</td><td>278.867,19</td><td colspan="2">1.132.343,75</td><td>766.789,06</td></tr>
<tr><td>10</td><td>-</td><td>-</td><td>-</td><td>-</td><td>maschinen-zeitunab-hängig</td><td>maschinen-zeitabhängig</td><td>-</td></tr>
<tr><td>11</td><td>-</td><td>-</td><td>-</td><td>-</td><td>566.171,88</td><td>566.171,88</td><td>-</td></tr>
<tr><td>12</td><td>Zuschlagsbasis</td><td></td><td></td><td>390.000[5)]</td><td>270.000[6)]</td><td>216.000 Min[7)]</td><td>2.071.210,94[8)]</td></tr>
<tr><td>13</td><td>Planzuschlag</td><td></td><td></td><td>71,50%</td><td>209,69%</td><td>2,62 €/Min.</td><td>37,02%</td></tr>
</table>

Alle Angaben in Euro [€].

Kalkulation	**Produkt A**	**Produkt B**
Materialeinzelkosten	4,00 €	3,00 €
+ Materialgemeinkosten (71,5%)	2,86 €	2,15 €
= **Materialkosten**	**6,86 €**	**5,15 €**
+ Fertigungseinzelkosten	2,00 €	3,00 €
+ Fertigungsgemeinkosten maschinenlaufzeitunabhängig (209,69%)	4,19 €	6,29 €
+ Fertigungsgemeinkosten maschinenunabhängig (2,62 €/min)	$4,37\,€$ $2,62\frac{€}{\text{min}} \cdot 1,67\frac{\text{min}}{\text{ME}}$ [9]	$6,08\,€$ $2,62\frac{€}{\text{min}} \cdot 2,32\frac{\text{min}}{\text{ME}}$ [10]
= **Fertigungskosten**	**10,56 €**	**15,37 €**
Herstellkosten	**17,42 €**	**20,52 €**
+ Verwaltungs- und Vertriebsgemeinkosten (37,02%)	6,45 €	7,60 €
= **Selbstkosten**	**23,87 €**	**28,12 €**

[9] 100.000 Min/60.000 ME = 1,67 Min/ME

[10] 116.000 Min/50.000 ME = 2,32 Min/ME

4.3.2.2 Flexible Plankostenrechnung auf Vollkosten- und Teilkostenbasis

Lösung zu Aufgabe 3.8

Die Aufgabenstellung finden Sie ab Seite 135.

Aussage		Richtig/Falsch
a)	Bei Anwendung der flexiblen Plankostenrechnung auf Vollkostenbasis werden alle Kosten verursachungsgerecht verrechnet.	Falsch
	Im Rahmen der Plankostenrechnung werden auch Gemeinkosten verrechnet. Diese sind per Definition nicht verursachungsgerecht zurechenbar.	

b)	In der flexiblen Plankostenrechnung auf Vollkostenbasis werden nur alle variablen, aber nicht alle fixen Kosten verrechnet.	Falsch
	Der Begriff der Vollkosten beinhaltet die Einbeziehung aller Kosten.	
c)	Die flexible Plankostenrechnung auf Teilkostenbasis wird auch als Grenzplankostenrechnung bezeichnet.	Richtig
	Vgl. Lehrbuch Abschnitt III.D.	
d)	Für die Ermittlung des Deckungsbeitrages sind fixe Kosten irrelevant.	Richtig
	Vgl. Lehrbuch Abschnitt III.E.3.	
e)	Bei der flexiblen Plankostenrechnung auf Teilkostenbasis bilden die variablen Herstellkosten die Zuschlagsgrundlage für die variablen Verwaltungs- und Vertriebskosten.	Richtig
	Bei der flexiblen Plankostenrechnung auf Teilkostenbasis bilden die variablen Herstellkosten die Zuschlagsgrundlage für die variablen Verwaltungs- und Vertriebskosten. Die Zuschlagsgrundlage für die fixen Verwaltungs- und Vertriebskosten bilden dagegen die gesamten Herstellkosten.	
f)	Die flexible Plankostenrechnung kann sowohl auf Voll- als auch auf Teilkostenbasis durchgeführt werden.	Richtig
	Die flexible Plankostenrechnung kann sowohl auf Voll- als auch auf Teilkostenbasis durchgeführt werden. Die starre Plankostenrechnung arbeitet dagegen stets mit Vollkosten.	

Lösung zu Aufgabe 3.9

Die Aufgabenstellung finden Sie ab Seite 136.

zu a)

Materialkosten für Wartung sind in Bezug auf die Ausbringungsmenge variabel:

$\rightarrow 1.035 \cdot 15 = 15.252$ €

zu b)

innerbetriebliche Leistungsverrechnung durchführen (alle Angaben in Euro [€]):

		KS 1	KS 2		KS 3	KS 4	
		fix	fix	variabel	fix	fix	variabel
Primäre GK		55.000	56.400	15.525	60.235	148.000	0
KS 1		-55.000	+17.600		+13.200	+24.200	
KS 2	fix		-74.000		+35.705	+38.295	
	variabel			-15.525			+15.525
KS 3					-109.140	+109.140	
Endkosten		0	0	0	0	319.635	15.525

mit

$$q_1^{\text{fix}} = \frac{55.000}{800 + 600 + 1.100} = 22\,€$$

$$q_2^{\text{fix}} = \frac{56.400 + 800 \cdot 22}{965 + 1.035} = 37\,€$$

$$q_3^{\text{fix}} = \frac{60.235 + 600 \cdot 22 + 965 \cdot 37}{400} = 272,85\,€$$

exemplarisch:

$17.600 = 800 \cdot 22$

Lösung zu Aufgabe 3.10

Die Aufgabenstellung finden Sie ab Seite 138.

zu a)

Umlage der variablen Kosten der Instandhaltung:

In der Aufgabe ist angegeben, dass die gesamten Kosten auf die KS 4 umgewälzt werden. Demnach erfolgt die Überwälzung des kompletten Betrags auf die KS 4 und dort Erfassung bei den variablen Kosten der KS 4. Da die gesamten Kosten auf eine Kostenstelle umgelegt werden, ist hier keine Berechnung eines Verrechnungspreises für die variablen Kosten notwendig.

Umlage der fixen Kosten der Instandhaltung:

Verrechnungspreis bestimmen:

$177.000\,€ + 7.500\,€ = 10.000 \cdot q_2^{\text{fix}}$

$\rightarrow q_2^{\text{fix}} = 18,45\,€/\text{ME}$

$\rightarrow$ Umlage auf Lager $= 18,45\,€/\text{ME} \cdot 750\,\text{ME} = 13.837,50\,€$

$\rightarrow$ Umlage auf Fertigung $= 18,45\,€/\text{ME} \cdot 9.000\,\text{ME} = 166.050\,€$

→ Umlage auf V&V = 18,45 €/ME · 250 ME = 4.612,50 €

zu b)

Zuschlagsbasen:

Für Material und Fertigung analog Teil 1: MEK und FEK

Für die fixen V&V sind die Herstellkosten auf Vollkostenbasis (variabel und fix!!) die Zuschlagsbasis:

$$\underbrace{390.000\,€}_{\text{MEK}} + \underbrace{270.000\,€}_{\text{FEK}} + \underbrace{279.837,50\,€}_{\text{MGK}} + \underbrace{335.000\,€}_{\text{var FGK}} + \underbrace{796.050\,€}_{\text{fix FKG}} = 2.070.887,50\,€$$

Wenn variable V&V gegeben gewesen wären, wäre deren Zuschlagsbasis Einzelkosten + variable Gemeinkosten (ohne fixe Gemeinkosten!).

zu c)

Selbstkostenermittlung auf Vollkostenbasis

Kalkulation	**Produkt A**	**Produkt B**
Materialeinzelkosten	4,00 €	3,00 €
+ Materialgemeinkosten variabel	0 €	0 €
+ Materialgemeinkosten fix (71,75%)	2,87 €	2,15 €
Materialkosten	**6,87 €**	**5,15 €**
Fertigungseinzelkosten	2,00 €	3,00 €
+ Fertigungsgemeinkosten variabel (124,07%)	2,48 €	3,72 €
+ Fertigungsgemeinkosten fix (294,83%)	5,90 €	8,84 €
Fertigungskosten	**10,38 €**	**15,56 €**
Herstellkosten	**17,25 €**	**20,71 €**
+ V&V-Gemeinkosten variabel	0 €	0 €
+ V&V-Gemeinkosten fix (37,04%)	6,39 €	7,67 €
Selbstkosten	**23,64 €**	**28,38 €**

zu d)

Selbstkostenermittlung auf Teilkostenbasis:

Kalkulation	**Produkt A**	**Produkt B**
Materialeinzelkosten	4,00 €	3,00 €
+ Materialgemeinkosten variabel	0 €	0 €
= **Materialkosten variabel**	**4,00 €**	**3,00 €**
Fertigungseinzelkosten	2,00 €	3,00 €
+ Fertigungsgemeinkosten variabel	2,48 €	3,72 €
= **Fertigungskosten variabel**	**4,48 €**	**6,72 €**
Herstellkosten variabel	**8,48 €**	**9,72 €**
+ V&V-Gemeinkosten variabel	0 €	0 €
= **Selbstkosten variabel**	**8,48 €**	**9,72 €**

zu e)

Auf Basis der Vollkostenrechnung würde man die Produktion einstellen wollen, weil die Selbstkosten nicht gedeckt werden. Führt man zusätzlich eine Teilkostenrechnung durch, so erkennt man, dass kurzfristig eine Produktion von A durchaus sinnvoll ist, weil sie dazu beiträgt, die Fixkosten zu decken, d.h. einen positiven Deckungsbeitrag erbringt.

Lösung zu Aufgabe 3.11

Die Aufgabenstellung finden Sie ab Seite 142.

zu a)

Zuschlagssätze berechnen:

$$z_{\text{Material}} = \frac{420.000\,€}{700.000\,€} = 0,6$$

$$z_{\text{Lohn}} = \frac{580.000\,€}{1.450.000\,€} = 0,4$$

Herstellkosten insgesamt = 420.000 + 700.000 + 580.000 + 1.450.000 = 3.150.000

$$z_{\text{V\&V}} = \frac{378.000\,€}{3.150.000\,€} = 0,12$$

Produkt kalkulieren auf Vollkostenbasis:

Kalkulation	Produkt A	Produkt B
Materialeinzelkosten	15,00 €	10,00 €
+ Materialgemeinkosten (60%)	9,00 €	6,00 €
= **Materialkosten**	**24,00 €**	**16,00 €**
Fertigungseinzelkosten	32,50 €	20,00 €
+ Fertigungsgemeinkosten (40%)	13,00 €	8,00 €
= **Fertigungskosten**	**45,50 €**	**28,00 €**
Herstellkosten	69,50 €	44,00 €
+ V&V-Gemeinkosten (12%)	8,34 €	5,28 €
= **Selbstkosten**	**77,84 €**	**49,28 €**

Die Selbstkosten von A betragen 77,84 Euro und die Selbstkosten von B betragen 49,28 Euro.

zu b)

Produkt kalkulieren auf Teilkostenbasis:

Kalkulation	Produkt A	Produkt B
Materialeinzelkosten	15,00 €	10,00 €
+ variable Materialgemeinkosten (60% · 40%)	3,60 €	2,40 €
= **Materialkosten**	**18,60 €**	**12,40 €**
Fertigungseinzelkosten	32,50 €	20,00 €
+ variable Fertigungsgemeinkosten (40% · 70%)	9,10 €	5,60 €
= **Fertigungskosten**	**41,60 €**	**25,60 €**
variable Herstellkosten	60,20 €	38,00 €
+ V&V-Gemeinkosten	-	-
= **Teilkosten**	**60,20 €**	**38,00 €**

Die Teilkosten von A betragen 60,20 Euro und die Selbstkosten von B betragen 38,00 Euro.

Lösung zu Aufgabe 3.12

Die Aufgabenstellung finden Sie ab Seite 143.

zu a)

Variable Gemeinkosten:

In Bezug auf die Ausbringungsmenge sind die Materialkosten für Wartung variabel:

Anzahl Wartungen: $\frac{1.200 \cdot 75 + 1.500 \cdot 45}{60} = 2.625$

Kosten für Wartungsmaterial: $2.625 \cdot 10 = 26.250$ €

zu b)

innerbetriebliche Leistungsverrechnung

Verrechnungspreise bestimmen:

$$q_1^{\text{var}} = \frac{26.250}{2.625} = 10$$

$$q_1^{\text{fix}} = \frac{151.250 - 26.250}{5.000} = 25$$

$$q_2^{\text{fix}} = \frac{82.500 + 25 \cdot 1.000}{2.500} = 43$$

$$q_3^{\text{fix}} = \frac{104.725 + 25 \cdot 1.375 + 43 \cdot 1.300}{15.000} = 13$$

Durchführung der innerbetrieblichen Leistungsverrechnung:

		KS 1		KS 2	KS 3	KS 4	
		variabel	fix	fix	fix	variabel	fix
Primäre GK		26.250	125.000	82.500	104.725	0	248.000
KS 1	variabel	-26.250				26.250	
	fix		-125.000	25.000	34.375		65.625
KS 2				-107.500	55.900		51.600
KS 3					-195.000		195.000
Endkosten		0	0	0	0	26.250	560.225

Alle Angaben in Euro [€].

Lösung zu Aufgabe 3.13

Die Aufgabenstellung finden Sie ab Seite 145.

zu a)

Zuschlagssätze bestimmen:

Material variabel: $z_{\text{M}}^{\text{var}} = \frac{25.000}{125.000} = 20\%$

Verwaltung und Vertrieb variabel: $z_{\text{V\&V}}^{\text{var}} = \frac{43.000}{125.000+200.000+25.000+80.000} = 10\%$

zu b)

Teilkosten bestimmen:

Materialeinzelkosten	350 €
+ variable Materialgemeinkosten (20%)	70 €
= **gesamte variable Materialkosten**	**420 €**
Fertigungseinzelkosten	400 €
+ variable Fertigungsgemeinkosten (40%)	160 €
= **gesamte variable Fertigungskosten**	**560 €**
variable Herstellkosten	**980 €**
+ variable V&V-Gemeinkosten (10%)	98 €
= **Teilkosten**	**1.078 €**

Lösung zu Aufgabe 3.14

Die Aufgabenstellung finden Sie ab Seite 146.

zu a)

Endkosten der Hilfskostenstellen betragen immer 0.

$\rightarrow$ A = 0 und B = 0

zu b)

b1) Plan-Zuschlagssatz: $\frac{300.000\,€}{600.000\,€} = 0,5$

b2) Produktkalkulation:

Materialeinzelkosten	2,00 €
+ variable Materialgemeinkosten (125%)	2,50 €
= **Materialkosten**	**4,50 €**
Fertigungseinzelkosten	4,00 €
+ variable Fertigungsgemeinkosten (50%)	2,00 €
+ fixe Fertigungsgemeinkosten (25%)	1,00 €
+ Sondereinzelkosten der Fertigung	1,00 €
= **Fertigungskosten**	**8,00 €**
Herstellkosten	**12,50 €**
+ V&V-Gemeinkosten (50%)	6,25 €
= **Selbstkosten**	**18,75 €**

	Hilfskostenstellen		Materiallager	Fertigung		V&V
	variabel	fix	fix	variabel	fix	fix
Endkosten [€]	A = 0	B = 0	100.000	100.000	50.000	300.000
Zuschlagsbasis [€]			80.000	200.000	200.000	600.000
Plan-Zuschlag			125%	50%	25%	C = 50%

b3)

Variable Stückkosten

$= \text{Material-EK} + \text{Fertigungs-EK} + \text{Fertigungs-GK}^{\text{var}} + \text{Sondereinzelkosten der Fertigung}$

$$\begin{aligned} \text{Stückdeckungsbeitrag} &= \text{Preis} - \text{variable Stückkosten} \\ &= 11,00 - (2,00 + 4,00 + 2,00 + 1,00) = 2,00\,€ \end{aligned}$$

Lösung zu Aufgabe 3.15

Die Aufgabenstellung finden Sie ab Seite 147.

zu a)

Kalkulation	**Produkt A**
Materialeinzelkosten	60,00 €
+ variable Materialgemeinkosten (10%)	6,00 €
= **Variable Materialkosten**	**66,00 €**
Fertigungseinzelkosten	100,00 €
+ variable Fertigungsgemeinkosten (15%)	15,00 €
= **Variable Fertigungskosten**	**115,00 €**
Herstellkosten auf Teilkostenbasis	**181,00 €**
+ V&V-Gemeinkosten variabel (2%)	3,62 €
= **Selbstkosten auf Teilkostenbasis**	**184,62 €**

zu b)

Deckungsbeitrag = 15,38 €

zu c)

Spezifischer Deckungsbeitrag Classic: $\frac{15{,}38 \text{ €/Stück}}{2 \text{ ME/Stück}} = 7,69 \text{ €/ME}$

Spezifischer Deckungsbeitrag DeLuxe: $\frac{20{,}00 \text{ €/Stück}}{4 \text{ ME/Stück}} = 5,00 \text{ €/ME}$

zu d)

220 Stück von Standard und

$\frac{1.000 \text{ ME} - 2 \cdot 220 \text{ ME}}{4 \text{ ME/Stück}} = 140$ Stück von DeLuxe.

Lösung zu Aufgabe 3.16

Die Aufgabenstellung finden Sie ab Seite 148.

zu a)

siehe BAB- Lösungsschema

zu b)

Verrechnungssätze für die fixen Kosten der Hilfskostenstellen bestimmen:

I. $33 \cdot q_w = 21.000 + 2 \cdot q_w + 2 \cdot q_T$

II. $10 \cdot q_T = 45.000 + 5 \cdot q_w$

$\rightarrow q_T = 4.500 + 0,5 \cdot q_w$

II. in I. einsetzen:

$$33 \cdot q_w = 21.000 + 2 \cdot q_w + 2 \cdot (4.500 + 0,5 \cdot q_w)$$
$$33 \cdot q_w = 21.000 + 2 \cdot q_w + 9.000 + 1 \cdot q_w$$
$$30 \cdot q_w = 30.000$$
$$\rightarrow q_w = 1.000$$

in II. einsetzen:

$\rightarrow q_T = 5.000$

Höhe der variablen Kosten, die den Hauptkostenstellen zugeschlagen werden können:

	Variable GK [€]	Material [€]	Fertigung [€]	V&V [€]
Werkstatt	31.500	6.300 [20%]	25.200 [80%]	0
Transport	20.500			20.500

zu c)

siehe BAB- Lösungsschema

zu d)

Herstellkosten variabel:

$$= \text{FEK} + \text{MEK} + \text{FGK}_{\text{variabel}} + \text{MGK}_{\text{variabel}}$$
$$= 300.000 + 500.000 + 25.200 + 100.000 = 925.200\,€$$

Herstellkosten:

$$= \text{Herstellkosten variabel} + \text{MGK}_{\text{fix}} + \text{FGK}_{\text{fix}}$$
$$= 925.200 + 425.000 + 600.000 = 1.950.200\,€$$

Zuschlagssätze ermitteln:

Material variabel:	100.000/500.000 = 20%
Material fix:	425.000/500.000 = 85 %
Fertigung variabel:	25.200/100.800 = 0,25 €/Min.
Fertigung fix:	600.000/300.000 = 200%
Verwaltung und Vertrieb variabel:	41.260/925.200 = 4,46%
Verwaltung und Vertrieb fix:	21.250/1.950.200 = 1,09%

zu e)

	Variable Plakosten	Gesamte Plankosten
Materialeinzelkosten	0,60 €	0,60 €
+ Materialgemeinkosten variabel (20%)	0,12 €	0,12 €
+ Materialgemeinkosten fix (85%)	0 €	0,51 €
= **Materialkosten**	**0,72 €**	**1,23 €**
Fertigungseinzelkosten	0,20 €	0,20 €
+ Fertigungsgemeinkosten variabel (0,25 €/Min.)	[1,2 Min./ME] 0,30 €	[1,2 Min./ME] 0,30 €
+ Fertigungsgemeinkosten fix (200%)	0 €	0,40 €
= **Fertigungskosten**	**0,50 €**	**0,90 €**
Herstellkosten	1,22 €	2,13 €
+ V&V-Gemeinkosten variabel (4,46%)	0,054 €	0,054 €
+ V&V-Gemeinkosten fix (1,09%)	0 €	0,023 €
= **Selbstkosten**	**1,274 ≈ 1,27 €**	**2,207 ≈ 2,21 €**

	Kostenstelle									
	Werkstatt		Transport		Material		Fertigung		Verwaltung & Vertrieb	
	var.	fix	var.	fix	var.	fix	var.	fix	var.	fix
Primäre Gemeinkosten gesamt	31,5	21	20,5	45	93,7	412	0	567	20,76	1,25
Umlage Werkstatt variabel	-31,5	0	0	0	6,3	0	25,2		0	0
Umlage Werkstatt fix [q_T=5.000]	0	2 -33	0	5	0	3	0	23	0	0
Umlage Transport variabel	0	0	-20,5	0	0	0	0	0	20,5	0
Umlage Transport fix [q_T=5.000]	0	10	0	-50	0	10	0	10	0	20
Endkosten	0	0	0	0	100	425	25,2	600	41,26	21,25
Zuschlagsbasis					500	500	100,8 Min	300	925,2	1.950,2
Zuschlagssatz					20%	85%	0,25€/ Min	200%	4,46%	1,09%

Alle Angaben in Tausend Euro.

Lösung zu Aufgabe 3.17

Die Aufgabenstellung finden Sie ab Seite 152.

Anmerkung:

Ein Vergleich mit der Fallstudie zur Ist-Kostenrechnung auf Vollkostenbasis zeigt, dass innerhalb dieser Fallstudie zur Grenzplankostenrechnung mit Plangrößen gearbeitet wird. Zudem bewegen wir uns auf Teilkostenbasis.

zu a)

Materialeinzelkosten:

Berechnungsregel: „Die Plan-Direktverbrauchskoeffizienten v_{ij} werden mit den Plan-Einstandspreisen multipliziert“.

Produkt 1:

$3 \cdot 4,6 + 5 \cdot 2,6 + 1 \cdot 11,2 + 0,1 \cdot 0,2 = 38,02$ €/Stück

Produkt 2:

$2 \cdot 4,6 + 0,5 \cdot 2,6 + 5 \cdot 11,2 + 0,15 \cdot 0,2 = 66,53$ €/Stück

Fertigungseinzelkosten:

Berechnungsregel: „Die Plan-Arbeiten werden mit der Plan-Stückfertigungszeit multipliziert".

Achtung: Die variablen Plan-Lohnkosten müssen auf Minutenbasis gebracht werden.

Produkt 1:

$$1 \cdot 2,4 \cdot \frac{21,5}{60} + 1 \cdot 2,4 \cdot \frac{31}{60} = 2,10 \text{ €/Stück}$$

Produkt 2:

$$2 \cdot 1,8 \cdot \frac{21,5}{60} + 1 \cdot 1,8 \cdot \frac{31}{60} = 2,22 \text{ €/Stück}$$

zu b)

Sekundärkostenrechnung

Es sind nun die Grenzkosten-Verrechnungssätze der Hilfskostenstellen zu ermitteln und dann die Kosten der Hilfskostenstellen gemäß der Güterbeziehungen anhand der Verrechnungssätze auf die Hauptkostenstellen zu verteilen.

Zwischen den Hilfskostenstellen 1 und 3 gibt es Interdependenzen (wechselseitige Beziehungen), daher führt hier nur das Kostenstellenausgleichsverfahrens (Gleichungsverfahren) zu exakten Ergebnissen.

1. Schritt: Gleichungssystems zur Berechnung der Plan-Verrechnungspreise aufstellen

(Die Gesamtkosten ergeben sich aus der Summe der variablen primären und sekundären Gemeinkosten der Hilfskostenstellen und entsprechen der jeweiligen bewerteten Gesamtleistung der Hilfskostenstelle.)

I. KS 1: $130 \cdot q_1 = 9.000 + 8,52 \cdot q_3$

II. KS 3: $142 \cdot q_3 = 7.000 + 13 \cdot q_1$

(Anmerkung: Für Hilfskostenstelle 2 keine ibL erforderlich, siehe Aufgabenstellung.)

Gleichungssystem auflösen:

$q_1 = 72,899$

$q_3 = 55,9696$

2. Schritt: Ermittlung der Endkosten der Hauptkostenstellen

Betriebsabrechnungsbogen (Plan-Teilkostenrechnung)		**Kostenstellen**													
		Servicebereich						Fertigungsbereich				Allg. Bereich			
		Werkstatt		Kraftwerk		Transport		Fertigung		Materiallager		Verwaltungsst.		Vertriebsst.	
Kostenarten	Betrag	KS 1		KS 2		KS 3		KS 4		KS 5		KS 6		KS 7	
		Prop.	Fix	Prop.	Fix	Prop.	Fix	Prop.	Fix	Prop.	Fix	Prop.	Fix	Prop.	Fix
Summe primäre GK (ohne Kosten für Fremdreparaturen und Schutzkleidung)	255.633	9.000	3.500	-	22.640	7.000	6.000	80.280	18.213	19.000	15.000	4.000	44.000	10.000	17.000
Fremdreparaturen	4.550							3.240	1.310						
Schutzkleidung	10.957							6.480	4.477						
Summe primäre GK Gesamt	271.140	9.000	3.500	-	22.640	7.000	6.000	90.000	24.000	19.000	15.000	4.000	44.000	10.000	17.000
Sekundärkostenrechnung															
Umlage KS 1	9.476,86					947,69		7.107,65		1.421,53					
Umlage KS 2															
Umlage KS 3	7.947,69	476,86						3.099,60		3.973,84				397,38	
Gesamtkosten	288.564,55	9.476,86	3.500	0	22.640	7.947,69	6.000	100.207,25	24.050	24.395,38	15.000	4.000	44.000	10.397,38	17.000
Entlastung KS	-17.424,55	-9.476,86				-7.947,69									
Endkosten	271.140,00	0	3.500	0	22.640	0	6.000	100.207,25	24.050	24.395,38	15.000	4.000	44.000	10.397,38	17.000

Alle Angaben in Euro [€].

zu c)

Ermittlung Zuschlagsbasis Plan-Materialeinzelkosten:

In der Teilaufgabe a) wurden die Plan-Einzelkosten der jeweiligen Produkte bereits berechnet. Diese werden nun mit den geplanten Produktions- und Absatzmengen multipliziert, die in der Aufgabenstellung gegeben sind:

var. Plan-Materialeinzelkosten $= 38,02 \cdot 2.100 + 66,53 \cdot 4.400 = 372.574$ €

Ermittlung Zuschlagsbasis Plan-Fertigungsminuten:

(Hier liegt eine auf Minuten basierende Zuschlagsbasis vor.)

Berechnungsregel: „Die Plan-Produktionsmengen werden mit den Plan-Stückbearbeitungszeiten multipliziert".

Wichtig ist bei der Berechnung der Zuschlagssätze eine Unterteilung der Zuschlagsbasen:

Bei der Kostenstelle 4 werden die Gemeinkosten auf Grundlage der Fertigungsminuten, bei der Kostenstelle 5 auf Grundlage der Materialeinzelkosten verteilt.

Zuschlagssatz für die var. Plan-Fertigungs-Gemeinkosten (KS 4):

$$\frac{\text{Endkosten}}{\text{Zuschlagsbasis}} = \frac{100.207,24}{12.960,00} = 7,73204\,\text{€/Minute}$$

Zuschlagssatz für die var. Plan-Material-Gemeinkosten (KS 5):

$$\frac{\text{Endkosten}}{\text{Zuschlagsbasis}} = \frac{24.395,38}{372.574,00} = 6,5478\%$$

Die Plan-Herstellkosten werden auf Basis der Plan-Herstellkosten des Umsatzes berechnet. Dazu werden zunächst die Herstellkosten der Produkte 1 und 2 ermittelt. Diese werden anhand der ermittelten Zuschlagssätze berechnet:

Zuschlagsbasis: var. Plan-Herstellkosten des Umsatzes:

	Produkt 1	Produkt 2
Plan-Material-Einzelkosten	38,02 €	66,53 €
Plan-Material-Gemeinkosten (6,5478% von Plan-MEK)	2,49 €	4,36 €
Plan-Materialkosten	40,51 €	70,89 €
Plan-Fertigungs-Einzelkosten	2,10 €	2,22 €
Plan-Fertigungs-Gemeinkosten[1)]	18,56 €	13,92 €
Plan-Fertigungskosten	20,66 €	16,14 €
Plan-Herstellkosten	61,17 €	87,03 €

[1)] Produkt 1: Plan-Fertigungsgemeinkosten $= 7.73204\,\text{€/min} \cdot 2,4\ \text{min} = 18,56\,\text{€}$

[1)] Produkt 2: Plan-Fertigungsgemeinkosten $= 7.73204\,€/\text{min} \cdot 1,8 \text{ min} = 13,92\,€$

Somit gilt für die geplanten variablen Herstellkosten der abgesetzten Produkte:

$$= 61,17 \cdot 2.100 + 87,03 \cdot 4.400 = 511.389,00\,€$$

Wichtig: Berücksichtigt wurden hier jeweils nur die variablen (proportionalen) Bestandteile.

Zuschlagssatz für die Verwaltungsstelle:

$$\frac{\text{Endkosten}}{\text{Zuschlagsbasis}} = \frac{4.000}{511.389} = 0,782\%$$

Zuschlagssatz für die Vertriebsstelle:

$$\frac{\text{Endkosten}}{\text{Zuschlagsbasis}} = \frac{10.397,38}{511.354,62} = 2,033\%$$

zu d)

	Produkt 1	Produkt 2
Variable Plan-Herstellkosten	61,17 €	87,03 €
Variable Plan-Verwaltungs-Gemeinkosten (0,782% auf var. Plan-HK)	0,48 €	0,68 €
Variable Plan-Vertriebs-Gemeinkosten (2,033% auf var. Plan-HK)	1,24 €	1,77 €
Plan-Selbstgrenzkosten	62,89 €	89,48 €

zu e)

Durchgeführt wird eine Kostenträgerzeitrechnung nach dem Umsatzkostenverfahren.

In einem ersten Schritt erfolgt die Unterteilung in die beiden Produkte des Unternehmens. Die geplanten variablen Stückerlöse sind bereits in der Aufgabenstellung gegeben worden, die variablen Stückkosten wurden in der Teilaufgabe d) errechnet:

	Produkt 1	Produkt 2
Variabler Stückerlös	95 €	130 €
Variable Stückselbstkosten	62,89 €	89,48 €
Variabler Stückdeckungsbeitrag	32,11 €	40,52 €

Zur Berechnung des Periodenerfolges wird nun der geplante Gesamtdeckungsbeitrag der Periode ermittelt. Dazu werden die geplanten variablen Stückdeckungsbeiträge mit den jeweiligen geplanten Absatzmengen multipliziert:

	Produkt 1	Produkt 2
Plan-Stückdeckungsbeiträge	32,11 €	40,52 €
Plan-Absatzmenge	2.100	4.400
Plan-Gesamtdeckungsbeitrag (pro Produktart)	67.431 €	178.288 €
Plan-Gesamtdeckungsbeitrag der Periode	245.719 €	

Zur Ermittlung des gemäß Aufgabenstellung gefragten geplanten Periodenerfolgs müssen von dem Plan-Gesamtdeckungsbeitrag die geplanten Fixkosten abgezogen werden:

Ermittlung Summe der geplanten fixen Kosten:

KS 1	3.500 €
KS 2	22.640 €
KS 3	6.000 €
KS 4	24.000 €
KS 5	15.000 €
KS 6	44.000 €
KS 7	17.000 €
$\sum$	132.140 €

Plan-Gesamtdeckungsbeitrag der Periode	245.719 €
- Gesamte geplante fixe Kosten der Periode	132.140 €
Plan-Periodenerfolg	113.579 €

Lösung zu Aufgabe 3.18

Die Aufgabenstellung finden Sie ab Seite 156.

zu a)

$1.395.000 - (250.000 + 200.000) = 945.000$ €

zu b)

$\frac{250.000}{1,25} = 200.000$ €

zu c)

$945.000 - 200.000 - 625.000 - 40.000 = 80.000$ €

zu d)

$$z_{\text{Mat}}^{\text{var}} = \frac{40.000}{200.000} = 20\%$$

$$z_{\text{Fer}}^{\text{var}} = \frac{80.000}{625.000} = 12,8\%$$

$$z_{\text{Fer}}^{\text{fix}} = \frac{200.000}{625.000} = 32\%$$

$$z_{\text{V\&V}}^{\text{var}} = \frac{94.500}{945.000} = 10\%$$

$$z_{\text{V\&V}}^{\text{fix}} = \frac{139.500}{1.395.000} = 10\%$$

zu e)

MEK	200,00 €
Variable MGK (20%)	40,00 €
Variable Materialkosten	240,00 €
FEK	400,00 €
Variable FGK (12,8%)	51,20 €
Variable Fertigungskosten	451,20 €
Variable Herstellkosten	691,20 €
Variable V&V Kosten (10%)	69,12 €
Variable Selbstkosten	760,32 €